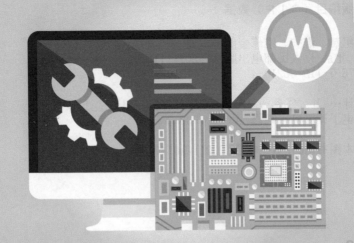

计算机组装、维护、维修

全能一本通 全彩版

蔡飓 主编

人民邮电出版社

北京

图书在版编目（CIP）数据

计算机组装、维护、维修全能一本通：全彩版 / 蔡
飓主编. — 北京：人民邮电出版社，2021.11
ISBN 978-7-115-56210-4

Ⅰ. ①计… Ⅱ. ①蔡… Ⅲ. ①电子计算机－组装②计
算机维护③电子计算机－维修 Ⅳ. ①TP30

中国版本图书馆CIP数据核字(2021)第054719号

内 容 提 要

本书主要讲解多核计算机组装、维护、维修的基础知识和相关操作，包括认识多核计算机系统、认识和选购多核计算机的配件、认识和选购多核计算机周边设备、组装多核计算机、设置全新UEFI BIOS、超大容量硬盘分区与格式化、安装32/64位Windows 10操作系统、安装常用软件并测试计算机性能、对操作系统进行备份与优化、对多核计算机进行日常维护、保护多核计算机的安全、恢复硬盘中丢失的数据、多核计算机维修基础和多核计算机维修实操等内容。

本书适合作为计算机从业人员提高技能的参考用书，也可作为各类社会培训班的教材和辅导书，同时还可供计算机初学者自学使用。

◆ 主　　编　蔡　飓
　　责任编辑　刘海溧
　　责任印制　王　郁　马振武
◆ 人民邮电出版社出版发行　　北京市丰台区成寿寺路 11 号
　　邮编　100164　　电子邮件　315@ptpress.com.cn
　　网址　https://www.ptpress.com.cn
　　北京盛通印刷股份有限公司印刷
◆ 开本：700×1000　1/16
　　印张：20　　　　　　　　2021 年 11 月第 1 版
　　字数：493 千字　　　　　2024 年 12 月北京第 15 次印刷

定价：69.80 元

读者服务热线：(010)81055256　印装质量热线：(010)81055316
反盗版热线：(010)81055315
广告经营许可证：京东市监广登字 20170147 号

计算机是人们工作、学习和生活中不可缺少的工具，因此学习计算机的相关知识很有必要。我们在日常使用计算机的过程中还会遇到病毒破坏、恶意攻击，甚至硬件损坏等各种问题，其实通过学习和培训后，这些问题都可以自行解决。本书的目的就是让普通用户了解计算机组装、维护、维修的基础知识，掌握计算机组装、维护、维修的基本操作，解决日常使用计算机时可能遇到的各种问题。

本书内容及特色

本书兼顾全面性、实用性和硬件时效性，从计算机基础、组装、维护与维修 4 个方面出发，全面、详细地讲解计算机组装与维护的相关知识，达到让读者在较短的时间内提升计算机组装与维护水平的目的。

本书具有以下特色。

（1）本书每章的内容安排和结构设计，以及硬件选取，都考虑了读者的实际需要，具有实用性和条理性。

（2）本书除介绍如何组装、维护与维修计算机外，还会介绍多核计算机硬件设备和多核计算机配件的选购技巧等，全方位地解决读者的选购难题。

（3）在讲解多核计算机组装与维护等内容时，以二维码形式提供视频讲解，让读者更加清楚组装与维护的操作过程。

（4）为帮助读者更好地学习，本书正文讲解中穿插有"知识提示"和"多学一招"小栏目，每章末还提供有"前沿知识与流行技巧"栏目，不仅能解决读者学习计算机组装、维护、维修过程中可能遇到的各种疑问，还能让读者掌握更加全面、新颖的知识。

本书特色展示如下图所示。

本书配套资源

本书配有丰富多样的教学资源，读者可以登录人邮教育社区（www.ryjiaoyu.com）下载，使学习更加方便、快捷，具体内容如下。

图片或视频演示：本书包含丰富的图片或视频演示，以二维码形式提供给读者。在阅读过程中，读者只需扫描书中的二维码，即可观看高清大图或操作视频，轻轻松松学技能。

丰富的配套资源：本书提供配套教学 PPT、教案、大纲，Windows 操作系统基础视频，Word、Excel、PPT 拓展学习视频，并附赠 Word、Excel、PPT 模板与案例。

鸣谢

本书由蔡飓主编，其他参与编写的主要人员有李星、罗勤，参与资料收集、视频录制及书稿校对、排版等工作的人员有肖庆、李秋菊、黄晓宇、蔡长兵、牟春花、熊春、李凤、曾勤、廖宵、何晓琴、蔡雪梅、张程程、李巧英等，在此一并致谢！

编者

2021 年 6 月

目录
CONTENTS

第 1 部分　计算机基础

第3章

认识和选购多核计算机周边 设备 121

第 2 部分 计算机组装

第 3 部分　计算机维护

第 4 部分　计算机维修

第一部分

第1章

认识多核计算机系统

/ 本章导读

移动通信已进入 5G 时代，随着移动通信技术的进步，对计算机系统的要求也在不断提高。计算机是现代社会必不可少的工具，人们只有了解并掌握一些计算机的基本操作，学习计算机的组装、维护、数据恢复、故障处理等相关知识，才能更好地适应社会发展。本章详细介绍多核计算机的主流类型及各种硬件和软件的组成等基础知识。

1.1 认识目前主流的计算机类型

计算机现在是办公和家庭的必备用品，早已经和人们的生活紧密地联系在了一起，目前主流的计算机类型有台式计算机、笔记本电脑、一体机和平板电脑。

1.1.1 性能卓越的台式计算机

台式计算机简称为台式机，相较于其他类型的计算机，台式机体积较大，主机、显示器等设备都是相对独立的，一般需要放置在桌子或者专门的工作台上，因此得名台式机。多数家用和办公用的计算机都是台式机，如图 1-1 所示。

图1-1　台式机

1. 特性

台式机具有以下特性。

◎ 散热性：台式机的机箱具有空间大、通风条件好的特点，因此具有良好的散热性，这是其他类型计算机所不具备的。

◎ 扩展性：台式机的机箱便于硬件升级。如台式机机箱的光盘驱动器插槽是 4～5 个，硬盘驱动器插槽是 4～5 个，非常方便用户日后进行硬件升级。

◎ 保护性：台式机机箱可以全面保护硬件不受灰尘的侵害，而且具有一定的防水性。

◎ 明确性：台式机机箱的开、关机键和重启键，以及 USB 和音频接口都在机箱前置面板上，方便使用。

 知识提示

计算机 = 台式机？

通常情况下所说的计算机就是指台式机，在本书中，若无明确标注，所有计算机也都指台式机。

2. 区分品牌机和兼容机

品牌机是指有注册商标的整台计算机，由专业的计算机生产厂商将计算机配件组装好后进行整体销售，并提供技术支持及售后服务。兼容机则是指根据用户的实际要求选择配件，由用户或第三方公司组装而成的计算机，具有较高的性价比。下面对两种计算机进行比较，方便不同的用户选购。

◎ 兼容性与稳定性：每一台品牌机出厂前都经过了严格测试（通过严格、规范的工序和手段进行检测），因此其稳定性和兼容性更有保障，很少出现硬件不兼容的现象；而兼容机是在成百上千种配件中选取其中的几个组装而成，无法保证足够的兼容性。所以在兼容性和稳定性方面品牌机占优势。

◎ 产品搭配灵活性：产品搭配灵活性指配件选择的自由程度，这方面兼容机具有品牌机不可比拟的优势。不少用户有特殊的装机要求，如根据专业应用需要突出计算机某一方面的性能，此时用户就可以自行选件，或者在经销商的帮助下根据自己的喜好和要求来选件并组装；而品牌机的生产数量往往都是数以万计，绝对不可能因为个别用户的要求而专门为其变更配置生产一台计算机。

◎ 价格：同等配置的兼容机往往要比品牌机便宜几百元，主要是因为品牌机的价格包含了正版软件捆绑费用和厂商的售后服务费用；另外，购买兼容机还可以"砍价"，比购买品牌机要灵活得多。

◎ 售后服务：部分用户最关心的有时不是产品的性能，而是该产品的售后服务。品牌机的服务质量毋庸置疑，一般厂商都提供 1 年上门、3 年质保的服务，并且有 800 免费技术支持电话，以及 12/24h 紧急上门服务；而兼容机一般只有 1 年的质保期，且键盘、鼠标和光驱这类易损产品的质保期只有 3 个月，也不提供上门服务。

1.1.2 | 功能齐备的笔记本电脑

笔记本电脑（Notebook）也称手提电脑或膝上型电脑，是一种小型、可携带的计算机，通常重1kg~3kg。在目前的市场上，有很多功能和用途各异的笔记本电脑，包括游戏本、二合一笔记本、超级本、轻薄本、商务办公本、影音娱乐本、校园学生本和创意设计本等，这些类型都是根据笔记本电脑的市场产品定位来划分的。

◎ 游戏本：游戏本是为了细分市场而推出的产品，即主打游戏性能的笔记本电脑。并没有一家公司或者一个机构针对游戏本推出一套标准，但一般来说，硬件配置能够达到一定的游戏性能要求的笔记本电脑就能算是游戏本。通常情况下，游戏本需要拥有能够与台式机媲美的强悍性能，但机身比台式机更便携，外观比台式机更美观，价格也比同等配置的台式机（甚至其他种类的笔记本电脑）昂贵，如图 1-2 所示。

图1-2　游戏本

◎ 二合一笔记本：二合一笔记本是一种兼具

传统笔记本电脑与平板电脑功能的产品，既可以当作平板电脑，也可以当作笔记本电脑使用，如图1-3所示。

图1-3　二合一笔记本

◎ 超极本：超极本（Ultrabook）是英特尔公司定义的一种全新品类的笔记本电脑产品，Ultra的意思是极端的，Ultrabook指极致轻薄的笔记本电脑产品，即我们常说的超轻薄笔记本电脑，中文翻译为超极本，其集成了平板电脑的应用特性与笔记本电脑的性能，如图1-4所示。

图1-4　超极本

 知识提示

二合一笔记本与超极本的区别

超极本有可能是二合一笔记本，二合一笔记本一定是超极本。二合一笔记本是超极本的进阶版，但配置通常会比超极本低一点，支持触控操作。用于办公或玩普通游戏可以选购超极本，为了满足看电影、浏览网页、听音乐等娱乐需求，只需购买二合一笔记本。

◎ 轻薄本：轻薄本主要特点为外观时尚、轻薄，且性能同样出色，让用户的办公学习、影音娱乐等活动都能有不错的体验，使用更随心，如图1-5所示。

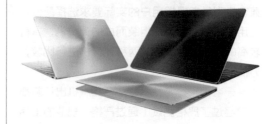

图1-5　轻薄本

◎ 商务办公本：顾名思义，这是专门为商务应用设计的笔记本电脑，特点为移动性强、电池续航时间长、商务软件多，如图1-6所示。

图1-6　商务办公本

◎ 影音娱乐本：影音娱乐本在游戏、影音等方面的画面效果和流畅度比较突出，有较强的图形图像处理能力和多媒体应用能力，多拥有性能较为强劲的独立显卡和声卡（均支持高清），并有较大的屏幕，如图1-7所示。

◎ 校园学生本：校园学生本性能与普通台式机相差不大，几乎拥有笔记本电脑的所有功能，各方面都比较平均，且价格更加便宜，主要针对在校的学生用户，如图1-8所示。

第
1
章

图1-7 影音娱乐本

图1-8 校园学生本

◎ 创意设计本：创意设计本（Creator PC）
是英特尔发布的一种全新笔记本电脑类型，
主要针对平面设计、影视剪辑人群。与工
业领域不同，这类人群对计算机色彩显示
的精确度有更高要求，同时还需要比较强
的图形渲染能力，所以创意设计本不仅配

置要求和游戏本类似，而且需要支持高分
辨率显示，以及支持广色域／高动态范围，
能够为视觉媒体编辑播放提供最准确的颜
色。另外，创意设计本支持超快速高容量
存储，用于满足用户的高工作负载和实时
响应的需求，以及创意设计人员通过外部
传输设备快速传输大型数据及文件的需求。
图 1-9 所示为创意设计本。

图1-9 创意设计本

知识提示

特殊用途的笔记本电脑

这种类型的笔记本电脑通常服务于专业
人士，如科学考察队、部队等，可在酷暑、严
寒、低气压、高海拔、强辐射或战争等恶劣环
境下使用，有的较笨重。

1.1.3 美观实用的一体机

一体机是由一台显示器、一个键盘和一个鼠标组成的具备高度集成特点的自动化机器设备。
一体机的主板通常与显示器集成在一起，只要将键盘和鼠标连接到显示器上就能使用。

1. 特点

一体机具有以下一些典型特点。

◎ 简约无线：一体机具有简洁优化的线路连

接方式。一些一体机只需要一根电源线，
减少了音箱线、摄像头线、视频线。

◎ 节省空间：一体机比传统台式机更纤细，

第一部分

可最多节省 70% 的桌面空间。

◎ **超值整合**：与传统台式机相比，同价位的一体机拥有更多功能部件，集摄像头、无线网卡、音箱、蓝牙和耳麦等于一身。

◎ **节能环保**：一体机更节能环保，耗电仅为传统台式机的 1/3，且电磁辐射更小。

◎ **潮流外观**：一体机简约、时尚的一体化设计更符合现代人节约家居空间和追求美观的宗旨。

 知识提示

一体机的缺点

一体机的缺点包括：若有接触不良或者其他问题，必须拆开整个机体后盖进行检查，因此维修很不方便；由于把主机和显示器等硬件集成在一起，导致散热较差，元件在高温下容易老化，因而使用寿命较短；多数配置不高，而且不方便升级，故实用性不强。

2. 类型

目前市场上通常对一体机按照用途和功能特点进行划分，分为以下 5 种类型。

◎ **家用一体机**：家用一体机主要用于家庭环境，因此对功能的要求不太高，通常与普通台式机的性能相近；其主要特点是外形美观大方，安放时不会占用空间，且能对空间和环境起到一定的美化作用，如图 1-10 所示。

◎ **商用一体机**：商用一体机除了具备家用一体机的外观和性能特点外，最重要的特点是稳定、故障率低，且支持上门的售后服务，如图 1-11 所示。

◎ **触控一体机**：触控一体机的显示器具备触摸控制功能，与平板电脑的屏幕类似，因此，这种类型的一体机的性能和价格更高，

如图 1-12 所示。

图1-10　家用一体机

图1-11　商用一体机

图1-12　触控一体机

◎ **自己组装的一体机**：类似于台式机中的兼容机，个人或组织也可以自行购买硬件组装一体机，如图 1-13 所示。

第
一
章

如图 1-14 所示。

图1-13　自己组装的一体机

◎ 智能桌面一体机：智能桌面一体机是一种
多人平面交互式一体机，智能桌面可以水
平放置，多个用户通过触摸方式进行操作，

图1-14　智能桌面一体机

1.1.4 │ 移动时尚的平板电脑

平板电脑是一种无须翻盖、没有键盘、功能完整的计算机。其构成组件与笔记本电脑基本相同，以触摸屏作为基本的输入设备，允许用户通过触控笔、数字笔或手指来进行操作，而不是通过传统的键盘或鼠标。

1. 特点

平板电脑具有以下优点。

◎ 便携移动：它比笔记本电脑体积更小，重
量更轻，并可随时转移使用场所，具有移
动灵活性。

◎ 功能强大：具备数字墨水和手写识别输入
功能，以及强大的笔写输入识别、语音识
别和手势识别能力。

◎ 特有的操作系统：不仅具有普通操作系统
的功能，且普通计算机兼容的应用程序都可
以在平板电脑上运行，并增加了手写输入功
能。

同时，平板电脑不适合以下工作。

◎ 编写代码：编程语言不便使用手写识别。

◎ 打字（学生写作业、编写 E-mail）：手写
输入速度较慢，一般只能达到 30 字 /min，

不适合大量文字的录入工作。

2. 类型

目前市场上通常按照用途和功能特点将平
板电脑分为以下 5 种类型。

◎ 通话平板：通话平板是一种具备通话功
能，支持移动通信网络，并能够通过插
入电话卡实现拨打电话、发送短信等功能
的平板电脑，这种平板电脑功能基本等同
于智能手机，只是屏幕比智能手机大，如
图 1-15 所示。

◎ 娱乐平板：娱乐平板是平板电脑的主流类
型，面向普通用户群体。娱乐平板没有特
定的用途，主要用于休闲娱乐，偶尔也可
以拿来办公和学习，其硬件配置能够满足
用户的基本需求，如图 1-16 所示。

图1-15　通话平板

图1-16　娱乐平板

◎ 二合一平板：二合一平板是一种兼具笔记本电脑功能的平板电脑，预留了适配键盘的接口，通过外接键盘可以变成笔记本电脑形态，如图 1-17 所示。

图1-17　二合一平板

 知识提示

二合一平板和二合一笔记本的区别

　　二合一平板的本质是平板电脑，其硬件配置无法和二合一笔记本相比，所以，二合一平板的优势在于娱乐和便携性，其余各方面均落后于二合一笔记本。

◎ 商务平板：商务平板是专门为商务人士提供的移动便携的商务办公用平板电脑，为了提升办公效率，通常预置商务应用，并配置手写笔，如图 1-18 所示。

图1-18　商务平板

◎ 投影平板：投影平板是一种内置了投影仪的平板电脑，由于平板电脑的便携性和硬件支持，投影平板可以使投影播放视频和图片更加方便，如图 1-19 所示。

图1-19　投影平板

1.2 认识计算机的硬件组成

　　广义上的计算机是由硬件系统和软件系统两部分组成的。硬件系统是软件系统工作的基础，而软件系统又控制着硬件系统的运行，两者相辅相成，缺一不可。从外观上看，计算机的硬件包括主机、外部设备和周边设备 **3** 个部分。主机是指机箱及其中的各种硬件，外部设备是指显示器、鼠标和键盘，周边设备则是指打印机、音箱、移动存储设备等，下面分别进行介绍。

1.2.1 ｜ 计算机主机中的硬件组成

　　主机是机箱以及安装在机箱内的计算机硬件的集合，主要由中央处理器（CPU）（包括 CPU 和 CPU 散热器）、主板、内存、显卡（包括显卡和显卡散热器）、硬盘（机械硬盘或固态硬盘，有时两种硬盘并存）、主机电源和机箱等部件组成，如图 1-20 所示。

微课：计算机主机中的硬件组成

图1-20　主机

🔵 知识提示

主机机箱上的各种按钮和指示灯

　　主机机箱上有各种按钮和指示灯：复位按钮上一般有"Reset"字样，电源按钮上一般有"⏻"标记或"Power"字样，电源指示灯在开机后常亮，硬盘工作指示灯只有在对硬盘进行读写操作时才会亮起。

🔵 多学一招

主机机箱内的各种线缆

　　主机机箱中的线缆主要包括两种：一种是数据线，另一种是电源线。数据线包括机箱上各种按钮的跳线，以及外接USB和音频接口的数据线等；电源线则是机箱上指示灯的供电线。

◎ CPU：CPU是计算机的数据处理中心和最高执行单位，它具体负责计算机内数据的运算和处理，与主板一起控制协调其他设备的工作，如图1-21所示。

图1-21　CPU

 多学一招

CPU散热器

　　CPU在工作时会产生大量热量，如果散热不及时，会导致计算机宕机甚至烧毁CPU。为了保证计算机的正常工作，应保持良好的散热条件，这就需要为CPU安装散热器。通常正品盒装的CPU会配备风冷散热器；而散片CPU则需要单独购买散热器，图1-22所示为一款CPU风冷散热器。

图1-22　CPU风冷散热器

◎ 主板：从外观上看，主板是一块方形的电路板，其上布满了各种电子元器件、插座、插槽和各种外部接口；它可以为计算机的其他部件提供插槽和接口，并通过其中的线路统一协调所有部件的工作，如图1-23所示。

图1-23　主板

 多学一招

主板上的集成硬件

　　随着主板制板技术的发展，主板上已经能够集成很多的计算机硬件，如CPU、显卡、声卡和网卡等。这些硬件都可以以芯片的形式集成到主板上。

◎ 内存：内存是计算机的内部存储器，也叫主存储器，是计算机用来存放临时数据的地方，也是CPU处理数据的中转站。内存的容量和存取速度直接影响CPU处理数据的速度，如图1-24所示。

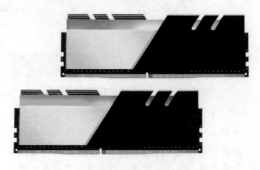

图1-24　内存

◎ 显卡：显卡又称显示适配器或图形加速卡，其主要功能是将计算机中的数字信号转换成显示器能够识别的信号（模拟信号或数字信号），并将其处理和输出，可分担CPU的图形处理工作，如图1-25所示。图中显卡的外面覆盖了一层散热装置，通常由散热片和散热风扇组成。

图1-27　固态硬盘

图1-25　显卡

◎ 硬盘：硬盘是计算机中容量最大的存储设备，通常用于存放永久性的数据和程序。图1-26所示的硬盘是机械硬盘，也是使用最广和最普通的硬盘类型。另外，还有一种目前热门的硬盘类型——固态硬盘（Solid State Disk，SSD），简称固盘，是用固态电子存储芯片阵列制成的硬盘，如图1-27所示。

多学一招

固态硬盘的外形

　　固态硬盘的外形通常根据接口类型的不同而有所区别，现在市面上常见的固态硬盘有M.2接口和SATA接口两种，图1-27中的固态硬盘接口就是M.2类型。

◎ 主机电源：也称电源供应器，其功能是为计算机正常运行提供所需要的动力，电源能够通过不同的接口为主板、硬盘和光驱等计算机部件提供所需动力，如图1-28所示。

图1-26　机械硬盘

图1-28　电源

◎ 机箱：机箱用于安装和放置各种计算机部件，它将主机中的部件整合在一起，并起到防护的作用，如图1-29所示。

图1-29　机箱

 知识提示

机箱对计算机的重要作用

计算机机箱的好坏直接影响主机部件的工作效率，且机箱还能屏蔽主机内的电磁辐射，对用户也能起到一定的保护作用。

 多学一招

计算机主机中消失的硬件——光盘驱动器

光盘驱动器简称光驱，是一种读取光盘存储信息的设备，过去的光驱通常安装在机箱中，因此也被划分为计算机的主机硬件。光驱存储数据的介质为光盘，其特点是容量大、成本低和保存时间长。用户可以通过光盘来启动计算机、安装操作系统和应用软件，还可以通过刻录光盘来保存数据。但现在的计算机可以通过移动存储设备（如USB闪存盘或移动硬盘）来完成光驱可以完成的所有工作，因此光驱逐渐从计算机主机中消失。现在市面上存在的光驱也以不安装在机箱内的外置光驱为主，如图1-30所示。

图1-30　外置光驱

1.2.2 计算机的主要外部设备

对于普通计算机用户来说，计算机的组成其实只有主机和外部设备两部分。这里的外部设备是指显示器、键盘和鼠标这3个硬件。有了外部设备加上主机，就可以进行绝大部分的操作。所以，除主机外，显示器、键盘和鼠标也是组装计算机必须要选购和安装的硬件，下面就来简单介绍这3个外部设备的相关知识。

◎　显示器：显示器是计算机的主要输出设备，它的作用是将显卡输出的信号（模拟信号或数字信号）以肉眼可识别的形式表现出来。目前，主要使用的显示器类型是液晶显示器（也就是通常所说的LCD），如图1-31所示。

 多学一招

CRT显示器

CRT显示器是指过去常用的阴极射线管显示器，如图1-32所示，现在已经很少使用了，通常只有在二手市场还能看到。

图1-31　液晶显示器

图1-32　CRT显示器

◎　鼠标：鼠标是计算机的主要输入设备之一，是随着图形操作界面而产生的，因为其外形与老鼠相似，所以得名鼠标，如图1-33所示。

图1-33　鼠标

◎　键盘：键盘是计算机的另一种主要输入设备，是用户和计算机进行交互的工具，如图 1-34 所示。用户通过键盘可直接向计算机输入各种字符和命令，以简化操作。另外，即使不用鼠标只用键盘，也能完成计算机的基本操作。

图1-34　键盘

1.2.3　常见的计算机周边设备

计算机的周边设备属于可选装硬件，也就是说，不安装这些硬件，并不会影响计算机的正常工作；但安装这些设备后，将提升计算机某些方面的性能。计算机的周边设备都是通过主机上的接口（主板或机箱上面的接口）连接到计算机上的。在常见的周边设备中，某些类型的声卡和网卡也可以直接安装到主板上。

◎　声卡：声卡用于处理声音的数字信号，并将信号输出到音箱或其他的声音输出设备。大多数计算机的声卡已经以芯片的形式集成到了主板中（此类声卡也被称为集成声卡），并且具有很强的性能，只有对音效有特殊要求的用户才会购买独立声卡。图 1-35 所示为独立声卡。

图1-35　独立声卡

◎　网卡：网卡也称网络适配器，其功能是连接计算机和互联网。同声卡一样，通常主板中都有集成网卡，网络端口不够用或要连接无线网络时，才可能安装独立的网卡。图 1-36 所示为独立的无线网卡。

图1-36　无线网卡

◎　音箱：音箱在计算机的音频设备中的作用相当于声音的"显示器"，可直接连接到声卡的音频输出接口，并将声卡传输的音频信号输出为用户可以听到的声音，如图1-37 所示。

知识提示

音箱与音响的区别

　　音箱是整个音响系统的终端，只负责声音输出。音响通常是指声音产生和输出的一整套系统，音箱是音响的一个部分。

图1-37　音箱

◎　耳机：耳机是一种将音频输出为声音的计算机周边设备，一般用于个人用户，如图 1-38 所示。

图1-38　耳机

◎　数位板：数位板的主要功能是手写输入，又名绘图板、绘画板、手绘板等，通常由一块板子和一支压感笔组成，用在计算机游戏或图像手绘等领域，如图 1-39 所示。

图1-39　数位板

◎ 多功能一体机：多功能一体机的主要功能是打印，并至少同时具备复印、扫描或传真功能的任何一种，是一种重要且常用的计算机周边输出和输入设备，如图 1-40 所示。

图1-40　多功能一体机

◎ 投影机：投影机又称投影仪，是一种可以将图像或视频投射到幕布或其他介质上的设备，它还可以通过专业的接口与计算机相连并播放相应的视频信号，是一种负责影像输出的计算机周边输出设备，如图 1-41 所示。

图1-41　投影机

◎ U盘：U 盘全称 USB 闪存盘，它是一种使用 USB 接口的微型高容量移动存储设备，在计算机上可以实现即插即用，如图 1-42 所示。

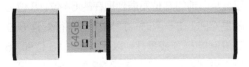

图1-42　U盘

◎ 移动硬盘：移动硬盘是一种采用硬盘作为存储介质，可以即插即用的移动存储设备，其容量比 U 盘大很多，如图 1-43 所示。

图1-43　移动硬盘

◎ 数码摄像头：数码摄像头是一种常见的计算机周边设备，主要功能是为计算机提供实时的视频图像，实现视频信息交流，如图 1-44 所示。

图1-44　数码摄像头

◎ 路由器：路由器是一种连接互联网和局域网的计算机周边设备，是家庭和办公局域网的必备设备，如图 1-45 所示。

图1-45　路由器

1.3 认识计算机的软件组成

软件是编制在计算机中使用的程序，而控制计算机硬件工作的所有程序的集合就是软件系统。软件系统的主要作用是管理和维护计算机的正常运行，并充分发挥计算机功能。按功能的不同通常可将软件分为系统软件和应用软件。

1.3.1 | 32/64 位 Windows 操作系统

从广义上讲，系统软件包括汇编程序、编译程序、操作系统和数据库管理软件等，但通常所说的系统软件是指操作系统软件，也就是计算机中使用的操作系统。操作系统的主要功能是管理计算机的全部硬件和软件，方便用户对计算机进行操作。

1. Windows 操作系统的版本

微软公司的 Windows 系列操作系统软件是目前使用最广泛的操作系统软件之一，它采用图形化操作界面，支持网络和多媒体，以及多用户和多任务；在支持多种硬件设备的同时，还兼容多种应用程序，可满足用户在各方面的需求。

Windows 操作系统历经了 Windows 1.0 到 Windows 95、Windows 98、Windows ME、Windows 2000、Windows 2003、Windows XP、Windows Vista、Windows 7、Windows 8、Windows 10 和 Windows Server 服务器企业级操作系统等多个版本，图 1-46 所示为目前使用较广泛的 Windows 10 操作系统的界面。

图1-46　Windows 10操作系统界面

2. Windows 操作系统的位数

Windows 操作系统的位数与 CPU 的位数相关。所谓位数是指一个时钟周期内 CPU 可并行处理的二进制字符量。从 CPU 的发展史来看，已经从以前的 8 位发展到现在的 64 位。8 位也就是 CPU 在一个时钟周期内可并行处理 8 位二进制字符 0 或是 1，以此类推，16 位即 16 位二进制字符，32 位就是 32 位二进制字符，

64 位就是 64 位二进制字符。

因为计算机需要软、硬件配合才能发挥最佳性能，所以在 CPU 发展到 64 位后，操作系统也必须从 32 位提高到 64 位，且系统的硬件驱动也必须是 64 位。在安装了 64 位 CPU 的计算机上要安装 64 位的操作系统和 64 位的硬件驱动，不能安装 32 位的硬件驱动，只有这样才能发挥计算机的最佳性能。

操作系统只是硬件和应用软件中间的一个平台，32 位操作系统针对 32 位 CPU 设计，64 位操作系统针对 64 位 CPU 设计。图 1-47 所示为 64 位的 Windows 10 操作系统的系统参数，在显示操作系统参数的窗口的"系统类型"项目中展示了该操作系统的位数。

知识提示

32 位操作系统与 64 位操作系统的兼容性

目前，64位的操作系统只能应用于安装了64位CPU的计算机中，辅以基于64位操作系统开发的软件发挥出最佳的性能；而32位的操作系统既能应用于安装了32位CPU的计算机上，也能应用于安装了64位CPU的计算机上，只不过在安装了64位CPU的计算机中应用32位的操作系统无法最大限度发挥出64位CPU的性能。

图1-47　64位的Windows 10操作系统的系统参数窗口

1.3.2　其他操作系统

除了使用最广泛的 Windows 操作系统外，市场上还存在 macOS、UNIX、Linux 等操作系统，这些操作系统也有各自不同的应用领域。

◎ UNIX 操作系统：UNIX 操作系统是一种强大的多用户、多任务操作系统，支持多种处理器架构，属于分时操作系统。UNIX 操作系统需要收费，价格比 Windows 操作系统更高。

◎ Linux 操作系统：Linux 操作系统是一套免费使用和自由传播的类 UNIX 操作系统，

是一个多用户、多任务、支持多线程和多 CPU 的操作系统。它支持 32 位和 64 位的计算机硬件，是一个性能稳定的多用户网络操作系统，如图 1-48 所示。很多品牌计算机为了节约成本，通常都会预先安装 Linux 操作系统。

图1-48　Linux操作系统界面

◎ macOS：macOS 是一套基于 UNIX 内核的图形化操作系统，也是运行于苹果 Macintosh 系列计算机上的操作系统，如图 1-49 所示。macOS 由苹果公司自行开发，一般情况下在普通计算机上无法安装。

 知识提示

Linux 和 macOS 的版本

　　Linux操作系统的常用版本包括Ubuntu、Redhat和Fedora 3种；macOS的常用版本主要包括最初的10.0到现在的10.15。

图1-49　macOS界面

1.3.3 | 各种应用软件

　　应用软件是指一些具有特定功能的软件，如压缩软件 WinRAR、图像处理软件 Photoshop 等，这些软件能够帮助用户完成特定的任务。通常可以把常用的应用软件分为以下 10 种类型，每个大类下面还分了很多小的类别，计算机用户可以根据需要进行选择。

◎ 网络工具软件：网络工具软件是用来为网络提供各种各样的辅助工具、增强网络功能的软件，如百度浏览器、迅雷、腾讯QQ、微信计算机版、Dreamweaver、Foxmail 等。图 1-50 所示为目前网络工具软件的基本分类。

网络工具					
网页制作	其他工具	上网管理	微信营销	广告过滤	游戏浏览器
远程控制	网络加速	网络电话	邮件工具	聊天工具	下载工具
网络辅助	FTP工具	站长工具	外观插件	书签工具	离线浏览
搜索引擎	拨号计时	IP工具	QQ辅助	浏览辅助	网络杂志
文件分享	网络监测	网页浏览器	网络共享	MSN辅助	建站源码
新闻阅读	服务器类	传真工具			

图1-50　网络工具软件的基本分类

◎ 应用工具软件：应用工具软件是用来辅助计算机操作，提高工作效率的软件，如Microsoft Office、钉钉计算机版、WinRAR、精灵虚拟光驱、极点五笔输入法等。图 1-51所示为目前应用工具软件的基本分类。

应用工具					
加密工具	PDF转换	PDF阅读器	五笔输入	数据恢复	办公工具
字典翻译	压缩解压	文本处理	小说阅读器	剪贴工具	其它阅读器
时钟日历	光盘刻录	其他工具	文件改名	字体工具	键盘鼠标
打印扫描	日程管理	拼音输入法	解密工具	文件修复	虚拟光驱
卸载清理	文件分割	文件管理			

图1-51　应用工具软件的基本分类

◎ 影音工具软件：影音工具软件是用来编辑和处理多媒体文件的软件，如格式工厂、狸窝全能视频转换器、爱奇艺视频、酷狗音乐等，图 1-52 所示为目前影音工具软件的基本分类。

影音工具					
网络电视	其他工具	电子相册	摄像头工具	录像工具	k歌工具
解码器	视频编辑	音频转换	视频转换	网络电台	视频制作
录音工具	视频播放	音频播放	媒体管理	音频编辑	

图1-52　影音工具软件的基本分类

◎ 系统工具软件：系统工具软件是为操作系统提供辅助工具的软件，如硬盘分区魔术师、DiskGenius、Windows 优化大师、一键 Ghost、鲁大师等。图 1-53 所示为目前系统工具软件的基本分类。

系统工具					
磁盘工具	其他工具	万能驱动	碎片整理	磁盘修复	硬盘分区
DLL文件	开关定时	系统辅助	系统检测	系统补丁	桌面工具
优化设置	硬件工具	备份还原	启动盘制作		

图1-53　系统工具软件的基本分类

◎ 行业软件：行业软件是专门为各种行业设计的、符合该行业要求的软件，如美团外卖商家版、Microsoft Project、凯立德导航、通达信软件等。图 1-54 所示为目前行业软件的基本分类。

行业软件					
行政管理	餐饮管理	CRM软件	期货软件	ERP软件	仓库管理
工程建设	财务管理	数码电子	纺织服装	机械交通	健康医药
网络营销	进销存管理	教育管理	其他行业		

图1-54　行业软件的基本分类

◎ 图形图像软件：图形图像软件是专门用于编辑和处理图形图像的软件，如 AutoCAD、ACDSee、Photoshop 等。图 1-55 所示为目前图形图像软件的基本分类。

图形图像					
图像转换	其他工具	OCR工具	FLV工具	3D制作	图像管理
截图工具	看图工具	动画制作	图标工具	CAD图形	图像处理
图片压缩					

图1-55　图形图像工具软件的基本分类

◎ 游戏娱乐软件：游戏娱乐软件是各种与游戏娱乐相关的软件，如 QQ 游戏大厅、游戏修改大师、网易对战平台等。图 1-56 所示为目前游戏娱乐软件的基本分类。

游戏娱乐				
修改器	游戏工具	免费游戏	趣味工具	趣味动画

图1-56　游戏娱乐软件的基本分类

◎ 教育软件：教育软件是各种学习软件，如金山打字通、微师客户端、驾考宝典、猿辅导、简单智课堂学生端等。图 1-57 所示为目前教育软件的基本分类。

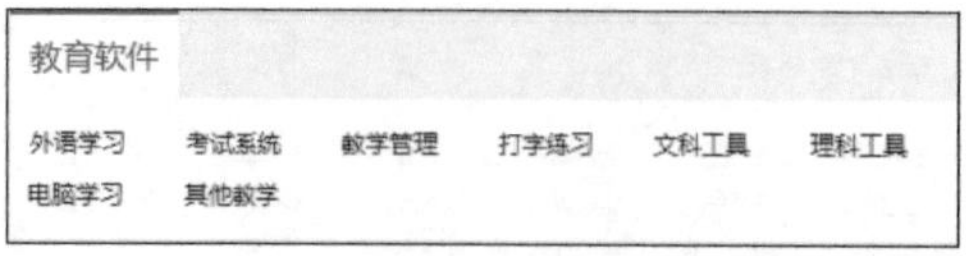

教育软件

| 外语学习 | 考试系统 | 数字管理 | 打字练习 | 文科工具 | 理科工具 |
| 电脑学习 | 其他教学 |

图1-57 教育软件的基本分类

◎ **防病毒安全软件**：防病毒安全软件是为计算机提供安全防护的软件，如 360 安全卫士、金山卫士、腾讯计算机管家等。图 1-58 所示为目前防病毒安全软件的基本分类。

防病毒安全

| 杀毒工具 | 专杀工具 | 网络防火墙 | 系统安全 |

图1-58 防病毒安全软件的基本分类

◎ **其他工具软件**：如网易 MuMu、360 抢票浏览器、iTunes For Windows、华为手机助手、刷机精灵等。图 1-59 所示为其他一些工具软件的类型。

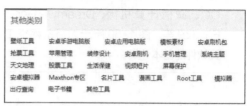

其他类别

壁纸工具	安卓手游电脑版	安卓应用电脑版	模板素材	安卓刷机包
抢票工具	苹果管理	装修设计	安卓刷机	手机管理	系统主题
天文地理	股票工具	生活保健	视频短片	屏幕保护
安卓模拟器	Maxthon专区	名片工具	漫画工具	Root工具	模拟器
出行查询	电子书籍	其他工具

图1-59 其他工具软件的类型

  多学一招

使用应用软件

通常情况下要使用某个软件，必须先得到它的安装程序，将其安装到计算机中才能使用。安装程序通常可以在网上下载。

前沿知识与流行技巧

1. 什么是自己组装计算机

组装计算机是每一个喜欢计算机的人都希望学会的一项技能，通常也把这个过程称为 DIY 计算机。DIY 是英文 Do It Yourself 的缩写，又译为自己动手做，意指"自助的"。在 DIY 的概念形成之后，也渐渐兴起一股与其相关的周边产业，越来越多的人开始思考如何让 DIY 融入生活。自己组装计算机在一定程度上为用户节省了费用，并帮助用户进一步了解计算机的组成，真正认识和深入了解计算机相关知识。

2. 组装计算机的必购硬件

组装计算机必须要选购的硬件有主板、CPU、内存、机械硬盘（或者固态硬盘）、机箱、电源、显示器、鼠标和键盘。另外，显卡、声卡和网卡也属于必购硬件，这 3 个硬件除了可以单独选购外，用户也可以直接选购集成了显卡、声卡和网卡的主板。

3. 组装计算机可用的软件

下面介绍计算机可用的软件的主要类型和代表软件，以便用户组装计算机时进行选择。

◎ **办公软件**：计算机办公必不可少的软件，用于处理文字、制作电子表格、创建演示文档和表单等，如Microsoft Office、WPS等。

◎ **图形图像编辑软件**：主要用于处理图形和图像，制作各种图画、动画和三维图像等，如Photoshop、Flash、3ds Max和AutoCAD等。

◎　程序编辑软件：用专门的语言来编写系统软件和应用软件的软件，如Microsoft Visual Studio、Dreamweaver和Eclipse IDE等。

◎　文件管理软件：主要用于对计算机中各种文件进行管理，具体功能包括压缩、解压缩、重命名、加密、解密等，如WinRAR、拖把更名器和高强度文件夹加密大师等。

◎　图文浏览软件：主要用于浏览计算机和网络中的图片以及阅读各种电子文档，如ACDSee、Adobe Reader、超星图书浏览器和ReadBook等。

◎　翻译与学习软件：主要用于查阅外文文本的意思、对整篇文档进行翻译，以及计算机日常学习，如金山词霸、金山快译和金山打字等。

◎　多媒体播放软件：主要用于播放计算机和网络中的各种多媒体文件，如Windows自带的播放软件Windows Media Player，以及优酷视频、爱奇艺视频、腾讯视频、QQ音乐、酷狗音乐和网易云音乐等。

◎　多媒体处理软件：主要用于制作和编辑各种多媒体文件，轻松完成家庭录像、结婚庆典录像以及产品宣传等后期处理，如会声会影、豪杰视频通和Cool Edit Pro等。

◎　抓图与录屏软件：主要用于计算机和网络中各种图像的抓取以及视频的录制，如屏幕抓图软件Snagit和屏幕录像软件屏幕录像专家等。

◎　图文编辑软件：主要用于编辑与处理照片、图像和计算机中的文字，如Turbo Photo、Ulead Cool 3D和Crystal Button等。

◎　网页浏览软件：主要用于浏览网络中的各种信息，如QQ浏览器、UC浏览器、360浏览器和傲游浏览器等。

◎　操作系统维护与优化软件：主要用于处理计算机的日常问题，提高计算机的性能，如SiSoftware Sandra、Windows优化大师、超级兔子魔法设置和VoptXP等。

◎　磁盘分区软件：主要用于对计算机中存储数据的硬盘进行分区，如DOS分区软件Fdisk和Windows分区软件PartitionMagic等。

◎　数据备份与恢复软件：主要用于对计算机中的数据进行复制备份以及操作系统的备份与恢复，如Norton Ghost、驱动精灵和FinalData等。

◎　网络通信软件：主要用于网络中计算机间的数据交流，如腾讯QQ、Foxmail、微信和钉钉等。

◎　上传与下载软件：主要用于将互联网的数据下载到计算机或者将计算机中的数据上传到互联网，如CuteFTP、FlashGet、比特彗星和迅雷X等。

◎　病毒防护软件：主要用于对计算机中的数据进行保护，防止各种恶意破坏，如360安全卫士、金山毒霸、360杀毒和木马克星等。

4. 掌上电脑——PDA

掌上电脑（Personal Digital Assistant，PDA）的直接翻译为个人数字助手，顾名思义就是辅助个人工作的数字工具，主要提供记事、通讯录、名片交换及行程安排等功能，可以让用户在移动中进行工作、学习、娱乐等活动。按使用领域可将 PDA 分为工业级 PDA 和消费（商业）级 PDA 两种类型。工业级 PDA 主要应用在工业领域，常见的有条码扫描器、RFID 读写器、POS 机等；消费级 PDA 包括的种类比较多，如智能手机、平板电脑、手持游戏机等。由于智能手机的迅速发展与普及，现在也把 PDA 直接划分到智能手机的范畴。

5. 未来计算机的发展趋势

现在是数字技术时代，计算机不但能为人们的生活和工作提供帮助，在一些领域的表现甚至能够胜过真人，且利用计算机代替人驾驶汽车或者进行远程医疗诊断等尖端应用已经逐步在现实中实现。下面介绍一下未来计算机发展的趋势。

◎ **非接触式人机界面**：现在的计算机始终是需要用户操作的机器，需使用键盘、鼠标或触摸屏，而未来计算机则很有可能会使用非接触式人机界面。从微软的Cortana到苹果公司的Siri，再到谷歌眼镜，世界上各大计算机公司都在研究与发展非接触式人机界面。其基础的模式识别技术已经前进了几代，现在已经可以预期，在未来10年里非接触式人机交互将逐步全面实现。

◎ **人工智能**：人工智能是指使用计算机来模拟人的某些思维过程和智能行为（如学习、推理、思考、规划等），制造类似人脑的计算机，使计算机能实现更高层次的应用。谷歌和微软等公司都在为将自然语言处理与大数据系统在互联网中结合起来而努力，其目的是提高产能，并在日常生活中帮助人类。

◎ **物联网**：物联网意味着人类接触的几乎任何物体都会变成一个计算机终端，住房、汽车，甚至在大街上的物体都将能够与平板电脑、笔记本电脑，或者智能手机实现无缝连接。目前，有两种互补的技术在促进物联网的发展，一个是近场通信（NFC）技术，另一个是超低功率芯片技术。近场通信技术可以让互相靠近的电子设备进行双向数据通信；超低功率芯片可以从周围环境中获得能量，从而支持计算机终端长时间地自动运行。现在已经广泛普及且使用频繁的移动支付也是物联网的一个重要功能，因为它的终端仍然需要计算机来进行处理。

◎ **智能手机与计算机的融合**：随着智能手机成为大多数人的"标配"，智能手机代替计算机这一趋势似乎不可避免，如Chromebooks计算机的大部分处理和存储任务均通过云端实现，这意味着大多数计算机软件的UI设计和后端工程将逐渐变得更类似于手机软件；此外，如果类似于微软的Continuum功能能够进一步发展，计算机甚至能够变为智能手机，反之亦然。届时，智能手机、可穿戴设备、虚拟现实等新技术将会迅速发展，计算机和智能手机将合二为一，完美融合在一起。

第一部分

第2章

认识和选购多核计算机的配件

/ 本章导读

　　本章主要介绍组装计算机所需的相关硬件设备。组装计算机前，用户需要认识和了解计算机的各种硬件设备，包括 CPU、主板、内存、机械硬盘、固态硬盘、显卡、显示器、机箱、电源、鼠标和键盘。

2.1 认识和选购多核 CPU

CPU 在计算机系统中就像人的大脑一样，是整个计算机系统的指挥中心，计算机的所有工作都由 **CPU** 进行控制和计算。**CPU** 的主要功能是执行系统指令，包括数据存储、逻辑运算、传输控制、输入 / 输出等操作指令。**CPU** 的内部分为控制、存储和逻辑 3 个单元，各个单元的分工不同，它们通过紧密协作，发挥强大的数据运算和处理能力。

2.1.1 通过外观认识多核 CPU

CPU 既是计算机的指令中枢，又是系统的最高执行单位。CPU 主要负责执行指令，作为计算机系统的核心部件，在计算机系统中占有举足轻重的地位，是影响计算机系统运算速度的重要部件。图 2-1 所示为英特尔公司发布的 CORE i9-9900KS CPU 的外观。

微课：查看 CPU 高清大图

图2-1　英特尔公司发布的CORE i9-9900KS CPU的外观

从外观上看，CPU 正面和背面差异很大，由于 CPU 的正面刻有各种产品参数，所以也称为参数面；背面则主要是与主板上的 CPU 插槽接触的触点，所以背面也被称为安装面。CPU 上有以下需要注意的部分。

◎ 防误插缺口：防误插缺口是 CPU 边缘上的半圆形缺口，它的功能是防止 CPU 在安装时由于方向错误造成损坏。

◎ 防误插标记：防误插标记是 CPU 一个角上的小三角形标记，功能与防误插缺口一样，在 CPU 的两面通常都有防误插标记。

◎ 产品二维码：CPU 上的产品二维码是

Datamatrix 二维码，这是一种矩阵式二维条码，其尺寸是目前所有条码中最小的，可以直接印刷在实体上，主要用于 CPU 的防伪和产品统筹。图 2-2 所示为 AMD（美国超威半导体公司）的 CPU 参数面上的产品二维码。

图2-2　产品二维码

2.1.2 确认 CPU 的基本信息

确认 CPU 的信息对于用户认识和选购 CPU 产品非常重要,通过查看 CPU 的基本信息,用户可以了解 CPU 的品牌、型号、频率、核心、缓存等详细的产品规格参数,这有助于用户选购 CPU 和辨别 CPU 的真伪。CPU 的基本信息可以通过 Windows 操作系统来检测,也可以通过 CPU 专业测试软件来检测,还可以通过专业计算机硬件防护软件来检测。

◎ 通过 Windows 操作系统检测:用户只需
单击"开始"按钮,在弹出的"开始"菜
单中单击打开"Windows 系统"子菜单,
右击"此电脑"命令,在弹出的快捷菜单
中选择"更多 / 属性"命令,打开"系统"
窗口,在"系统"选项组中即可查看 CPU
的基本信息,如图 2-3 所示。但通过这种
方式,用户可获取 CPU 的处理器型号和
频率信息。

图2-4 英特尔CPU测试软件

图2-3 Windows 10操作系统中的CPU信息

◎ 通过 CPU 专业测试软件检测:目前市场上
的 CPU 产品主要是英特尔(Intel)和超威
(AMD)的,对于这两个品牌的 CPU 产品,
有专业的产品信息测试软件。检测英特
尔的 CPU 产品通常使用 Intel(R)处理
器标识实用程序(Intel(R)Processor
Identification Utility)软件,如图 2-4 所示。
检测超威的 CPU 产品通常使用 CPU-Z
软件,如图 2-5 所示。CPU-Z 软件同样
可以对英特尔的 CPU 产品进行检测,如
图 2-6 所示。

图2-5 超威CPU测试软件

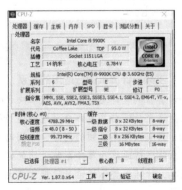

图2-6 用CPU-Z检测英特尔CPU

第1部分

◎ **通过专业计算机硬件防护软件检测：**用户还可利用专业计算机硬件防护软件确认 CPU 信息。这类软件可以检测计算机中的各种硬件，显示详细的产品信息，并按照产品规格安装对应的驱动程序；还可以对这些硬件进行性能测试，在硬件运行过程中对其运行状态进行实时监控。其中具有代表性的软件是鲁大师，如图 2-7 所示。

图2-7　用鲁大师检测CPU信息

2.1.3　动态加速技术提高 CPU 的频率

CPU 频率是指 CPU 的时钟频率，简单地说就是 CPU 运算时的工作频率（1 秒内发生的同步脉冲数）。CPU 的频率代表了 CPU 的实际运算速度，其单位有赫兹（Hz）、千赫（kHz）、兆赫（MHz）和吉赫（GHz）。理论上，CPU 的频率越高，在一个时钟周期内处理的指令数就越多，CPU 的运算速度也就越快，CPU 的性能也就越强。

1. 主频

CPU 实际运行的频率与 CPU 的外频和倍频有关，其计算公式为实际频率 = 外频 × 倍频，实际频率通常也被称为主频。

◎ **外频：**外频是 CPU 与主板之间同步运行的速度，即 CPU 的基准频率。外频高，CPU 就可以同时接收更多来自外部设备的数据，从而使整个系统的运行速度提高。

◎ **倍频：**倍频是 CPU 运行频率与系统外频之间的差距参数，也称为倍频系数。在相同的外频条件下，倍频越高，CPU 的频率就越高。

 知识提示

主频与计算机运行速度的关系

计算机的整体运行速度不仅取决于CPU的运算速度，还与其他各分系统的运行情况有关。只有在提高主频的同时，也同时提高各分系统运行速度和各分系统之间的数据传输速率，计算机整体的运行速度才能真正得到提高。

现在市场上的 CPU 主频主要分为 1.8GHz 以下、1.8GHz ~ 2.4GHz、2.4GHz ~ 2.8GHz、2.8GHz ~ 3.0GHz、3.0GHz 以上 5 种类型，台式计算机 CPU 的主频多为 3.0GHz 以上，其余类型则多为笔记本电脑的 CPU 主频。

2. 动态加速频率

动态加速是一种提高 CPU 频率的智能技术，是指当启动一个运行程序后，处理器会自动加速到合适的频率，而原来的运行速度会提升 10%~20% 以保证程序流畅运行。具备动态加速技术的 CPU 会在运算过程中自动判断是否需要加速频率，加速频率可以提升单核 / 双核运算能力，尤其适合那些不能充分利用多核心、必须依靠高频才能提高运算效率的软件。

英特尔品牌 CPU 的动态加速技术叫作睿频（Turbo Boost），超威品牌 CPU 的动态加速技术叫作精准加速频率（Pricision Boost）。现在市场上 CPU 的动态加速频率为 4.0GHz ~ 5.1GHz 不等。图 2-8 所示为英特尔 CPU 的睿频性能介绍，其中指出该动态加速频率高达 4.7GHz 的 CPU 将显著提升游戏的加载速度和显示特效。

图2-8 英特尔CPU的睿频性能介绍

多学一招

动态加速频率与超频的区别

动态加速和超频都是通过提高CPU频率来提升计算机运行速度的技术，但二者在本质上是有区别的。超频通常会使CPU的各种指标高于品牌厂商的标准范围并容易达到极限，且需要用户进行软硬件设置；而动态加速频率的提升是在CPU正常工作的标准范围内，运行稳定且不需要用户进行任何设置。

2.1.4 利用处理器号区分 CPU 的性能

处理器号就是 CPU 的生产厂商对 CPU 产品的编号和命名，通过不同的处理器号，用户就可以区分 CPU 的性能高低。CPU 的生产厂商主要有英特尔、超威和龙芯（LOONGSON），市场上销售的主要是英特尔和超威的产品，所以 CPU 的处理器号主要分为两种类型。

微课：常见 CPU 理论性能对比

1. 英特尔

英特尔公司是一家半导体芯片制造商，从 1968 年成立至今已有 50 多年的历史，目前主要有 CELERON（赛扬）、PENTIUM（奔腾）、CORE（酷睿）i3、CORE i5、CORE i7、CORE i9，以及手机、平板电脑和服务器使用的 XEON（至强）W 和 XEON E 等系列的 CPU 产品。图 2-9 所示为英特尔公司生产的 CPU，其处理器号为"INTEL CORE i7-8700K"，其中的"INTEL"是公司名称；"CORE i7"代表 CPU 系列；"8700K"中的"8"代表该系列 CPU 的代别，"7"代表 CPU 的等级，"00"代表产品细分，"K"是后缀，表示该 CPU 可超频。

2. 超威

超威公司成立于 1969 年，是全球第二大微处理器芯片供应商。多年来，超威公司一直是英特尔公司的强劲对手。目前超威公司的主要产品有 Bulldozer（推土机）FX、APU、Ryzen（锐龙）3、Ryzen 5、Ryzen 7、Ryzen 9、Ryzen Threadripper 等，图 2-10 所示为超威公司生产的 CPU，其处理器号为"AMD Ryzen 5 2600X"，其中的"AMD"是公司名称；"Ryzen 5"代表 CPU 系列；"2"代表 CPU 的代别；"600"代表 CPU 的等级；"X"是后缀，表示该 CPU 是高频产品。

图2-9 INTEL CORE i7-8700K

图2-10 AMD Ryzen 5 2600X

3. CPU 的性能天梯图

根据英特尔和超威 CPU 处理器号的命名规则，通常情况下，在同一厂商的处理器号中，后面代表主频的数字越大，频率越高，集成显卡的芯片等级也越高。图 2-11 所示为目前常见的 CPU 默认频率下的性能对比图，也就是平常所说的性能天梯图。

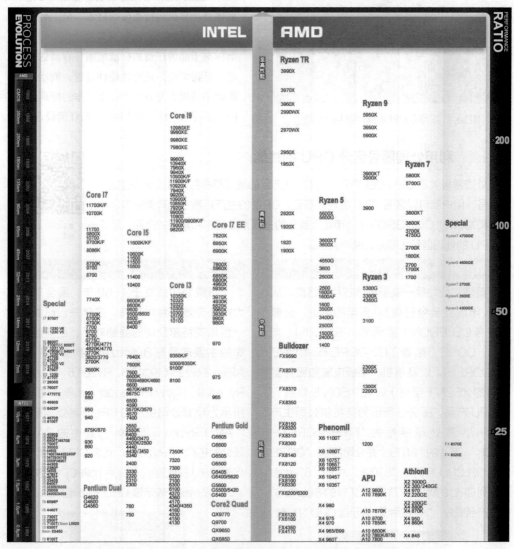

图2-11 常见CPU理论性能对比

4. CPU 的性能定位

根据 CPU 处理器号中显示的系列、代别和等级等数字就能区别 CPU 的性能和定位。通常在同一代别中，系列和等级的数字越大，CPU 的性能越强。表 2-1 所示为常见的英特尔和超威的 CPU 性能定位。

表 2-1　常见的 CPU 性能定位

定位	英特尔系列	超威系列
主流级	CORE i9	Ryzen Threadripper
		Ryzen 9
	CORE i7	Ryzen 7
	CORE i5	Ryzen 5
	CORE i3	Ryzen 3
入门级	PENTIUM	APU
低端	CELERON	

◎　X/XE：极致性能至尊产品。

◎　S：低功耗产品。

◎　T/TE：超低功耗产品。

◎　B：封装产品。

◎　C：高性能核显产品。

◎　R：封装高性能核显产品。

◎　G：核显超强产品。

◎　P：弱化 / 屏蔽核显产品。

◎　F/KF：屏蔽核显产品。

◎　ES：半成品。

◎　QS：样品。

6. 超威处理器号的后缀解析

超威处理器号的后缀较简单，其主要含义如下。

◎　无后缀：普通产品。

◎　X：高频产品。

◎　G：有核显 APU 产品。

◎　GE：节能产品。

5. 英特尔处理器号的后缀解析

英特尔处理器号的后缀较多，其主要含义如下。

◎　K：不锁倍频可超频产品。

2.1.5 ｜ 18 核心 CPU 的性能优势

CPU 的核心又称为内核，是 CPU 最重要的组成部分，CPU 中心那块隆起的芯片就是核心，是用单晶硅以一定的生产工艺制造出来的。CPU 所有的计算、接收 / 存储命令和处理数据都由核心完成，所以核心产品的规格会影响 CPU 的性能高低。

过去的 CPU 只有 1 个核心，现在则有 2 个、4 个、6 个、8 个、10 个、12 个、16 个或 18 个核心，甚至更多。18 核 CPU 是指具有 18 个核心的 CPU，其归功于 CPU 多核心技术的发展。多核心是指基于单个半导体的一个 CPU 上拥有多个一样功能的处理器核心，即将多个物理处理器核心整合入一个核心中。核心数量并不能决定 CPU 的性能，多核心 CPU 的性能优势主要体现在多任务的并行处理上，即同一时间处理两个或多个任务的能力上，但这个优势需要软件优化才能体现出来。例如，如果某软件支持类似多任务处理技术，双核心 CPU（假设主频都是 2.0GHz）就可以在处理单个任务时，两个核心同时工作，一个核心只需处理一半任务就可以完成工作，这样的效率等同于一个主频为 4.0GHz 的单核 CPU 的效率。

 知识提示

多核心 CPU 的性能对比

目前，家用计算机市场上英特尔和超威的 CPU 核心数量最多为 64，而在服务器市场上，已经有 128 核心的 CPU 产品。可以说，在同一个品牌的 CPU 中，在主频相同的情况下，核心越多，CPU 性能越强。

2.1.6 32 线程 CPU 的性能优势

线程是 CPU 运行中的程序的调度单位。通常所说的多线程是指通过复制 CPU 上的结构状态，让同一个 CPU 上的多个线程同步执行并共享 CPU 的执行资源，以最大限度提高 CPU 运算部件的利用率。

微课：查看 CPU 线程数

通常情况下，CPU 的一个核心对应了一个线程，而英特尔开发的超线程技术，1 个核心能够做到 2 个线程数据运算。超线程技术的好处就是无须增加物理核心就可以明显地提升 CPU 多线程功能。由于增加物理核心是需要占据非常大的核心面积的，因此 CPU 的生产成本也会随之增加。现在，无论是英特尔还是超威都具备超线程技术。在超线程技术下，可以把 CPU 比喻成一个银行，CPU 的核心就相当于银行职员，而线程数就相当于开通的服务窗口，职员和窗口越多，同时办理的业务就越多，即 CPU 处理数据的速度也就越快。

目前，主流 CPU 的线程数包括双线程、4 线程、8 线程、12 线程、16 线程、24 线程、32 线程、64 线程和 128 线程等。在操作系统中，用户可以通过设备管理器查看计算机 CPU 的核心数和线程数。首先，在操作系统桌面下方的任务栏空白处单击鼠标右键，在弹出的快

捷菜单中选择"任务管理器"命令，打开"任务管理器"窗口，单击"性能"选项卡，在左侧的任务窗格中选择"CPU"选项，在右侧的窗格中即可显示 CPU 的相关信息。其中，"内核"就是 CPU 的核心数，"逻辑处理器"就是 CPU 的线程数，如图 2-12 所示。

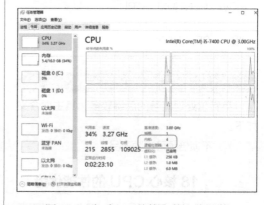

图2-12　查看CPU的核心数和线程数

2.1.7 核心代号与 CPU 的关系

核心代号也可以看成 CPU 的产品代号，即使是同一系列的 CPU，其核心代号也可能不同，通常核心代号也可以称为核心类型或核心构架。

不同的 CPU（不同系列或同一系列）有不同的核心代号，甚至同一种核心都会有不同版本的代号。核心代号变更是因为修正了上一版本产品存在的一些错误，并且产品性能得到一定提升，而这些变化普通用户是很少去关注的。每一种核心代号的 CPU 产品通常都有制订好的制造工艺、核心面积、核心电压、电流大小、晶体管数量、各级缓存的大小、主频范围、功耗和发热量的大小、封装方式、插槽类型、前端总线频率等参数。因此，核心代号在某种程度上也能体现出 CPU 的工作性能。

通常，在频率相同的情况下，新核心代号的 CPU 往往比老核心代号的 CPU 具有更好的性能。下面就介绍目前市场上主流 CPU 产品的核心代号。

◎ 英特尔：Rocket Lake、Comet Lake-S、Coffee Lake-Refresh、Ice Lake、Skylake-X、Kaby Lake、Haswell 等。

◎ 超威：Zen3、Zen2、Zen+、Zen、Kaveri、Godavari、Llano、Trinity 等。

有些 CPU 的新核心代号也可能使用与旧核心代号相同的名称，但两者对应的参数却不

同，如超威的 Ryzen Threadripper 系列 CPU 的核心代号是 Zen，而 Ryzen 3 系列的一些 CPU 的核心代号也是 Zen。

2.1.8 CPU 的纳米制作工艺

　　衡量 CPU 的制作工艺的指标主要是 CPU 内电路与电路之间的距离，其发展趋势是向密度更高的方向发展。密度越高的电路设计，意味着在同样面积大小的产品中，可以拥有功能越复杂的电路。CPU 制作工艺的纳米数越小，同等面积下晶体管数量越多，CPU 的工作能力越强大，相对功耗越低，更适合在较高的频率下运行，也就更适合超频。目前主流 CPU 制作工艺纳米数分为 7nm、10nm、12nm、14nm、22nm 和 32nm 等类型。

　　下面简单介绍一下 CPU 制作工艺的流程。

　　❶硅提纯：生产 CPU 等芯片的材料是半导体——硅（Si），在硅提纯的过程中，原材料硅将被熔化，并被放进一个巨大的石英熔炉中。人们将向熔炉里放入一颗晶种，以便硅晶体围着这颗晶种生长，直到形成一个几近完美的单晶硅。

　　❷切割晶圆：单晶硅组成的硅锭被整形成一个圆柱体并被切割成片状，称为晶圆。晶圆才能真正用于 CPU 的制造，通常晶圆切得越薄，相同量的硅材料能够制造的 CPU 成品就越多。

　　❸影印：对晶圆进行热处理后，在得到的硅氧化物层上面涂敷一种光阻物质，再用紫外线通过印制着 CPU 复杂电路结构图样的模板照射硅基片，被紫外线照射的位置光阻物质溶解。

　　❹蚀刻：使用短波长的紫外光透过石英遮罩的孔照在光敏抗蚀膜上，使之曝光；然后停止光照并移除遮罩，使用特定的化学溶液清洗掉被曝光的光敏抗蚀膜以及下面紧贴着抗蚀膜的一层硅；最后，曝光的硅将被原子轰击，导致暴露的硅基片局部掺杂，从而改变这些区域的导电状态，进而制造出 CPU 的门电路。这一步的操作是 CPU 生产过程中的重要操作。

　　❺重复、分层：为加工新的一层电路，再次生长硅氧化物，然后沉积一层多晶硅，涂敷光阻物质，重复影印、蚀刻过程，得到含多晶硅和硅氧化物的沟槽结构。重复多遍，形成一个 3D 的结构，这才是最终的 CPU 的核心。每几层中间都要填上金属作为导体，层数取决于设计时 CPU 的布局以及通过的电流大小。

　　❻封装：将晶圆封入一个陶瓷或塑料的封壳中。越高级的 CPU 封装越复杂，优秀的封装也能提升芯片的电气性能和稳定性，并能间接地为主频的提升提供坚实可靠的基础。

　　❼多次测试：测试是 CPU 制作的重要环节，也是一块 CPU 出厂前必经的考验。这一步将测试晶圆的电气性能，以检查是否出了什么差错以及这些差错出现在哪个步骤。通常每个 CPU 核心都将被分开测试，在将 CPU 放入包装盒前还要进行最后一步测试。图 2-13 所示为 CPU 的晶圆和晶圆中的 CPU 核心。

图2-13　CPU晶圆

2.1.9 缓存对 CPU 的重要意义

　　缓存是指可进行高速数据交换的存储器，它先于内存与 CPU 进行数据交换，速度极快，所以又称为高速缓存。缓存大小是 CPU 的重要性能指标之一，而且缓存的结构和大小对 CPU 速度的影响非常大。CPU 缓存的运行频率极高，一般是和处理器同频运作，工作效率远远大于系统内存和硬盘。

CPU缓存一般分为L1缓存（Level 1 Cache）、L2缓存和L3缓存。当CPU要读取一个数据时，首先从L1缓存中查找，若没有找到再从L2缓存中查找，若还是没有则从L3缓存或内存中查找。一般来说，每级缓存的命中率都在80%左右，也就是说全部数据量的80%都可以在缓存中找到，由此可见L1缓存是整个CPU缓存架构中最为重要的部分。

◎ L1 缓存：也叫一级缓存，位于 CPU 内核的旁边，是与 CPU 结合最为紧密的 CPU 缓存，也是历史上最早出现的 CPU 缓存。由于制造一级缓存的技术难度和制造成本最高，增大容量所带来的技术难度和成本增加非常大，且带来的性能提升不明显，性价比很低，因此一级缓存是所有缓存中容量最小的。

◎ L2缓存：也叫二级缓存，主要用来存放计算机运行时操作系统的指令、程序数据和地址指针等数据。L2缓存容量越大，系统的速度越快，因此英特尔与超威公司都尽最大可能加大L2缓存的容量，并使其与CPU在相同频率下工作。

◎ L3 缓存：也叫三级缓存，实际作用是进一步降低内存延迟，同时提升大数据量计算时处理器的性能。降低内存延迟和提升大数据量计算能力对运行大型场景文件很有帮助。

多学一招

L1、L2、L3缓存的性能比较

在理论上，3种缓存对于CPU性能的影响是L1>L2>L3，但由于L1缓存的容量在现有技术条件下已经无法增加，所以L2和L3缓存才是CPU性能表现的关键。在CPU核心不变的情况下，增加L2或L3缓存容量，能使CPU性能大幅度提高。现在，人们在选购CPU时所看到的"标准的高速缓存"通常是指该CPU具有的最高级缓存的容量，如具有L3缓存就是指L3缓存的容量。图2-14所示的CPU的"智能高速缓存"是指该款CPU的L3缓存的容量。

处理器名称	基本主频（GHz）	英特尔®睿频加速技术2.0可达单核睿频率（GHz）	内核/线程数	TDP	英特尔®智能高速缓存	未锁频
英特尔®酷睿™i9-9900K处理器	3.6	5.0	8/16	95W	16MB	是
英特尔®酷睿™i7-9700K处理器	3.6	4.9	8/8	95W	12MB	是
英特尔®酷睿™i5-9600K处理器	3.7	4.6	6/6	95W	9MB	是

图2-14　CPU的"智能高速缓存"

2.1.10 | 不同的 CPU 插槽类型

CPU 需要通过固定标准的插槽与主板连接后才能工作，经过这么多年的发展，CPU 采用的插槽经历了引脚式、卡式、触点式、针脚式等多个阶段。而目前以触点式和针脚式为主，对应到主板上都有相应的插槽底座。

CPU 插槽类型不同，其插孔数、体积、形状都有变化，所以不能互相接插。目前常见的 CPU 插槽类型分为英特尔和超威两个系列。

微课：查看 CPU 插槽类型

◎ 英特尔 CPU：包括 LGA1200、LGA2066、LGA2011-v3、LGA1151、LGA1150、BGA 等类型，图 2-15 所示为使用不同类型插槽的英特尔 CPU。

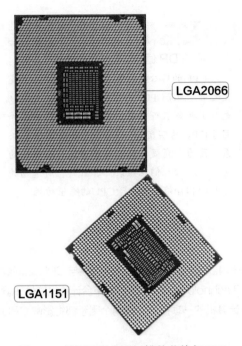

图2-15 使用不同类型插槽的英特尔CPU

◎ 超威 CPU：其插槽类型多为针脚式，包括 Socket TR4、Socket AM4、Socket AM3+、Socket FM2+、Socket FM1 等。

图 2-16 所示为使用不同类型插槽的超威 CPU，其中 Socket AM4 是主流类型，Socket TR4 是触点式插槽。

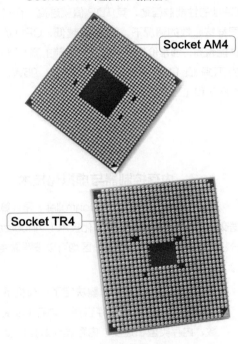

图2-16 使用不同类型插槽的超威CPU

2.1.11 集成显卡增强显示性能

集成显卡（也称为核心显卡）技术是新一代的智能图形核心技术，它把显示芯片整合在 CPU 当中，依托 CPU 强大的运算能力和智能能效调节设计，在更低功耗下实现同样出色的图形处理性能。

在 CPU 中整合显卡，大大缩短了处理核心、图形核心、内存及内存控制器间数据的周转时间，有效提升了处理效能，并大幅降低了芯片组的整体功耗，还有助于缩小核心组件的尺寸。通常情况下，英特尔的集成显卡会在独立显卡工作时自动停止工作。对于使用超威 APU 的计算机，在 Windows 7 及更高版本的操作系统中，如果安装了可用的超威独立显卡，经过设置，超威的 APU 可以实现集成显卡与独立显卡"混合交火"（意思是计算机会自动进行分工，小事让能力小的集成显卡处理，大事让能力大的独立显卡处理）。目前人们可以根据后缀判断 CPU 是否具备集成显卡，英特尔的 C、R、G 和超威的 G 后缀的 CPU 都能增强计算机的显示性能。

2.1.12 热设计功耗与 CPU 性能的反向关系

热设计功耗（Thermal Design Power，TDP）是指 CPU 的最终版本在满负荷（CPU 利用率为理论设计的 100%）时可能会达到的最高散热量，是 CPU 的重要性能参数之一。

在热设计功耗最大的时候，散热器必须保证 CPU 的温度仍然在设计范围之内。随着现在多核心技术的发展，CPU 的核心数越多，CPU 的性能越强劲，其 TDP 值就越高；而在同样核心数的情况下，TDP 值越低，CPU 的性能越高，通常价格也会越高。目前主流 CPU 的 TDP 值 包 括 35W、45W、65W、95W、105W 和 125W 等。

知识提示

TDP 值与实际功耗的关系

CPU的核心电压与核心电流时刻都处于变化之中，因而CPU的实际功耗（功率＝电流×电压）也会不断变化。因此，TDP值并不等同于CPU的实际功耗，二者更没有算术关系。因为厂商提供的TDP值肯定留有一定的余地，所以人们在组装计算机时，所选购的CPU的TDP值应该大于CPU的峰值功耗。

2.1.13 内存控制器与虚拟化技术

内存控制器（Memory Controller）是计算机系统内部控制内存，并且负责内存与 CPU 之间数据交换的重要组成部分。虚拟化技术（Virtualization Technology, VT）是指将单台计算机软件环境分割为多个独立分区，每个分区均可以按照需要模拟计算机的一项技术。这两个因素都将影响 CPU 的工作性能。

◎ 内存控制器：内存控制器决定了计算机系统所能使用的最大内存容量、内存 Bank 数、内存类型和速度、内存颗粒数据深度和数据宽度等重要参数，也就决定了计算机系统的内存性能，会对计算机系统的整体性能产生较大影响。所以，CPU 的产品规格通常会展示该 CPU 所支持的内存类型。图 2-17 所示为 i7 CPU 产品规格介绍，其中显示了该 CPU 所支持的内存类型。

◎ 虚拟化技术：虚拟化方式有传统的纯软件虚拟化（无须 CPU 支持 VT 技术）和硬件辅助虚拟化（需 CPU 支持 VT 技术）两种。纯软件虚拟化运行时的开销会造成系统运行速度减慢，所以，支持 VT 技术的 CPU 在基于虚拟化技术的应用中，效率将明显高于不支持 VT 技术的 CPU。目前 CPU 产品的虚拟化技术主要有英特尔的 Intel VT-x 和超威的 AMD-V 等。

图2-17　i7 CPU产品规格介绍

多学一招

在Windows 10中运用VT技术的意义

CPU的VT技术用于提升Windows 10操作系统的兼容性，可以让用户运行基于早期操作系统开发的软件。

2.1.14 选购 CPU 的 4 个原则

用户在选购 CPU 时需要考虑 CPU 的性价比及用途等因素。CPU 市场主要以英特尔和超威两大厂商为主，其各自产品的性能和价格不完全相同。用户在选购 CPU 时可以参考以下 4 个原则。

◎ 原则1：对计算机性能要求不高的用户可以选择一些中低端的CPU产品，如英特尔的CELERON或PENTIUM系列、超威的APU或推土机FX系列。

◎ 原则2：对计算机性能有一定要求的用户可以选择一些中高端的CPU产品，如英特尔的CORE i3或CORE i5系列、超威的Ryzen 3或Ryzen 5系列。

◎ 原则3：游戏玩家、图形图像设计人员等对计算机性能有较高要求的用户应该选择高端的CPU产品，如英特尔的CORE i5或CORE i7系列、超威的Ryzen 5或Ryzen 7系列。

◎ 原则4：游戏"发烧友"玩家应该选择最先进的CPU产品，如英特尔的CORE i9系列、超威的Ryzen Threadripper系列。

2.1.15　如何验证 CPU 的真伪

不同厂商生产的 CPU 防伪设置是不同的，由于 CPU 的主要生产厂商有英特尔和超威两家，所以本小节对于验证 CPU 产品真伪的方式也按两个不同的厂商进行介绍。

1. 英特尔 CPU 的验证方法

对于英特尔生产的 CPU，其验证真伪的方法有以下几种。

◎ 通过网站验证：访问英特尔的产品验证网站进行验证，如图 2-18 所示。

◎ 通过微信验证：通过手机微信查找公众号

"英特尔客户支持"或添加微信公众号"IntelCustomerSupport"，然后通过产品验证服务里的"扫描处理器序列号"功能，扫描序列号条形码进行验证。

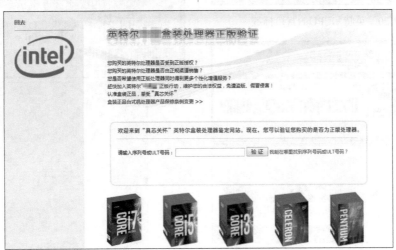

图2-18　英特尔产品验证网站

◎ 查看总代理：从正规的英特尔授权零售店面购买的正品盒装CPU，通常来自图2-19所示的 4 个总代理。

◎ 查看封口标签：正品 CPU 包装盒的封口标签仅在包装的一侧，标签为透明色，字

体为白色，颜色深且清晰，如图 2-20 所示。

◎ 验证产品序列号：正品 CPU 的产品序列号通常打印在包装盒的产品标签上，该序列号应该与盒内保修卡中的序列号一致，如图 2-21 所示。

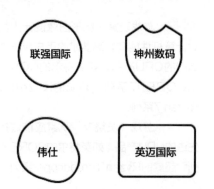

图2-19　英特尔CPU的总代理标签

图2-20　英特尔CPU的封口标签

图2-21　验证产品序列号

◎　验证风扇部件号：正品盒装 CPU 通常配备了散热风扇，打开 CPU 盒子的包装后，就可以看到风扇的激光防伪标签，使用标签上的风扇部件号进行验证，也能验证CPU 的真伪，如图 2-22 所示。

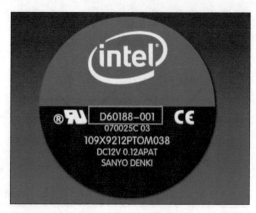

图2-22　验证风扇部件号

◎　验证产品批次号：正品盒装 CPU 的产品标签上还有产品的批次号，通常以"FPO"或"Batch"作为开头，CPU 产品正面的标签最下面也会用激光印制编号，查看该编号与标签上打印的批次号是否一致，也能验证 CPU 的真伪，如图 2-23 所示。

图2-23　验证产品批次号

2. 超威 CPU 的验证方法

　　对于超威生产的 CPU，可以直接通过其零售包装盒封盖上面贴的防伪标签进行真伪验证，具体有以下几种方法。

◎ 全息信息条：通常在正品超威 CPU 的包装盒标签上有一条垂直纵贯标签右侧，带波纹线，且标有"VALID"（有效）字样的清晰全息条，如图 2-24 所示。

图2-24　防伪全息条

◎ 光学变色标识：正品超威 CPU 的包装盒标签上有多层光学变色的 AMD 标识图像，将其向左侧倾斜时，该图像变成黑色描边的银白色图案，如图 2-25 所示；将其恢复正面展示时，该图像变成黑色描边的银白色图案（核心区域为红色），如图 2-26 所示；将其向右侧倾斜时，该图像变成黑色背景，核心区域为红色，如图 2-27 所示。

图2-25　左侧倾斜光学变色

图2-26　恢复正面光学变色

图2-27　右侧倾斜光学变色

◎ 验证产品序列号：正品超威 CPU 的产品序列号通常打印在包装盒标签上，该序列号应该与 CPU 参数面激光刻入的序列号一致，如图 2-28 所示。

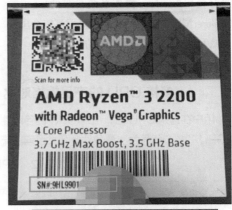

图2-28　超威CPU的产品序列号

◎ 通过网站验证：访问超威的产品验证网站，输入 CPU 的产品序列号进行验证，如

图 2-29 所示。

图2-29 超威产品验证网站

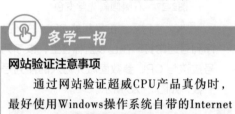

网站验证注意事项

通过网站验证超威CPU产品真伪时，最好使用Windows操作系统自带的Internet Explorer浏览器，使用其他浏览器可能会出现网站无法打开或者网页乱码的情况。

◎ 通过二维码验证：正品超威 CPU 的包装盒标签上有可供用户向超威验证 CPU 真伪的二维码，用户用手机扫描二维码，然后在打开的网页中可以查看 CPU 的真伪情况，如图 2-30 所示。

图2-30 扫描二维码验证

2.1.16 多核 CPU 的产品规格对比

用户在选购 CPU 时，应对 CPU 的各项性能指标进行对比，购买符合自己需求的产品。下面就以 CPU 的核心代号为主要条件，列举目前主流的 CPU 产品规格，如表 2-2 所示。

表 2-2 CPU 的产品规格对比

项目	Coffee Lake	Kaby Lake	Skylake	Zen	Zen+	Zen2	Godavari
品牌	英特尔	英特尔	英特尔	超威	超威	超威	超威
系列	CORE i9/ i7/i5/i3、 PENTIUM	CORE i7/i5/i3、 PENTIUM	CORE i9/ i7/i5/i3、 PENTIUM	Ryzen Threadripper/ 7/5/3	Ryzen 7/3	Ryzen 9/7/5	APU
核心数/个	2、4、6、8	2、4	2、4、6、8、 10、12、16	2、4、6、8、 12、16	2、4、8	4、6、8、12、 16	2、4
制作工艺/nm	14	14	14	7、12、14	7、12、14	7、12、14	14、32
集成显卡	有/没有	有	有	有/没有	有	有/没有	有
插槽类型	LGA 1151	LGA 1151	LGA 2066、 LGA 1151	Socket TR4、 Socket AM4	Socket AM4	Socket AM4	Socket AM4、 Socket FM2+

续表

项目	Coffee Lake	Kaby Lake	Skylake	Zen	Zen+	Zen2	Godavari
主频 /GHz	覆盖全部	覆盖全部	覆盖全部	覆盖全部	覆盖全部	覆盖全部	1.8 以上
线程数 / 个	2、4、8、12、16	2、4、8	2、4、8、12、16、24、32	2、4、8、12、16、24、32	4、8、16	8、12、16、24、32	4
TDP /W	35、45、65、95	15、35、45、65	15、35、45、65、95	15、35、45、65、95	15、35、45、65、95	15、35、45、65、95	15、35、45、65、95

2.1.17 多核 CPU 产品推荐

用户在选购多核 CPU 产品时，应该根据实际的用途和资金预算，选择适合自己的 CPU。下面就把 CPU 分为入门、主流、专业和高端 4 个级别，按照英特尔和超威两个品牌，分别推荐目前最热门的多核 CPU 产品。

1. 英特尔 CPU 产品推荐

英特尔的 CPU 产品市场占有率远远超过超威，下面介绍目前市场上最热门的英特尔 CPU。

◎ 入门——CORE i3 9100F：这款 CPU 是 CORE i3 系列的第 9 代产品，制作工艺为 14nm，核心代号为 Coffee Lake-S，插槽类型为 LGA 1151，主频为 3.6GHz，动态加速频率为 4.2GHz，核心数为 4，线程数为 4，L3 缓存为 6MB，TDP 为 65W，支持最大 64GB 内存，内存控制器为双通道 DDR4 2400MHz，支持英特尔 VT-x 技术，是 64 位处理器，如图 2-31 所示。

图2-31 英特尔CORE i3 9100F

◎ 主流——CORE i5 9400F：这款 CPU 是 CORE i5 系列的第 9 代产品，制作工艺为 14nm，核心代号为 Coffee Lake Refresh，插槽类型为 LGA 1151，主频为 2.9GHz，动态加速频率为 4.1GHz，核心数为 6，线程数为 6，L2 缓存为 1.5MB，L3 缓存为 9MB，TDP 为 65W，支持最大 128GB 内存，内存控制器为双通道 DDR4 2666/2400/2133MHz，支持英特尔 VT-x 技术，是 64 位处理器，如图 2-32 所示。

知识提示

分级依据

现在CPU的性能都非常强大，即便是入门级也能满足日常家庭和办公使用，这里的分级主要依据价格和性能参数。

图2-32　英特尔CORE i5 9400F

◎ 专业——CORE i7 9700F：这款 CPU
是 CORE i7 系列的第 9 代产品，制作工
艺 为 14nm， 核 心 代 号 为 Coffee Lake
Refresh，插槽类型为 LGA 1151，主频
为 3GHz，动态加速频率为 4.7GHz，核心
数为 8，线程数为 8，L3 缓存为 12MB，
TDP 为 65W，支持最大 128GB 内存，内
存控制器为双通道 DDR4 2666MHz，是
64 位处理器，如图 2-33 所示。

图2-33　英特尔CORE i7 9700F

◎ 高端——CORE i9 10980XE：这款 CPU
是 CORE i9 系列的第 10 代产品，制作工艺
为 14nm，核心代号为 Cascade Lake-X，
插槽类型为 LGA 2066，主频为 3GHz，动
态加速频率为 4.8GHz，核心数为 18，线
程数为 36，L3 缓存为 24.75MB，TDP 为
165W，支持最大 256GB 内存，内存控制
器为 4 通道 DDR4 2933MHz，支持超线程
技术，是 64 位处理器，如图 2-34 所示。

图2-34　英特尔CORE i9 10980XE

2. 超威 CPU 产品推荐

下面介绍市场上热门的超威 CPU 产品。

◎ 入 门 ——Ryzen 3 2200G： 这 款 CPU
是 Ryzen 3 系列的产品， 制作工艺为
14nm，核心代号为 Zen，插槽类型为
Socket AM4，主频为 3.5GHz，动态加速
频率为 3.7GHz，核心数为 4，线程数为 4，
L1 缓存为 384KB，L2 缓存为 2MB，L3
缓存为 4MB，TDP 为 65W，内存控制器
为双通道 DDR4 2993MHz，集成显卡，
如图 2-35 所示。

图2-35　超威Ryzen 3 2200G

◎ 主 流 ——Ryzen 5 3600： 这 款 CPU 是
Ryzen 5 系列的产品，制作工艺为 7nm，
核心代号为 Zen2，插槽类型为 Socket
AM4，主频为 3.6GHz，动态加速频率为

4.2GHz，核心数为 6，线程数为 12，L2 缓存为 3MB，L3 缓存为 32MB，TDP 为 65W，内存控制器为双通道 DDR4 3200MHz，如图 2-36 所示。

如图 2-38 所示。

图2-37　超威Ryzen 7 3700X

图2-36　超威Ryzen 5 3600

◎ 专业——Ryzen 7 3700X：这款 CPU 是 Ryzen 7 系列的产品，制作工艺为 7nm，核心代号为 Zen2，插槽类型为 Socket AM4，主频为 3.6GHz，动态加速频率为 4.4GHz，核心数为 8，线程数为 16，L2 缓存为 4MB，L3 缓存为 32MB，TDP 为 65W，内存控制器为双通道 DDR4 3200MHz，如图 2-37 所示。

◎ 高端——Ryzen Threadripper 2990WX：这款 CPU 是 Threadripper 系列产品，制作工艺为 12nm，核心代号为 Zen+，插槽类型为 Socket TR4，主频为 3GHz，动态加速频率为 4.2GHz，核心数为 32，线程数为 64，L3 缓存为 64MB，TDP 为 250W，支持最大 128GB 内存，内存控制器为 4 通道 DDR4 3200MHz，

图2-38　超威Ryzen Threadripper 2990WX

2.2 认识和选购多核计算机的主板

主板的主要功能是为计算机中的其他部件提供插槽和接口，计算机中的所有硬件通过主板直接或间接地组成了一个工作的平台。用户通过这个平台进行相关操作。下面将介绍认识和选购多核计算机的主板的相关知识。

2.2.1 通过外观简单认识主板

主板也称母板（Mother Board）或系统板（System Board），它是机箱中最重要的一块电路板。图2-39所示为某品牌主板外观。

图2-39　主板外观

主板上安装了组成计算机的主要电路系统，包括各种芯片、控制开关接口、直流电源供电接插件以及插槽等元件。图2-39中有两块散热装甲，其中南桥装甲保护主板的核心芯片——主芯片组，以及BIOS芯片；供电装甲则保护主板的供电系统，以及集成网卡芯片和M.2 Wi-Fi接口。

从外观上看，主板是计算机中最复杂的部件，几乎所有计算机硬件都通过主板与系统软件进行连接，所以主板是机箱中最重要的一块电路板。用户在选购计算机硬件时应先选购主板，这样就能为选购其他硬件设备确定一个标准，然后在该标准的基础上进行选择。

2.2.2 确认主板的基本信息

和CPU一样，我们可以通过软件进行检测以辨别主板的真伪和确认主板的基本信息，了解主板的品牌、型号、芯片组和BIOS等详细的产品规格参数。

◎ 使用鲁大师检测主板信息：鲁大师是一款专业的硬件检测软件，可以检测计算机硬件，并确认主板的相关信息，如图2-40所示。

◎ 使用 EVEREST 检测主板信息：EVEREST是一款专业的硬件检测软件，它可以详细地显示硬件每一个方面的信息。图2-41所示为使用 EVEREST 检测主板芯片组信息。

图2-40　使用鲁大师检测主板信息

图2-41　使用EVEREST检测主板芯片组信息

2.2.3　主芯片组是主板性能的核心

芯片组（Chipset）是主板的核心组成部分，通常由南桥（South Bridge）芯片和北桥（North Bridge）芯片组成。现在大部分主板都将南北桥芯片封装到一起形成一个芯片组，称为主芯片组。

北桥芯片是主板芯片组中起主导作用的、最重要的组成部分，也称为主桥，过去主板芯片的命名通常以北桥芯片为主。北桥芯片主要负责处理 CPU、内存和显卡三者间的数据交流，南桥芯片则负责硬盘等存储设备和 PCI 总线之间的数据流通。图 2-42 所示为封装的主芯片组（这里拆卸了主芯片组上面的南桥装甲，图2-39 中的主芯片组则被南桥装甲保护着）。

多学一招

以主芯片组命名主板

很多时候，主板是以主芯片组的核心名称命名的，如Z390主板就是使用Z390芯片组的主板。

图2-42　封装的主芯片组

2.2.4 CPU 插槽是主板规格的重要参数

CPU 插槽是用于安装和固定 CPU 的专用扩展插槽。主板的 CPU 插槽类型限制了主板支持的 CPU 类型，主要体现在 CPU 背面各电子元件的不同布局上。

CPU 插槽通常由固定罩、固定杆和 CPU 插座 3 个部分组成。在安装 CPU 前需通过固定杆将固定罩打开，将 CPU 放置在 CPU 插座上再合上固定罩，并用固定杆固定 CPU，然后安装 CPU 的散热片或散热风扇。另外，CPU

插槽的型号与前面介绍的 CPU 的插槽类型相对应，例如，LGA 1151 插槽的 CPU 需要对应安装在具有 LGA 1151 CPU 插槽的主板上。图 2-43 所示为英特尔 LGA 1151 的 CPU 固定罩关闭和打开的两种状态。

图2-43　英特尔LGA 1151的CPU固定罩关闭（左）和打开（右）的两种状态

2.2.5 主板上的其他重要芯片

除了主芯片组，主板上还有很多重要的芯片，包括 BIOS 芯片、I/O 控制芯片、集成声卡芯片和集成网卡芯片等，下面分别进行介绍。

◎ BIOS 芯片：BIOS 芯片是一块矩形的存储器，里面存有与该主板搭配的基本输入 / 输出系统程序，能够让主板识别各种硬件，还可以设置引导系统的设备和调整 CPU 外频等。BIOS 芯片是可以写入的，这方便了用户更新 BIOS 的版本。图 2-44 所示为双 BIOS 芯片。

 知识提示

双 BIOS

　　这里的双BIOS是指主板上设计有两个BIOS芯片，这样当一个BIOS芯片被破坏时，启用另一个芯片，系统依然可以正常工作。

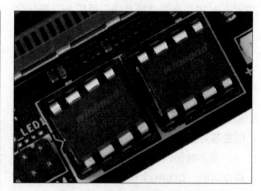

图2-44　主板上的双BIOS芯片

◎ I/O 控制芯片：I/O 控制芯片的主要功能是硬件监控，它能将硬件的健康状况、风扇转速、CPU 核心电压等情况显示在 BIOS

信息里面，如图 2-45 所示。

图2-45　主板上的I/O控制芯片

 知识提示

CMOS 电池

　　CMOS电池的主要作用是在计算机关机的时候保持BIOS设置不丢失。当电池电力不足的时候，BIOS里面的设置会自动还原为出厂设置。图2-46所示为主板上的CMOS电池。

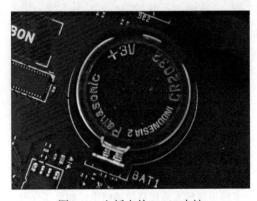

图2-46　主板上的CMOS电池

◎　集成声卡芯片：集成声卡芯片中集成了声音的主处理芯片和解码芯片，代替声卡处理计算机音频。图 2-47 所示为集成Realtek ALC1220 声卡芯片。

图2-47　集成Realtek ALC1220声卡芯片

◎　集成网卡芯片：集成网卡芯片是指整合了网络功能的主板所集成的网卡芯片，如图 2-48 所示。集成网卡芯片不占用独立网卡需要占用的 PCI 插槽或 USB 接口，能够实现良好的兼容性和稳定性，不容易出现独立网卡与主板兼容性不好或与其他设备资源产生冲突的问题。

图2-48　主板上的集成网卡芯片

 知识提示

主板上的其他芯片

　　主板上还有很多其他芯片，如检测并管理CPU温度的温度控制芯片，监控主板中一些重要部件的电压、温度、转速的硬件监控芯片，以及现在比较少见的将图形显示核心集成到主板上的集成显卡芯片等。

2.2.6 主板上的其他各种扩展槽

扩展槽也称插槽，有时也叫作插座或者接口，主要是指主板上用于插拔其他配件的部件。除了最重要的 CPU 插槽，主板上常见的扩展槽还要有以下几种。

◎ PCI-E 插槽：PCI-Express（简称 PCI-E）是指图形显卡接口技术规范，PCI-E 插槽即显卡插槽，目前的主板上大多配备 3.0 版本。若有多个插槽，其支持的模式就可能不同，目前 PCI-E 的规格包括 X1、X4、X8 和 X16 等。X16 代表的是 16 条 PCI 总线，PCI 总线可以直接协同工作，X16 表示 16 条总线同时传输数据，简单理解就是总线越多性能越好。图 2-49 所示为主板上的 PCI-E 插槽，有 3 个 X16 规格和 3 个 X1 规格。

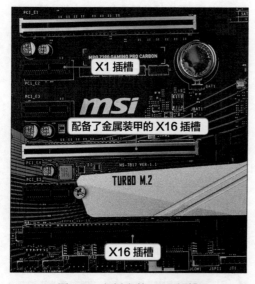

图2-49　主板上的PCI-E插槽

 知识提示

PCI-E 插槽的金属装甲

图2-49所示最上面的两个X16规格的 PCI-E插槽配备了金属装甲，金属装甲的主要功能是保护显卡并加快散热。

 多学一招

通过引脚分辨PCI-E插槽

通过主板背面的PCI-E插槽引脚的长短可以判断PCI-E插槽的规格，引脚越长，性能越强，如图2-50所示。

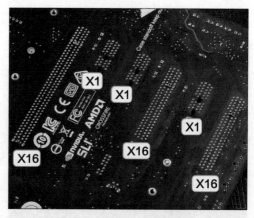

图2-50　主板背面PCI-E插槽的引脚

 多学一招

显卡应该安装哪一种规格的PCI-E插槽

就现阶段来看，X4和X8规格基本可以让显卡发挥出全部性能，虽然在X16规格下显卡性能会有提升，但并不是非常明显。也就是说，在各种规格的插槽都有的情况下，显卡应尽量插入高规格的插槽中；如果实在没有，稍微降低一些也无损显卡的性能。

◎ 内存插槽（DIMM 插槽）：内存插槽是主板上用来安装内存的部件。由于主板芯片组不同，其支持的内存类型也不同，不同的内存插槽在引脚数量、额定电压和性能方面都有很大的区别，如图 2-51 所示。

图2-51　主板上的内存插槽

 多学一招

区分DDR3、DDR4和DDR5内存插槽

通常在主板的内存插槽附近会标注内存的工作电压，通过不同的电压可以区分不同类型的内存插槽。一般1.35V低压对应DDR3L插槽，1.5V标压对应DDR3插槽，1.2V对应DDR4插槽，1.1V则对应DDR5插槽。

◎ SATA 插槽：SATA 插槽又称串行插槽，SATA 插槽以连续串行的方式传送数据，减少了插槽的针脚数目，主要用于连接机械硬盘和固态硬盘等设备，能够在计算机运行过程中直接进行插拔。图 2-52 所示为目前主流的 SATA 3.0 插槽，目前大多数机械硬盘和一些固态硬盘都使用这个插槽，与 USB 设备一起通过主芯片组和 CPU 通信，带宽为 6Gbit/s（折算成传输速率大约为 750MB/s，bit 代表位，B 代表字节）。

图2-52　主板上的SATA3.0插槽

◎ M.2 插槽（NGFF 插槽）：M.2 插槽是最近比较热门的一种存储设备插槽，其带宽大（M.2 Socket 3 可达到 PCI-E X4 带宽 32Gbit/s，折算成传输速率大约为 4GB/s），可以更快速地传输数据，并且占用空间小，非常薄，主要用于连接比较高端的固态硬盘产品，如图 2-53 所示。

图2-53　主板上的M.2插槽

◎ 主电源插槽：主电源插槽的功能是提供主板电能供应。用户只需要将电源的供电插头插入主电源插槽，即可为主板上的设备提供正常运行所需要的电能。目前主板都采用 20+4pin 供电，其通常位于主板长边靠近内存插槽的位置，如图 2-54 所示。

图2-54　主板上的主电源插槽

◎ 辅助电源插槽：辅助电源插槽的功能是为 CPU 提供辅助电源，所以也称为 CPU 供电插槽。目前的 CPU 供电都是由 8pin 插槽提供的，也可能会采用比较老的4pin插槽，这两种插槽是兼容的。图2-55所示为主板上的两种辅助电源插槽。

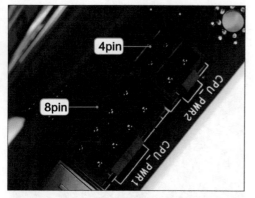

图2-55　主板上的辅助电源插槽

◎ CPU 风扇供电插槽：顾名思义，CPU 风扇供电插槽的功能是为 CPU 散热风扇提供电源，有些主板在开机时如果检测不到这个插槽就不允许启动计算机。通常这个插槽在主板上都会被标记为 CPU_FAN，如图 2-56 所示，而且为了保证 CPU 风扇的供电效果，这种插槽通常就在 CPU 插槽附近，且可能存在两个，并被标记为 CPU_FAN1 和 CPU_FAN2。

图2-56　主板上的CPU风扇供电插槽

◎ 机箱风扇供电插槽：机箱风扇供电插槽的功能是为机箱上的散热风扇提供电源，通常这个插槽在主板上都会被标记为 CHA_FAN 或者 SYS_FAN，如图 2-57 所示。

图2-57　主板上的机箱风扇供电插槽

知识提示

PUMP_FAN 和 CPU_OPT/PUMP 插槽

图2-57所示还有一个PUMP_FAN插槽，这也是一种CPU散热供电插槽，通常是为水冷散热系统的水泵准备的供电插槽。这种插槽在不同品牌的主板中也可能被标记为CPU_PUMP或者CPU_OPT。

知识提示

PCI-E 额外供电插槽

PCI-E额外供电插槽的存在是为了避免主板存在多显卡工作时供电不够的情况，这种插槽用于为PCI-E插槽提供额外电力支持。这种插槽常见于高端主板，通常是D型4pin插槽，如图2-58所示。

图2-58　主板上的PCI-E额外供电插槽

◎ USB 插槽：USB 插槽的主要用途是为机箱上的 USB 接口提供数据连接，目前主板上主要有 3.0 和 2.0 两种规格的 USB 插槽。USB 3.0 插槽中共有 19 枚针脚，左下角部位有一个缺针，上方中部有防呆缺

口,与插头对应,如图2-59所示。USB 2.0
插槽中只有9枚针脚,右下方的针脚缺失,
如图 2-60 所示。而 USB 3.1 插槽则不
是针脚式的,通常会被标记为 USBC,如
图 2-61 所示。

图2-59　主板上的USB 3.0插槽

图2-60　主板上的USB 2.0插槽

图2-61　主板上的USB 3.1插槽

◎　**机箱前置音频插槽**: 许多机箱的前面板
都有耳机和话筒的接口,让用户使用起
来非常方便,这些接口在主板上有对应
的跳线插槽。这种插槽中有 9 枚针脚,
上排右二缺失,既为防呆设计,又可以
与 USB 2.0 插槽区分开来。机箱前置音

频插槽一般被标记为 JAUD,位于主板
集成声卡芯片附近,如图 2-62 所示。

图2-62　主板上的机箱前置音频插槽

◎　**主板跳线插槽**: 主板跳线插槽的主要用途
是为机箱面板的指示灯和按钮提供控制
连接,一般是双行针脚,包括电源开关
(PWR-SW,两个针脚,通常无正负之分)、
复位开关(RESET,两个针脚,通常无
正负之分)、电源指示灯(PWR-LED,
两个针脚,通常为左正右负)、硬盘指示
灯(HDD-LED,两个针脚,通常为左正
右负)、扬声器(SPEAKER,4 个针脚),
如图 2-63 所示。

图2-63　主板上的跳线插槽

 知识提示

主板的其他插槽

　　主板上可能还有其他插槽类型,如LED灯
带供电插槽等,这些插槽通常在特定主板出现。

2.2.7 利用板型控制主板的物理规格

板型是指主板的尺寸及各种电器元件的布局与排列方式，它不但能决定主板的大小，还能决定主板的用料、可发挥空间和可扩展性等各种物理特性。主板尺寸越大，所能承载的东西也就越多，目前主板的板型主要有 ATX、M-ATX、Mini-ITX 和 E-ATX 4 种。

◎ ATX（标准型）：ATX 是目前主流的主板板型，也称大板或标准板，如果用用量化的数据来表示，以背部 I/O 接口所在一侧为"长"，另一侧为"宽"，那么 ATX 板型的尺寸是长 305mm、宽 244mm，其特点是插槽较多、扩展性强。图 2-64 所示为一款标准的 ATX 板型主板。除尺寸数据外，还有一个 ATX 板型的量化数据——标准 ATX 板型的主板应该拥有 3 个以上的 PCI 扩展插槽。图 2-64 所示的主板有 4 个 PCI 扩展插槽，所以属于 ATX 板型。

图2-64　ATX板型的主板

 知识提示

不规则的 ATX 板型主板

有些主板的长宽并不规则，如305mm×214mm、295mm×185mm，但其PCI扩展插槽仍然超过3个槽位，所以还是属于ATX板型。

◎ M-ATX（紧凑型）：它是 ATX 板型的简化版本，就是常说的小板，特点是扩展槽较少，PCI 插槽数量在 3 个或 3 个以下。图 2-65 所示为一款标准的 M-ATX 板型主板。M-ATX 板型主板在宽度上同 ATX 板型主板保持一致，为 244mm，而在长度上缩小为 244mm，形状呈正方形。同样，M-ATX 板型的量化数据为标配 3 个或 3 个以下的 PCI 扩展插槽。另外，有些主板的尺寸为 244mm×185mm、244mm×191mm、229mm×191mm、225mm×174mm、244mm×221mm、226mm×183mm、226mm×180mm、244mm×174mm 等，只要其 PCI 扩展插槽不超过 3 个，就还是 M-ATX 板型的主板。

图2-65　M-ATX板型的主板

◎ Mini-ITX（迷你型）：Mini-ITX 在体积上同其他板型没有任何联系，但依旧是基于 ATX 架构规范设计的，主要支持用于小空间的计算机，如用在汽车、机顶盒和网络设备的计算机中。图 2-66 所示为一款标准的 Mini-ITX 板型主板。Mini-ITX 板型主板的尺寸为 170mm×170mm（在ATX 构架下几乎已经做到最小），由于面积所限，只配备了 1 个 PCI-E 扩展插槽，另外还提供了 2 个内存插槽，这 3 点就构成了 Mini-ITX 板型主板最明显的特征，同时也导致了 Mini-ITX 板型主板最多只支持双通道内存和单显卡运行。

图2-66　Mini-ITX板型的主板

◎ E-ATX（加强型）：随着多通道内存模式的发展，一些主板需要支持三通道 6 个内存插槽，或者支持四通道 8 个内存插槽，这对宽度最大为 244mm 的 ATX 板型主板来说很吃力，所以 ATX 板型主板需要增加宽度，这样就产生了加强型 ATX 板型——E-ATX。图 2-67 所示为一款标准的 E-ATX 板型主板。E-ATX 板型主板的长度保持为 305mm，而宽度为 257mm、264mm、267mm、272mm、330mm 等，这种板型的主板大多性能优越，多用于服务器或工作站。

图2-67　E-ATX板型的主板

2.2.8　主板的多通道内存规格

通道技术其实是一种内存控制和管理技术，在理论上能够使 N 条同等规格内存所提供的带宽增长 N 倍。主板的内存规格是由安装的内存的多通道模式和其最大内存容量所决定的。

1. 内存的多通道模式

多通道模式是主板内存规格相关性能参数中的重要参数之一，目前市场上的主板大多支持双通道的内存模式，一些专业和高端的主板则能支持三通道、四通道或更多通道的内存模式。

◎ 双通道内存模式：双通道内存模式可提供较高的内存吞吐率，只有当主板的两个内存插槽中安装的内存容量相等时才能启用。当使用了不同工作频率的内存时，双通道将采用最低的频率作为通道的时序。例如，在内存插槽中安装两条 8GB 的 DDR4 内存组成双通道，一条内存的工作频率为 2133MHz，另一条内存的工作频率为 2666MHz，那么该双通道将采用工作频率 2133MHz 作为通道的时序。图 2-68 所示为支持双通道内存模式的主板内存插槽，其中，颜色相同的插槽即可组建双通道内存。

图2-68　主板上的双通道内存插槽

◎ **三通道内存模式**：要采用三通道内存模式，需要在 3 个颜色相同的内存插槽中安装匹配的相同容量的内存模块，运行时同样采用最低的工作频率作为通道的时序。图 2-69 所示为支持三通道内存模式的主板内存插槽，其中，颜色相同的插槽即可组建三通道内存。

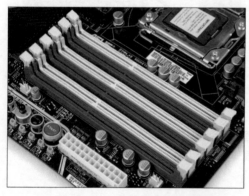

图2-69　主板上的三通道内存插槽

◎ **四通道内存模式**：要启用四通道内存模式，需要在 4 个（或 4 的倍数）颜色相同的内存插槽中安装匹配的相同容量的内存模块，运行时同样采用最低的工作频率作为通道的时序。图 2-70 所示为支持四通道内存模式的主板内存插槽，其中，颜色相同的插槽即可组建四通道内存。

图2-70　主板上的四通道内存插槽

 知识提示

四通道模式下实现双通道或三通道的方法

　　在四通道模式的内存插槽中安装两个内存模块时，系统在双通道模式下运行；安装 3 个内存模块时，系统在三通道模式下运行。

2. 最大内存容量

　　最大内存容量是主板上能够插入的内存容量的上限。如果主板上插入超过最大内存容量的内存，主板将不会支持。主板支持的最大内存容量理论上由主芯片组决定，但在实际应用中，最大内存容量还受主板上内存插槽数量的限制。例如，Mini-ITX 板型的主板即便其主芯片组支持很大的内存容量，但只有两个内存插槽，在内存插槽所支持的最大内存容量值一定的情况下，最大内存容量无法达到理论最大值。

　　内存的容量一般是 2 的整次方倍，如 64MB、128MB、256MB 等，通常情况下，内存容量越大越有利于系统的运行。目前市场上主板性能参数中，主流的最大内存容量包括 8GB、16GB、32GB、64GB、128GB、256GB 等。

2.2.9 主板上的动力供应与系统安全部件

计算机主板的供电部分也是非常重要的。另外，随着主板制作技术的发展，主板上也增加了一些可以控制系统安全的电子元件，如故障检测卡、电源开关、BIOS 开关等。下面就简单介绍一下主板上的供电部分和系统安全相关部件。

◎ 供电部分：指 CPU 的供电部分，它是整块主板中最为重要的单元，直接关系到系统是否可以稳定运作。供电部分通常在离 CPU 最近的地方，由电容、电感和控制芯片等元件组成，如图 2-71 所示。另外，主电源插槽和辅助电源插槽也可以归纳到主板的供电部分。

图2-71　主板上的供电部分

◎ 启动按钮和重启按钮：很多主板现在都集成了一个启动按钮和一个重启按钮，其功能与主机箱面板上的启动按钮和重启按钮一样，方便用户在进行主板测试和故障维修时使用，如图 2-72 所示。

图2-72　主板上的启动按钮和重启按钮

◎ 恢复 BIOS 开关：现在很多主板上都集成了一个恢复 BIOS 开关，通常标记为 BIOS_SWITCH，如图 2-73 所示。恢复 BIOS 开关的功能是当升级主板 BIOS 失败或出错时，将主板 BIOS 恢复到过去的正常状态，即为 BIOS 提供一个补救备份。

图2-73　主板上的恢复BIOS开关

◎ 检测卡：检测卡全称为主板故障诊断卡，它可以利用主板中的 BIOS 内部自检程序进行检测，并将检测结果通过代码一一显示出来。结合代码含义速查表，用户就能很快地知道故障所在。现在很多主板上都集成了检测卡，如图 2-74 所示。

图2-74　主板上的检测卡

2.2.10 主板上丰富的对外接口

对外接口也是主板非常重要的组成部分,它通常位于主板的侧面。通过对外接口,用户可以将计算机的外部设备和周边设备与主机连接起来。对外接口越多,可以连接的设备也就越多。下面详细介绍主板的对外接口,如图 2-75 所示。

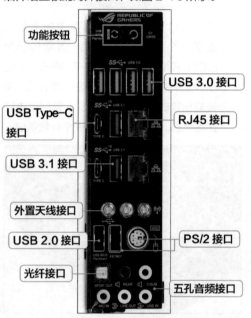

图2-75 主板上的对外接口

◎ 功能按钮:有些主板的对外接口有功能按钮,如图 2-76 所示,左边是刷新 BIOS 按钮(BIOS Flashback),按下后重启计算机就会自动进入 BIOS 刷新界面;右边是清除 CMOS 按钮(Clr CMOS),当由于更换硬件或者设置错误造成无法开机时,可以通过按清除 CMOS 按钮来修复。

图2-76 主板上的功能按钮

◎ USB 接口:USB 接口的专业名称为"通

用串行总线",连接该接口最常见的设备就是 USB 键盘、鼠标及 U 盘等。当前很多主板都有 3 个规格的 USB 接口,通常情况下可以通过颜色来区分,黑色一般为 USB 2.0 接口,蓝色为 USB 3.0 接口,红色为 USB 3.1 接口。根据 USB-IF(USB Implementers Forum,USB 开发者论坛)公布的新 USB 命名规范,USB 3.0 的规范命名为 USB 3.2 Gen 1,USB 3.1 的规范命名为 USB 3.2 Gen 2,USB 3.2 的规范命名为 USB 3.2 Gen 2×2。但这种规范命名反而容易造成困扰,因此,本书仍沿用传统的 USB 规格的命名。

◎ USB Type-C 接口:USB Type-C 接口也是一种 USB 接口,其最大的特色是正反都可插,传输速率也非常不错,所以许多智能手机也采用了这种 USB 接口,有些计算机硬件,如扫描仪或打印机等输入 / 输出设备,也常采用这种 USB 接口,如图 2-77 所示。

图2-77 主板上的USB Type-C接口

◎ RJ45 接口:RJ45 接口也就是网络接口,俗称水晶头接口,主要用来连接网线。有的主板为了体现用到的是英特尔千兆网卡或 Killer 网卡,会将 RJ45 接口设置为蓝色或红色。

◎ 外置天线接口：外置天线接口是专门为了连接外置 Wi-Fi 天线而准备的。有些主板可能并没有图 2-75 所示的金色接口，只有几个圆孔，这样的主板可以安装无线网卡模块，并且专门预留了 Wi-Fi 天线的接口，用户自行安装即可。外置天线接口在连接好 Wi-Fi 天线后，可以通过主板预装的无线模块支持 Wi-Fi 和蓝牙，如图 2-78 所示。

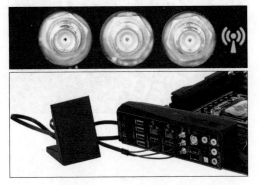

图2-78　主板上的外置天线接口和Wi-Fi天线

◎ PS/2 接口：PS/2 接口若单一支持键盘或者鼠标时会呈现单色（键盘接口为紫色，鼠标接口为绿色）。图 2-75 所示的双色并且伴有键盘和鼠标图标的就是键鼠两用接口。注意，这个接口不支持热插拔，开机状态下插拔很容易损坏硬件。

◎ 音频接口：图 2-79 所示的是一组主板上比较常见的五孔一光纤的音频接口。上排

的 SPDIF OUT 就是光纤输出端口，可以将音频信号以光信号的形式传输到声卡等设备；REAR 为 5.1 或者 7.1 声道的后置环绕左右声道接口；C/SUB 为 5.1 或者 7.1 多声道音箱的中置声道和低音声道接口。下排的 MIC IN 为话筒接口，通常为粉色；LINE OUT 为音响或者耳机接口，通常为浅绿色；LINE IN 为音频设备的输入接口，通常为浅蓝色。

图2-79　主板上的音频接口

知识提示

主板上的其他对外接口

CPU或主板具备集成显卡的情况下，主板会在对外接口中提供显示输出接口，包括 DVI、HDMI、DP和Type-C等，在后面显卡的内容中将进行具体介绍。

2.2.11　提升主板性能的其他技术

主板所具备的一些先进技术也会成为选购主板的性能参数指标，如磁盘阵列 RAID 技术、硬件监控技术和多显卡技术等。

◎ 磁盘阵列 RAID 技术：RAID 技术是一种多磁盘技术，简称为磁盘阵列技术。RAID 技术作为高性能、高可靠的存储技术，已经得到了非常广泛的应用。RAID 主要利用数据条带、镜像和数据校验技术来获取高性能、可靠性、容错能力和扩展性。根据组

合运用数据条带、镜像、数据校验这 3 种技术的策略和架构，人们把 RAID 分为不同的等级，以满足不同数据应用的需求。目前业界公认的标准是RAID 0 ～ RAID 5，而在计算机实际应用领域中，使用最多的 RAID 等级是 RAID 0、RAID 1、RAID 3、

RAID 5、RAID 6 和 RAID 10。用户在选购主板时，通常主板支持的 RAID 等级越多，其性能越高。

◎　硬件监控技术：硬件监控技术就是通过主板上专门的硬件监控芯片，监控计算机各种硬件的工作状态（温度、转速和电压等），让用户能够了解计算机硬件的实时情况。硬件监控技术主要通过主板上的监控管理芯片实现，常见的监控管理芯片有温度控制芯片和通用硬件监控芯片等。硬件监控芯片与各种传感元件（电压、温度、转速）配合，能使计算机在硬件工作状态异常时，自动采取保护措施或及时调整相应元件的工作参数，以保证计算机中各配件在正常状态下工作。

◎　多显卡技术：多显卡技术就是利用多个显卡连接在一起来提升计算机显示性能的技

术，相关内容将在后面显卡的介绍中详细讲解。对主板来说，能否支持多显卡技术也是主板性能是否先进的一项重要指标，有些主板会直接展示所支持的多显卡技术，如图 2-80 所示，SLI 和 CROSSFIRE 就是目前主流的两种多显卡技术。

图2-80　主板上显示的多显卡技术

2.2.12　主芯片组与多核 CPU

主板的主芯片组是衡量主板性能的重要依据，用户一旦了解了主板的主芯片组型号，就能清楚了解该主板所支持的 CPU 规格。主板多以主芯片组命名型号，对应多核 CPU 的性能参数，英特尔和超威主芯片组的多核 CPU 性能参数分别如表 2-3 和表 2-4 所示。

表2-3　英特尔主芯片组

项目	Z590	Z490	B560	B460	H410	Z390	B365	H370
CPU 插槽（LGA）	1200	1200	1200	1200	1200	1151	1151	1151
内存类型	DDR4	DDR4	DDR4	DDR4	DDR4	DDR4	DDR3、DDR4	DDR4
特性	超频、Type-C、显示接口、Wi-Fi	SLI、CF、超频、Type-C、显示接口、Wi-Fi	Type-C、显示接口、Wi-Fi	CF、Type-C、显示接口、Wi-Fi	Type-C、显示接口、Wi-Fi	SLI、CF、超频、Type-C、显示接口、Wi-Fi	SLI、CF、Type-C、显示接口、Wi-Fi	Type-C、显示接口、Wi-Fi
最大内存容量	64GB、128GB	64GB、128GB	64GB、128GB	64GB、128GB	32GB、64GB	32GB、64GB、128GB	16GB、32GB、64GB	16GB、32GB、64GB
存储接口	M.2、SATA 3.0	M.2、SATA 3.0	M.2、SATA 3.0	M.2、SATA 3.0	M.2、SATA 3.0	U.2、M.2、SATA 3.0	M.2、SATA 3.0	M.2、SATA 3.0

项目	B360	H310	Z370	X299	Z270	B250	H270	Z170
CPU 插槽（LGA）	1151	1151	1151	2066	1151	1151	1151	1151
内存类型	DDR4	DDR3、DDR4	DDR4	DDR4	DDR4	DDR3、DDR4	DDR4	DDR3、DDR4
特性	Type-C、显示接口、Wi-Fi	显示接口、Wi-Fi	SLI、CF、超频、Type-C、显示接口、Wi-Fi	SLI、CF、超频、Type-C、显示接口、Wi-Fi	SLI、CF、超频、Type-C、显示接口、Wi-Fi	CF、Type-C、显示接口、Wi-Fi	CF、Type-C、显示接口、Wi-Fi	SLI、CF、超频、Type-C、显示接口、Wi-Fi
最大内存容量	32GB、64GB	16GB、32GB	32GB、64GB	64GB、128GB、256GB	16GB、32GB	8GB、16GB、32GB、64GB	32GB、64GB	32GB、64GB
存储接口	M.2、SATA 3.0	M.2、SATA 3.0	U.2、M.2、SATA 3.0	U.2、M.2、SATA 3.0	U.2、M.2、SATA-E、SATA 3.0	SATA 2.0、SATA 3.0	M.2、SATA-E、SATA 3.0	U.2、M.2、SATA-E、SATA 3.0

项目	B150	H170	H110	C232	X99	Z97	B85	H81
CPU 插槽（LGA）	1151	1151	1151	1151	2011-v3	1150	1150	1150
内存类型	DDR3、DDR4	DDR3、DDR4	DDR3、DDR4	DDR4	DDR4	DDR3	DDR3	DDR3
特性	SLI、CF、Type-C、显示接口、Wi-Fi	Type-C、显示接口	SLI、显示接口	Type-C、显示接口	SLI、超频、Type-C、显示接口、Wi-Fi	SLI、CF、超频、显示接口、Wi-Fi	CF、Type-C、显示接口	显示接口
最大内存容量	32GB、64GB	16GB、32GB、64GB	8GB、16GB、32GB	32GB、64GB	32GB、64GB	16GB、32GB	16GB、32GB	16GB
存储接口	U.2、M.2、SATA-E、SATA3.0	M.2、SATA-E、SATA 3.0	M.2、SATA 3.0	M.2、SATA-E、SATA 3.0	U.2、M.2、SATA-E、SATA 3.0	M.2、SATA-E、SATA 3.0	SATA2.0、SATA3.0	M.2、SATA2.0、SATA 3.0

　　注意，CF 就是指 CrossFire 多显卡技术，U.2 和 SATA-E 插槽都是高速硬盘插槽的一种类型。另外，目前的市场上，英特尔还有一些其他芯片组，其接口类型为 LGA 1155，内存类型为 DDR3，使用非集成显卡，内存容量为 8GB ~ 64GB。

表 2-4　超威主芯片组

项目	A520	B550	TRX40	X570	X470	B450	X399	A320
CPU 插槽（Socket）	AM4	AM4	sTRX4	AM4	AM4	AM4	TR4	AM4
内存类型	DDR4	DDR4	DDR4	DDR4	DDR4	DDR4	DDR4	DDR4
特性	超频、Type-C、显示接口、Wi-Fi	SLI、CF、超频、Type-C、显示接口、Wi-Fi	SLI、CF、Type-C、Wi-Fi	SLI、CF、Type-C、显示接口、Wi-Fi	SLI、CF、Type-C、显示接口、Wi-Fi	CF、超频、Type-C、显示接口、Wi-Fi	SLI、CF、超频、Type-C、显示接口、Wi-Fi	CF、Type-C、显示接口
最大内存容量	32GB、64GB、128GB	32GB、64GB、128GB	256GB	64GB、128GB	32GB、64GB	32GB、64GB、128GB	64GB、128GB	16GB、32GB、64GB
存储接口	M.2、SATA 3.0	M.2、SATA 3.0	M.2、SATA 3.0	U.2、M.2、SATA 3.0	M.2、SATA 3.0	M.2、SATA-E、SATA 3.0	U.2、M.2、SATA 3.0	M.2、SATA 3.0
项目	B350	X370	A88X	A68H	970	990FX	A78	A58
CPU 插槽（Socket）	AM4	AM4	FM2+、FM2	FM2+	AM3+	AM3+	FM2+	FM2+
内存类型	DDR4	DDR3、DDR4	DDR3	DDR3	DDR3	DDR3	DDR3	DDR3
特性	CF、Type-C、显示接口、Wi-Fi	SLI、CF、超频、Type-C、显示接口、Wi-Fi	超频、显示接口、Wi-Fi	CF、超频、显示接口	SLI、超频、Type-C	SLI、CF、超频	超频、显示接口	显示接口
最大内存容量	16GB、32GB、64GB	32GB、64GB	16GB、32GB、64GB	16GB、32GB、64GB	32GB	32GB	16GB、32GB	16GB
存储接口	M.2、SATA 3.0	U.2、M.2、SATA-E、SATA 3.0	SATA 3.0	SATA 3.0	M.2、SATA 3.0	SATA 3.0	SATA 2.0、SATA 3.0	SATA 2.0

2.2.13　选购主板的 4 个注意事项

主板在计算机中的作用相当重要，其性能关系着整台计算机工作的稳定性。因此，用户对主板的选购绝不能马虎，需要注意以下 4 个方面的内容。

1. 考虑用途

选购主板的第一步是考虑用途，同时要注意主板的扩展性和稳定性。游戏"发烧友"或图形图像设计人员需要选择价格较高的高性能主板；如果计算机主要用于文档编辑、编程设计、上网和看电影等，则用户可选购性价比较高的中低端主板。

2. 注意扩展性

主板需要连接各种硬件，当硬件种类和数量过多时，就涉及主板的扩展性。扩展性也就是通常所说的给计算机升级或增加部件的可能性，如增加内存、显卡和更换速度更快的 CPU 等，这就要求主板上有足够多的扩展插槽。

3. 对比各种产品规格

主板的产品规格非常容易获得，用户在选购主板时，可以在同价位下对比不同主板的产品规格，或在同样的产品规格下对比不同价位的主板，这样就能选出性价比较高的产品。

4. 鉴别真伪

现在假冒电子产品很多，下面介绍一些鉴别假冒主板的方法。

◎ 芯片组：正品主板芯片上的标识清晰、整齐、印刷规范，而假冒的主板一般由旧货打磨而成，字体模糊，甚至有歪斜现象。

◎ 电容：正品主板为了保证产品质量，一般采用名牌的大容量电容，而假冒主板常采用不知名的小容量电容。

◎ 产品标示：主板上的产品标识一般粘贴在 PCI 插槽上，正品主板标识印刷清晰，会有厂商名称的缩写和序列号等，而假冒主板的产品标识印刷非常模糊。

◎ 输入/输出接口：正品主板的输入/输出（I/O）接口上一般可看到提供接口的厂商名称，而假冒的主板则往往没有。

◎ 布线：正品主板上的布线都经过专门设计，一般比较均匀、美观，不会出现一个地方密集而另一个地方稀疏的情况，而假冒的主板则布线凌乱。

◎ 焊接工艺：正品主板焊接到位，不会有虚焊或焊接过于饱满的情况，贴片电容是机械化自动焊接的，比较整齐。而假冒的主板则可能出现焊接不到位、贴片电容排列不整齐等情况。

2.2.14　多核计算机主板的品牌和产品推荐

主板的品牌往往意味着做工、用料的优劣。下面先简单介绍主流的主板品牌，然后将主板按照入门、主流、专业和高端 4 个级别，针对英特尔和超威两个系列的芯片组，分别推荐目前最热门的多核计算机主板产品。

1. 主板的主流品牌

主板的品牌很多，按照市场上的认可度，通常分为两种类别。

◎ 一类品牌：主要包括华硕（ASUS）、微星（MSI）、技嘉（GIGABYTE）和七彩虹（COLORFUL），其特点是研发能力强，推出新品速度快，产品线齐全，高端产品过硬，市场认可度较高。在主板市场中，这 4 个品牌的市场占有率加起来就超过了70%。

◎ 二类品牌：主要包括映泰（BIOSTAR）、华擎（ASROCK）、昂达（ONDA）、影驰（GALAXY）和梅捷（SOYO）等，

其特点是在某些方面略逊于一类品牌，具备一定的制造能力，也有各自的特色，在保证稳定运行的前提下价格较一类品牌更低。这些品牌在主板市场中的市场占有率各自不超过5%。

2. 基于英特尔主芯片组的主板产品推荐

由于英特尔的主芯片组数量较多，所以基于英特尔主芯片组的主板数量也较多，下面就分类别介绍目前热门的主板产品。

◎ 入门——影驰 B360M-M.2：这款主板采用英特尔 B360 主芯片组，支持 CPU 内置显示芯片，集成 6 声道音效芯片和英特尔

千兆网卡，CPU 插槽类型为 LGA 1151，支持第八代 CORE i7/i5/i3、PENTIUM 和 CELERON 系列 CPU，板载两个内存插槽，支持双通道 DDR4 2133/2400/2666MHz 内存，最大内存容量为 32GB，板型为 M-ATX，尺寸大小为 225mm×185mm，具备两个 PCI-E 3.0 插槽（一个 PCI-E X16，一个 PCI-E X1），6 个 SATA 3.0 接口，一个 M.2 接口，一个 VGA 接口，一个 HDMI，如图 2-81 所示。

图2-81　影驰B360M-M.2

◎　主流 —— 华硕 TUF B360M-PLUS GAMING S：这款主板采用英特尔 B360 主芯片组，支持 CPU 内置显示芯片，集成 Realtek ALC887 8 声道音效芯片和英特尔 I219V 千兆网卡，CPU 插槽类型为 LGA 1151，支持第八代 CORE i7/i5/i3、PENTIUM 和 CELERON 系列 CPU，板载 4 个内存插槽，支持双通道 DDR4 2133/2400/2666MHz 内存，最大内存容量为 64GB，板型为 M-ATX，尺寸大小为 244mm×244mm，具备 3 个 PCI-E 3.0 插槽（一个 PCI-E X16，两个 PCI-E X1），6 个 SATA 3.0 接口，两个 M.2 接口，一个 VGA 接口，一个 HDMI，如图 2-82 所示。

图2-82　华硕TUF B360M-PLUS GAMING S

◎　专业 —— 华硕 PRIME Z390-P：这款主板采用英特尔 Z390 主芯片组，支持 CPU 内置显示芯片，集成 Realtek ALC887 8 声道音效芯片和 Realtek RTL8111H 千兆网卡，CPU 插槽类型为 LGA 1151，支持第九代 / 第八代 CORE i9/i7/i5/i3、PENTIUM 和 CELERON 系列 CPU，板载 4 个内存插槽，支持双通道 DDR4 2133/2400/2666/2800/3000/3200/3300/3333/3400/3466/3600/3733/3866/4000/4133/4266MHz 内存，最大内存容量为 64GB，板型为 ATX，尺寸大小为 305mm×244mm，具备 6 个 PCI-E 3.0 插槽（两个 PCI-E X16，4 个 PCI-E X1），4 个 SATA 3.0 接口，两个 M.2 接口，一个 DP，一个 HDMI，如图 2-83 所示。

图2-83　华硕PRIME Z390-P

◎ **高端——技嘉 X299X AORUS XTREME WATERFORCE：** 这款主板采用英特尔 X299 主芯片组，支持 CPU 内置显示芯片，集成 Realtek ALC1220-VB 音效芯片，CPU 插槽类型为 LGA 2066，支持 CORE i9 X 系列、CORE i7 7800X 及以上的 X 系列 CPU，板载 8 个内存插槽，支持八通道 DDR4 2133/2400/2666/2933MHz 内存，最大内存容量为 256GB，板型为 E-ATX，尺寸大小为 305mm×269mm，具备 3 个 PCI-E 3.0 插槽（3 个 PCI-E X16），8 个 SATA 3.0 接口，两个 M.2 接口，两个 DP，如图 2-84 所示。

图2-84　技嘉X299X AORUS XTREME WATERFORCE

3. 基于超威主芯片组的主板产品推荐

下面分类别介绍目前基于超威主芯片组的热门主板产品。

◎ **入门——华擎 A320M-HDV：** 这款主板采用超威 A320 主芯片组，集成超威 Radeon HD R 系列显示芯片，集成 Realtek ALC887 8声道音效芯片和 Realtek RTL8111GR 千兆网卡，CPU 插槽类型为 Socket AM4，支持超威 Ryzen、第 7 代 A 系列等 CPU，板载两个内存插槽，支持双通道 DDR4 3200+(超频)/2933(超频)/2667/2400/2133MHz 内存，最大内存容量为 32GB，板型为 M-ATX，尺寸大小为 231mm×206mm，具备两个

PCI-E 3.0 插槽（一个 PCI-E X16，一个 PCI-E X1），4 个 SATA 3.0 接口，一个 VGA 接口，一个 DVI，一个 HDMI，如图 2-85 所示。

图2-85　华擎A320M-HDV

◎ **主流——华硕 TUF B450M-PRO GAMING：** 这款主板采用超威 B450 主芯片组，支持 CPU 内置显示芯片，集成 Realtek ALCS1200A 8 声道音效芯片和 Realtek RTL8111H 千兆网卡，CPU 插槽类型为 Socket AM4，支持第 2 代 / 第 1 代超威 Ryzen、Ryzen with Radeon Vega Graphics 系列 CPU，板载 4 个内存插槽，支持双通道 DDR4 3200（超频）/3000（超频）/2800（超频）/2666/2400/2133MHz 内存，最大内存容量为 64GB，板型为 M-ATX，尺寸大小为 244mm×244mm，具备 5 个 PCI-E 3.0 插槽（4 个 PCI-E X16，一个 PCI-E X1），6 个 SATA 3.0 接口，两个 M.2 接口，一个 DVI，一个 HDMI，如图 2-86 所示。

图2-86　华硕TUF B450M-PRO GAMING

◎ 专业——华硕 ROG STRIX X570-E GAMING：这款主板采用超威 X570 主芯片组，支持 CPU 内置显示芯片，集成 Realtek S1220A 音效芯片，集成英特尔 I211-AT 千兆网卡和 Wi-Fi AX200 无线网卡，CPU 插槽类型为 Socket AM4，支持第 3 代 / 第 2 代超威 Ryzen、第 2 代 / 第 1 代超威 Ryzen 搭载 Radeon Vega Graphics 处理器系列的 CPU，板载 4 个内存插槽，支持双通道 DDR4 4400（超频）/4266（超频）/4133（超频）/4000（超频）/3866（超频）/3600（超频）/3400（超频）/3200（超频）/3000（超频）/2800（超频）/2666/2400/2133MHz 内存，最大内存容量为 128GB，板型为 ATX，尺寸大小为 305mm×244mm，具备 2 个 PCI-E 4.0 插槽（2 个 PCI-E X16），8 个 SATA 3.0 接口，两个 M.2 接口，一个 DP，一个 HDMI，支持超威 CF 混合交火技术，如图 2-87 所示。

这款主板采用超威 TRX40 主芯片组，支持 CPU 内置显示芯片，集成 SupremeFX S1220 旗舰级音频芯片，集成英特尔 i211V 千兆网卡、Aquantia 10G 万兆网卡和英特尔 AX200 Wi-Fi 6 无线网卡，CPU 插槽类型为 Socket sTRX4，支持第三代超威 Ryzen Threadripper 系列 CPU，板载 8 个内存插槽，支持四通道 DDR4 4400（超频）/4266（超频）/4133（超频）/4000（超频）/3866（超频）/3733（超频）/3600（超频）/3466（超频）/3400（超频）/3333（超频）/3300（超频）/3200/2933/2667/2400/2133MHz 内存，最大内存容量为 256GB，板型为 E-ATX，尺寸大小为 310mm×277mm，具备 4 个 PCI-E 4.0 插槽（4 个 PCI-E X16），8 个 SATA 3.0 接口，5 个 M.2 接口，全彩 LiveDash OLED 系统显示屏，板载可编程灯带接针，支持 3 路 SLI 和 3 路 CF，如图 2-88 所示。

图2-87　华硕ROG STRIX X570-E GAMING

◎ 高端——华硕 ROG ZENITH Ⅱ EXTREME：

图2-88　华硕ROG ZENITH Ⅱ EXTREME

(2.3) 认识和选购 DDR4 内存

　　内存又称为主存或内存储器，用于暂时存放 **CPU** 的运算数据和与硬盘等外部存储器交换的数据。在计算机工作过程中，**CPU** 会把需要运算的数据调到内存中进行运算，运算完成后再将结果传递到各个部件执行。

2.3.1 通过外观认识 DDR4 内存

内存主要由金手指、缺口、芯片和散热片及卡槽等部分组成，图 2-89 所示为目前主流的 DDR4 内存。

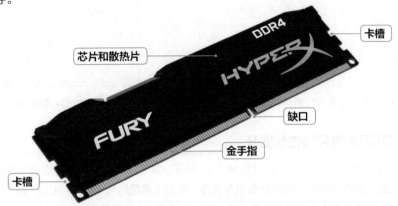

图2-89　DDR4内存

◎ 金手指：金手指是内存与主板进行连接的"桥梁"。目前很多 DDR4 内存的金手指采用曲线设计，这样接触更稳定，插拔更方便，如图 2-90 所示。从图 2-90 中，我们可以明显看出 DDR4 内存的金手指中间比两边要宽，呈现明显的曲线形状。

图2-90　DDR4内存的曲线形金手指

◎ 缺口：缺口与内存插槽中的防凸起设计配对，可防止内存插反，如图 2-91 所示。

◎ 芯片和散热片：芯片用来临时存储数据，是内存上最重要的部件；散热片安装在芯片外面，帮助维持内存工作温度，提高工作性能，如图 2-92 所示。

图2-91　内存的缺口

◎ 卡槽：卡槽与主板上内存插槽上的塑料夹角配合，将内存固定在内存插槽中。

图2-92　内存的芯片和散热片

2.3.2 确认内存的基本信息

用户可利用软件检测和确认内存的基本信息，了解内存的品牌、类型、容量和频率等详细规格参数，进而选购合适的内存和辨别内存的真伪。

◎ 使用鲁大师检测内存信息：鲁大师是一款专业的硬件检测软件，可以检测计算机硬件，并确认内存的相关信息，如图 2-93 所示。

◎ 使用 CPU-Z 检测内存信息：CPU-Z 也能检测内存的相关信息，如图 2-94 所示。

图2-93 使用鲁大师检测内存信息　　　　图2-94 使用CPU-Z检测内存信息

2.3.3 DDR4 内存的性能提升

DDR 的全称是 DDR SDRAM（Double Data Rate SDRAM），意为双倍速率同步动态随机存储器。DDR 内存是目前主流的计算机存储器，市场上常见的有 DDR2、DDR3 和 DDR4 这3种类型。DDR 也是现在主流的内存规范，各大芯片组厂商的主流产品全都支持它。

◎ DDR2 内存：DDR2 内存其实是 DDR 内存的第二代产品，与第一代DDR内存相比，DDR2 内存拥有两倍以上的内存预读取能力，达到了 4bit 预读取。DDR2 内存能够在 100MHz 的发送频率基础上提供每插脚最少 400MB/s 的带宽，而且其接口将运行于 1.8V 电压上，从而进一步降低发热量，提高频率。目前 DDR2 已经逐渐被淘汰，只有二手计算机和笔记本电脑中还在使用，主要以 1GB、2GB 和 4GB 容量的单条内存形式存在，图 2-95 所示为 1GB 的 DDR2 800 单条笔记本电脑内存。

图2-95 1GB的DDR2 800笔记本电脑内存

◎ DDR3 内存：DDR3 相较于 DDR2 支持更低的工作电压，且性能更好、更为省电。从DDR2的4bit预读取升级为8bit预读取，

DDR3 内存使用了 0.08μm 制造工艺，其核心工作电压从DDR2的1.8V降至1.5V，DDR3 比 DDR2 节省 30% 的功耗。目前早期的家用计算机还在使用 DDR3 内存，DDR3 内存存在单条和套装各种形式，图 2-96 所示为 8GB 的 DDR3 1600 单条内存。

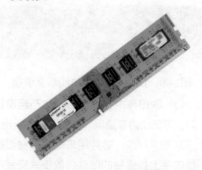

图2-96 8GB的DDR3 1600单条内存

◎ DDR4 内存：DDR4 内存是目前主流的内存规格，DDR4 比起 DDR3 最大的性能提升有以下 3 点：16bit 预读取机制，相对于 DDR3 8bit 预读取，在同样内核频率下理论速度是 DDR3 的两倍；更可靠的传输规范，数据可靠性进一步提升；工作电压降为 1.2V，更节能。

知识提示

内存的其他分类方式

从工作原理上说，内存包括随机存储器（RAM）、只读存储器（ROM）和高速缓存（Cache）。平常所说的内存通常是指随机存储器，既可以从中读取数据，也可以写入数据，当计算机电源关闭时，存于其中的数据会丢失；只读存储器只能读取数据，一般不能写入，即使停电，这些数据也不会丢失，如BIOS ROM；高速缓存在计算机中通常指CPU的缓存。

2.3.4　套装内存好不好

套装内存就是指各内存厂商把同一型号的两条或多条内存搭配组成的套装产品。套装内存的价格通常不会比分别买两条内存高出很多，但组成的系统却比两条单内存组成的系统稳定许多，所以在很长一段时间内受到了商业用户和超频玩家的青睐。

1. 套装内存的产生

从 DDR2 产品开始，市场上出现了需要两条内存组建双通道系统的需求，一般人们会选择两条相同容量、相同品牌的内存来组建双通道，这样一方面大大避免了不兼容的可能性，另一方面也加强了系统的稳定性。但是，即使同品牌、同容量、同型号，也可能因为生产批次的不同而造成系统兼容性不够完美的现象，为了避免这种情况的发生，也为了给追求完美的用户一些心理上的满足，套装内存应运而生。

2. 套装内存的优势

比起单条内存，套装内存的优势主要体现在以下两个方面。

◎　优良的兼容性：如果用户要使用两条内存组建双通道或单通道，首先要确保内存是同一品牌、同一批次、同一颗粒，这样才能保证内存的兼容性，保证系统稳定运行，否则可能产生蓝屏、宕机等一系列不兼容问题，而用套装内存就可以避免这些问题。

◎　优良的稳定性：从根本上说，套装内存和两根单条内存的区别在于内存颗粒是否能保证一致，一致才能保证内存稳定，在这一点上套装内存明显强过单条内存。

3. 普通用户是否需要套装内存

现在，很多组装计算机的普通用户对多通道系统的追求变得不再如从前那般狂热。基于以下两点原因，套装内存的消费对象渐渐地已经变成了超频"发烧友"。

◎　运行效果：从实际运行的效果来看，双通道内存并不比单通道快很多，而如果使用单通道，也就是使用单条大容量内存，在价格上要实惠不少。

◎　兼容性：随着技术水平的提升，现在很多主板对于组建内存通道的要求越来越低，哪怕是不同容量、不同品牌的内存，只要能够工作在相同频率上，都可以组成双通道。图 2-97 所示为 DDR4 套装内存。

图2-97　DDR4套装内存

2.3.5　频率对内存性能的影响

这里的频率是指内存的主频，也被称为工作频率，和 CPU 主频一样，习惯上用来表示内存的存取速度，它代表着内存所能达到的最高工作频率。在一定程度上，内存主频越高，其所能达到的存取速度越快。

内存工作时的时钟信号是由主板芯片组或时钟发生器提供的，也就是说内存无法决定自身的工作频率，其实际工作频率是由主板来决定的。目前，市场上3种内存的主频如下。

◎ DDR2 内存主频：1333MHz 及以下。

◎ DDR3 内 存 主 频：1333MHz 及 以 下、1600MHz、1866MHz、2133MHz、2400MHz、2666MHz、2800MHz 和3000MHz。

◎ DDR4 内存主频：2133MHz、2400MHz、2666MHz、2800MHz、3000MHz、3200MHz、3400MHz、3600MHz 和4000MHz 及以上。

2.3.6 其他影响内存性能的重要参数

用户在选购内存时，还有一些影响内存性能的重要参数需要用户注意，例如容量、工作电压、CL 值、散热片和灯条等。

◎ 容量：容量是用户选购内存时优先考虑的性能指标，因为它代表了内存可以存储数据的多少。容量通常以 GB 为单位。单根内存容量越大越好。目前市场上主流的内存容量分为单条（容量为 2GB、4GB、8GB、16GB）和套装（容量为 2×2GB、2×4GB、4×4GB、2×8GB、4×8GB、2×16GB、4×16GB）两类。

 知识提示

内存超频

内存超频就是让内存外频运行在比它的设定速度更高的速度下。一般情况下，CPU外频与内存外频是一致的，所以用户在提升CPU外频进行超频时，也必须相应提升内存外频，使之与CPU同频工作。内存超频技术目前在很多DDR4内存中应用，例如金士顿的PnP和XMP就是目前使用较多的内存自动超频技术。

◎ 工作电压：内存的工作电压是指内存正常工作所需要的电压值。不同类型的内存电压不同，DDR2 内存的工作电压一般在1.8V 左右；DDR3 内存的工作电压一般在1.5V 左右；DDR4 内存的工作电压一般在1.2V 左右。电压越低，对电能的消耗越少，也就更符合节能减排的要求。

◎ CL 值：CL（CAS Latency，列地址控制器延迟）是指从读命令有效（在时钟上升沿发出）开始，到输出端可提供数据为止的这一段时间。对普通用户来说，没必要太过在意 CL 值，只需要了解在同等工作频率下，CL 值低的内存更具有速度优势即可。

 多学一招

CL值的含义

内存CL值通常用4个数字表示，中间用"-"隔开。以"5-4-4-12"为例，第一个数代表CAS(Column Address Strobe)延迟时间，也就是内存存取数据所需的延迟时间，即通常说的CL值；第二个数代表RAS(Row Address Strobe)-to-CAS延迟，表示内存行地址传输到列地址的延迟时间；第三个数表示RAS Precharge延迟（内存行地址脉冲预充电时间）；最后一个数则是Act-to-Prechiarge延迟（内存行地址选择延迟）。其中最重要的指标是第一个参数CAS，它代表内存接收到一条指令后要等待多少个时间周期才能执行任务。

◎ 散热片：目前主流的 DDR4 内存通常都带有散热片，其作用是降低内存的工作温度，保证内存正常工作。散热片会提升内存的

性能，改善计算机散热环境，相对保证并
延长内存寿命。

◎ 灯条：灯条就是在内存散热片里加入 LED
灯效。目前主流的内存灯条是 RGB 灯条，
每隔一段距离就放置一个具备 RGB 三原
色发光功能的 LED 灯珠，然后通过芯片控
制 LED 灯珠实现不同颜色的光效，例如流
水光、彩虹光等。具备灯条的内存不仅颜
值得到大幅提升，而且内存的频率以及延
迟都会更低，也就是说，具备灯条的内存
性能会更高，如图 2-98 所示。

图2-98　具有灯条的内存

2.3.7　选购内存的注意事项

用户在选购内存时，除了需要考虑内存的各种性能参数，还需要注意其他硬件是否支持以及内
存真伪两个方面的问题。

1. 其他硬件支持

内存的类型很多，不同类型的主板支持不
同类型的内存，因此，用户在选购内存时需要
考虑主板支持哪种类型的内存。另外，CPU 的
支持对内存也很重要，如在组建多通道内存时，
一定要选购支持多通道技术的主板和 CPU。

2. 辨别真伪

用户在选购内存时，需要结合各种方法辨
别真伪，避免购买到"水货"或者"返修货"。

◎ 网上验证：指到内存官方网站验证真伪，
图2-99所示为金士顿内存的验证网页，用
户可以通过官方微信验证内存真伪。

官方微信验证

欢迎使用金士顿官方微信验证平台，只需用手机拍照并发送产品照片，即可轻松验证金士顿及HyperX产品真
伪。

- 扫描右侧二维码，关注金士顿官方微信验证平台。
- 点击快捷菜单中的"产品真伪查询"，根据提示拍摄产品的清晰照片，并发送至官方微信。

两步轻松验真伪

- 单击快捷菜单"产品真伪查询"　　　　　　　　　　　• 请按要求拍摄产品照片（示例）

图2-99　金士顿内存的网上验证

◎ 售后：许多名牌内存都为用户提供1年包
换、3年保修的售后服务，有的甚至会做出
终身包换的承诺，售后服务好的产品，其
质量往往也能得到保障。

◎ 价格：在购买内存时，价格也非常重要，
用户一定要货比三家，选择性价比高的产
品。当价格过于低廉时，用户就应注意辨
别内存是否是打磨过的产品。

2.3.8 DDR4 内存的品牌和产品推荐

DDR4 内存是目前的主流类型，下面就介绍对应的主流品牌，并按照单条和套装来推荐 DDR4 内存产品。

1. 内存的主流品牌

品牌很重要，主流的内存品牌有金士顿、芝奇、影驰、海盗船、威刚、三星、金邦、金泰克和宇瞻等。

2. 单条 DDR4 内存推荐

由于单条内存的价格差距不大，下面就按照主流、专业和高端 3 个级别来介绍目前热门的单条 DDR4 内存产品。

◎ 主流——金士顿骇客神条 FURY 8GB DDR4 2400：这款内存的类型为 DDR4，容量为单条 8GB，主频为 2400MHz，有散热片，工作电压为 1.2V，如图 2-100 所示。

图2-100 金士顿骇客神条FURY 8GB DDR4 2400

◎ 专业——海盗船复仇者 LPX 16GB DDR4 2400：这款内存的类型为 DDR4，容量为单条 16GB，主频为 2400MHz，有散热片，CL 值为 16-16-16-39，工作电压为 1.2V，如图 2-101 所示。

◎ 高端——芝奇 Ripjaws V 16GB DDR4 3000：这款内存的类型为 DDR4，容量为单条 16GB，主频为 3000MHz，有散热

片，CL 值为 15-15-15-35，工作电压为 1.35V，如图 2-102 所示。

图2-101 海盗船复仇者LPX 16GB DDR4 2400

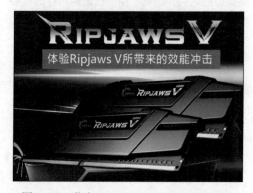

图2-102 芝奇Ripjaws V 16GB DDR4 3000

3. 套装 DDR4 内存推荐

套装内存除主流产品外，大多是高端配置。下面就按照不同的套装类型，介绍目前较热门的套装 DDR4 内存产品。

◎ 主流——影驰 HOF 16GB DDR4 4000：这款内存的类型为 DDR4，容量为套装 2×8GB，主频为 4000MHz，有散热片，CL 值为 19-25-25-45，工作电压为

1.4V，具备使用第二代匀光技术的 LED 灯条，如图 2-103 所示。

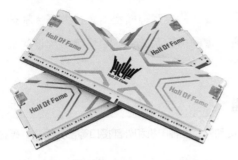

图2-103 影驰HOF 16GB DDR4 4000

◎ 主流 —— 威刚 XPG SPECTRIX D60G DDR4 3600：这款内存的类型为 DDR4，容量为套装 2×16GB，主频为 3600MHz，有散热片，CL 值为 17-18-18-38，工作电压为 1.4V，具备 RGB 无覆盖式双灯条，如图 2-104 所示。

图2-104 威刚XPG SPECTRIX D60G DDR4 3600

◎ 高端——海盗船统治者铂金 32GB DDR4 3600：这款内存的类型为 DDR4，容量为套装 4×8GB，主频为 3600MHz，有散热片，CL 值为 16-28-28-36，工作电压为 1.35V，具备使用自定义灯效技术的 LED 灯条，如图 2-105 所示。

◎ 高端——芝奇皇家戟 32GB DDR4 3200：这款内存的类型为 DDR4，容量为套装 2×16GB，主频为 3200MHz，有散热片，CL 值为 16-18-18-38，工作电压为

1.35V，具备使用专属 RGB 灯控软件的灯条，如图 2-106 所示。

图2-105 海盗船统治者铂金 32GB DDR4 3600

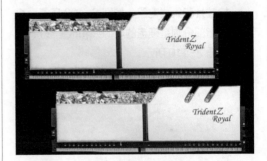

图2-106 芝奇皇家戟 32GB DDR4 3200

◎ 高端——海盗船复仇者 LED 64GB DDR4 3200：这款内存的类型为 DDR4，容量为套装 4×16GB，主频为 3200MHz，有散热片，CL 值为 15-15-15-36，工作电压为 1.2V，具备使用专属 RGB 灯控软件的 RGB 灯条，如图 2-107 所示。

图2-107 海盗船复仇者LED 64GB DDR4 3200

2.4 认识和选购大容量机械硬盘

硬盘是计算机硬件系统中最重要的外部存储设备，具有存储空间大、数据传输速率较快和安全系数较高等优点，计算机运行所必需的操作系统、应用程序与大量的数据等通常都保存在硬盘中。

2.4.1 通过外观和内部结构认识机械硬盘

机械硬盘即传统普通硬盘，主要由盘片、磁头、传动臂、主轴电机和外部接口等部分组成，硬盘的外形就是一个矩形的盒子。

◎ 外观：硬盘的外部结构较简单，其正面一般是一张记录了硬盘相关信息的铭牌，如图2-108所示；背面则是使硬盘工作的主控芯片和集成电路，如图2-109所示。金手指部分则是硬盘的电源线和数据线接口，如图2-110所示。

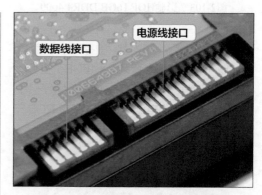

图2-110　硬盘的电源线和数据线接口

![多学一招图标] 多学一招

认识硬盘的电源线和数据线接口

硬盘的电源线和数据线接口都是"L"形的，通常短一点的是数据线接口，长一点的则是电源线接口，如图2-111所示。数据线接口通过SATA数据线与主板的SATA插槽进行连接。

图2-108　硬盘正面

图2-109　硬盘背面

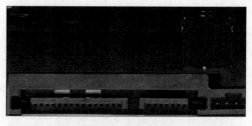

图2-111　硬盘的电源线和数据线接口长度对比

◎ 内部结构：硬盘的内部结构比较复杂，主要由主轴电机、盘片、磁头和传动臂等部件组成，如图 2-112 所示。硬盘的盘片上通常附着有磁性物质，盘片安装在主轴电机上。当硬盘开始工作时，主轴电机将带动盘片一起转动，在盘片表面的磁头将在电路和传动臂的控制下进行移动，并将指定位置的数据读取出来，或将数据存储到指定的位置。

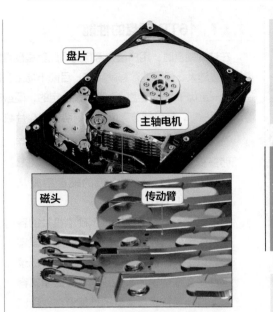

 知识提示

磁头

硬盘盘片的上下两面各有一个磁头，磁头与盘片间有极其微小的间距。如果磁头碰到了高速旋转的盘片，会破坏盘片中存储的数据，磁头也会被损坏。

图2-112　硬盘的内部结构

2.4.2 | 确认机械硬盘的基本信息

用户可以利用软件来检测和确认硬盘的基本信息，了解硬盘的品牌、类型、容量、缓存和转速等详细的产品规格参数，进而选购合适的硬盘。

◎ 使用鲁大师检测硬盘信息：鲁大师是一款专业的硬件检测软件，可以检测计算机硬件，并确认硬盘的相关信息，如图 2-113 所示。

图2-113　使用鲁大师检测硬盘信息

◎ 使用 HD Tune Pro 检测硬盘信息：HD Tune Pro 是一款小巧易用的硬盘工具软件，可以检测出硬盘的固件版本、序列号、容量、缓存大小以及当前的 Ultra DMA 模式等，如图 2-114 所示。

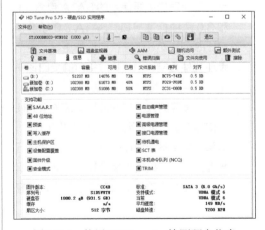

图2-114　使用HD Tune Pro检测硬盘信息

2.4.3　16TB 硬盘的性能

在选购硬盘时，用户最先考虑的问题就是硬盘的容量，而容量也是硬盘的主要性能指标之一。硬盘的容量越大，保存的数据就越多，目前市场上在售的硬盘最大容量为 18TB，那么这种硬盘的性能是否就一定优于其他硬盘呢？答案是否定的，硬盘的性能由众多性能指标共同决定，并且单是硬盘容量这一项指标，就包括总容量、单碟容量和盘片数 3 个参数。

◎ **总容量**：总容量是用于表示硬盘能够存储多少数据的一项重要指标，通常以 GB 或 TB 为单位，目前主流的硬盘容量从 250GB 到 16TB 不等。

◎ **单碟容量**：单碟容量指每张硬盘盘片的容量。硬盘的盘片数是有限的，提高单碟容量可以提高硬盘的数据传输速率，其记录密度同数据传输速率成正比，因此单碟容量才是硬盘容量最重要的性能参数，目前最大的单碟容量为 2TB。

◎ **盘片数**：硬盘的盘片数有 1~10 等多种，

在相同总容量的条件下，盘片数越少，硬盘的性能越好。

硬盘容量单位包括字节（B）、千字节（KB）、兆字节（MB）、吉字节（GB）、太字节（TB）、拍字节（PB）、艾字节（EB）、泽字节（ZB）、尧字节（YB）等，它们之间的换算关系如下。

1YB=1024ZB;　　1ZB=1024EB;

1EB=1024PB;　　1PB=1024TB;

1TB=1024GB;　　1GB=1024MB;

1MB=1024kB;　　1KB=1024B。

2.4.4　接口、缓存、转速和接口速率对硬盘性能的影响

用户在选购硬盘时，除了要考虑硬盘的容量，还有 4 个需要重点考虑的性能指标——接口类型、缓存、转速和接口速率。

◎ **接口类型**：目前硬盘的接口类型主要是 SATA，它是 Serial ATA 的缩写，即串行 ATA。SATA 接口提高了数据传输的可靠性，还具有结构简单、支持热插拔的优点。目前硬盘主要使用的 SATA 包含 2.0 和 3.0 两种标准接口，SATA 3.0 标准接口比 SATA 2.0 标准接口性能更好，主要表现就是 SATA 3.0 标准接口的接口速率比 SATA 2.0 标准接口的更快。

◎ **缓存**：缓存的大小与速度是直接关系到硬盘传输速率的重要因素，当计算机工作时，计算机需要不断地在硬盘与内存之间进行数据交换，如果硬盘缓存较大，则计算机可以将那些零碎数据暂存在缓存中，减轻

外系统的负荷，同时提高数据的传输速率。目前主流硬盘的缓存有 8MB、16MB、32MB、64MB、128MB 和 256MB 等多种。

◎ **转速**：转速是硬盘内电机主轴的旋转速度，也就是硬盘盘片在 1min 内所能完成的最大转数。转速的快慢是衡量硬盘档次和决定硬盘内部传输速率的关键因素之一，硬盘的转速越快，硬盘寻找文件的速度也就越快，硬盘的传输速率也就得到了提高。硬盘转速以每分钟多少转来表示，单位为 r/min，值越大越好。目前主流硬盘转速有 5400r/min、5900r/min、7200r/min 和 10000r/min 4 种。

◎ 接口速率：接口速率其实就是指硬盘接口读写数据的实际速率。SATA 2.0 标准接口的实际读写速率是 300MB/s，带宽为 3Gbit/s；SATA 3.0 标准接口的实际读写速率是 600MB/s，带宽为 6Gbit/s，这就是 SATA 3.0 标准接口性能更优的原因。

知识提示

了解平均寻道时间

平均寻道时间也是影响硬盘性能的一个参数。简单地说，平均寻道时间实际上是由转速、单碟容量等多个因素综合决定的一个硬盘性能参数。通常情况下，硬盘的转速越高，其平均寻道时间就越低；单碟容量越大，其平均寻道时间就越短。

2.4.5 选购机械硬盘的注意事项

用户在选购硬盘时，除了需要了解硬盘的产品规格，还需要了解硬盘是否符合自身需求，如硬盘的性价比和售后服务等。

◎ 性价比：硬盘的性价比可以通过计算每款产品的"每GB的价格"得出衡量值，计算方法为用产品市场价格除以产品容量得出"每GB的价格"，值越低，性价比越高。

◎ 售后服务：硬盘中保存的都是相当重要的数据，因此硬盘的售后服务也就显得特别重要。目前，硬盘的质保期多在2年到3年，有些品牌甚至长达5年。

2.4.6 机械硬盘的品牌和产品推荐

TB 级容量的硬盘是目前的主流，下面介绍对应的主流品牌，并按照硬盘的容量来推荐硬盘产品。

1. 硬盘的主流品牌

硬盘的品牌较少，目前生产硬盘的厂商主要有希捷、西部数据、东芝和 HGST。

2. 机械硬盘产品推荐

下面根据硬盘容量进行分类，介绍目前热门的机械硬盘产品。

◎ 1TB 及以下——西部数据 1TB 7200 转 64MB SATA3 蓝盘：这款硬盘容量为 1TB，盘片数量为 2 片，缓存为 64MB，转速为 7200r/min，接口类型为SATA 3.0，接口速率为6Gbit/s，如图 2-115 所示。

◎ 2TB——希捷 BarraCuda 2TB 5400 转 256MB SATA3：这款硬盘容量为 2TB，盘片数量为 2 片，单碟容量为 1000GB，缓存为 256MB，转速为 5400r/min，接口类型为 SATA 3.0，接口速率为 6Gbit/s，如图 2-116 所示。

图2-115 西部数据1TB 7200转 64MB SATA3 蓝盘

转速为7200r/min，接口类型为SATA 3.0，接口速率为6Gbit/s，如图2-119所示。

图2-116　希捷BarraCuda 2TB 5400转 256MB SATA3

◎ 3TB——希捷 Barracuda 3TB 5400 转 256MB SATA3：这款硬盘容量为3TB，盘片数量为 3 片，单碟容量为1000GB，缓存为64MB，转速为 7200r/min，接口类型为 SATA 3.0，接口速率为6Gbit/s，如图 2-117 所示。

图2-118　希捷BarraCuda 4TB 5400转 256MB SATA3

图2-117　希捷Barracuda 3TB 5400转 256MB SATA3

◎ 4TB——希捷 BarraCuda 4TB 5400 转 256MB SATA3：这款硬盘容量为4TB，盘片数量为 4 片，缓存为256MB，转速为 5400r/min，接口类型为 SATA 3.0，接口速率为6Gbit/s，如图 2-118 所示。

◎ 6TB——希捷 BarraCuda Pro 6TB 7200 转 256MB SATA3：这款硬盘容量为6TB，盘片数量为 6 片，缓存为256MB，

图2-119　希捷BarraCuda Pro 6TB 7200转 256MB SATA3

◎ 8TB——西部数据 8TB 7200 转 256MB SATA3 金盘：这款硬盘容量为8TB，盘片数量为 8 片，缓存为 256MB，转速为7200r/min，接口类型为 SATA 3.0，接口速率为6Gbit/s，如图 2-120 所示。

◎ 10TB 及以上——希捷 BarraCuda Pro 14TB 7200 转 256MB SATA3：这款硬盘容量为14TB，盘片数量为 14 片，缓存为 256MB，转速为7200r/min，接口类型为 SATA 3.0，接口速率为6Gbit/s，如图 2-121 所示。

图2-120　西部数据8TB 7200转 256MB SATA3 金盘

图2-121　希捷BarraCuda Pro 14TB 7200转 256MB SATA3

2.5　认识和选购秒开计算机的固态硬盘

固态硬盘（**Solid State Disk，SSD**）在接口的规范和定义以及功能和使用方法上与普通硬盘基本相同，在产品外形和尺寸上也与普通硬盘完全一致。由于其读写速度远远高于普通硬盘，且功耗也比普通硬盘低，同时还具有比普通硬盘轻便、防震、抗摔等优点，因此通常作为计算机的系统盘被选购和安装。

2.5.1　通过外观和内部结构认识固态硬盘

固态硬盘是用固态电子存储芯片阵列而制成的硬盘，其有别于由磁盘、磁头等机械部件构成的机械硬盘，整个固态硬盘结构无机械装置，全部是由电子芯片和电路板组成。

1. 外观

固态硬盘的外观目前主要有 3 种样式。

◎　与机械硬盘类似的固态硬盘外观：这种固态硬盘比较常见，外面是一层保护壳，里面是安装了电子存储芯片阵列的电路板，后面是数据和电源接口，如图 2-122 所示。

◎　裸电路板固态硬盘外观：这种固态硬盘直接在电路板上集成存储、控制和缓存芯片，并且包含有接口，如图 2-123 所示。

◎　类显卡式固态硬盘外观：这种固态硬盘的外观类似于显卡，接口也可以使用显卡的 PCI-E 接口，安装方式也与显卡相同，如图 2-124 所示。

图2-122　与机械硬盘类似的固态硬盘外观

图2-123　裸电路板固态硬盘外观

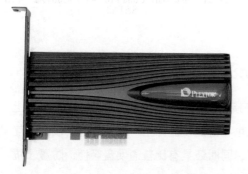

图2-124　类显卡式固态硬盘外观

2. 内部结构

固态硬盘的内部结构主要是指电路板上的结构，包括主控芯片、闪存颗粒和缓存单元，如图2-125所示。

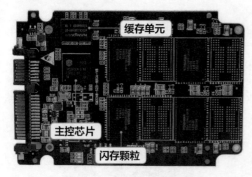

图2-125　固态硬盘的内部结构

◎　主控芯片：主控芯片是整个固态硬盘的核心器件，其作用是合理调配数据在各个闪存颗粒上的负荷，承担整个数据中转，

连接闪存芯片和外部接口。当前主流的主控芯片厂商有 Marvell、SandForce 和 Silicon Motion（慧荣）等，图2-126所示为慧荣主控芯片。

图2-126　慧荣主控芯片

◎　闪存颗粒：存储单元是机械硬盘的存储器件，而固态硬盘里的闪存颗粒则替代存储单元成了存储器件，如图2-127所示。

图2-127　闪存颗粒

◎　缓存单元：缓存单元的作用表现在常用文件的随机性读写以及碎片文件的快速读写上，缓存芯片市场规模不算太大，主流的缓存品牌包括三星和金士顿等。图2-128所示为固态硬盘中的缓存单元。

图2-128　缓存单元

知识提示

确认固态硬盘的基本信息

确认固态硬盘的基本信息的方法与确认机械硬盘的完全一样，用户可以通过鲁大师等硬盘检测软件检测并确认固态硬盘的相关信息，如图2-129所示。

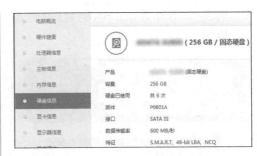

图2-129　使用鲁大师检测固态硬盘信息

2.5.2　闪存构架决定固态硬盘的性能

固态硬盘成本的 80% 都集中在闪存颗粒上，它不仅决定了固态硬盘的使用寿命，而且对固态硬盘的性能影响也非常大，而决定闪存颗粒性能的就是闪存构架。

固态硬盘中的闪存颗粒都是 NAND 闪存，因为 NAND 闪存具有非易失性存储的特性，即断电后仍能保存数据，所以被大范围运用。当前，固态硬盘市场中，主流的闪存颗粒厂商主要有东芝（TOSHIBA）、三星（SAMSUNG）、英特尔（intel）、美光（Micron）、海力士（SK hynix）及闪迪（SanDisk）等。

根据 NAND 闪存中电子单元密度的差异，NAND 闪存的构架可分为 SLC、MLC 及 TLC 3 种，这 3 种闪存构架在寿命及造价上具有明显的区别。

◎ SLC 单层单元：单层电子结构，写入数据时电压变化区间小，寿命长，读写次数在 10 万次以上，造价高，多用于企业级高端产品。

◎ MLC 多层单元：使用高低电压的不同而构建的双层电子结构，寿命长，造价可接受，多用于民用中高端产品，读写次数在 5000 左右。

◎ TLC 三层单元：MLC 闪存的延伸，TLC 的意思是 Trinary-LevelCell，即 3bit/cell，其存储密度最高，容量是 MLC 的 1.5 倍，造价成本最低，使用寿命短，读写次数在 1000~2000，是当下主流厂商首选的闪存颗粒。

2.5.3　种类繁多的接口类型

固态硬盘的接口类型很多，目前市场上有 SATA 3.0/2.0、M.2、Type-C、U.2、USB 3.1/3.0、PCI-E、SAS 和 PATA 等多种，但普通家用计算机中常用的还是 SATA 和 M.2 两种。

◎ SATA 3.0/2.0 接口：SATA 是硬盘接口的标准规范，SATA 3.0 和前面介绍的机械硬盘接口完全一样，这种接口的最大优势就是非常成熟，能够发挥出主流固态硬盘的最大性能。SATA 2.0 的性能不如 SATA 3.0，目前主要在二手计算机市场使用。

◎ M.2 接口：M.2 接口的原名是 NGFF 接口，设计目的是用来取代以前主流的 MSATA接口。不管是从非常小巧的规格尺寸上讲，还是从传输性能上讲，这种接口要比 MSATA 接口好很多。另外，采用 M.2 接口的固态硬盘还支持 NVMe 标准，通过新的 NVMe 标准接入的固态硬盘，在性能方面的提升非常明显。M.2 接口能够同时支持 PCI-E 通道以及 SATA 通道，因此又分为 M.2 SATA 和 M.2 PCIe 两种类型，

第
1
部
分

图 2-130 所示为 M.2 SATA 接口的固态硬盘。

图2-130　M.2 SATA接口的固态硬盘

M.2 PCIe接口和M.2 SATA接口的区别

　　首先，从外观上就可以直接看到两者的区别，M.2 PCIe接口的金手指只有两个部分，而M.2 SATA接口的金手指有3个部分，图2-131所示为M.2 PCIe接口的固态硬盘；其次，M.2 PCIe接口的固态硬盘支持PCI-E通道，而PCI-E X4通道的理论带宽已经达到32Gbit/s，远远超过了M.2 SATA接口；最后，同等容量的固态硬盘，由于M.2 PCIe接口的性能更好，其价格也相对较高。

图2-131　M.2 PCIe接口的固态硬盘

◎ Type-C 接口和 USB 3.1/3.0 接口：使用这 3 种接口的固态硬盘都被称为移动固态硬盘，都可以通过主板外部接口中对应的接口连接计算机，起到硬盘的作用。

◎ U.2 接口：U.2 接口其实是 SATA 接口的衍生类型，可以看作四通道的 SATA 接口，U.2 接口的固态硬盘支持 NVMe 协议，传输带宽理论上可达到 32Gbit/s，使用这种接口的固态硬盘需要主板上具备专用的 U.2 插槽，图 2-132 所示为 U.2 接口的固态硬盘和主板上的 U.2 插槽。

图2-132　U.2 接口的固态硬盘和主板上的U.2插槽

◎ PCI-E 接口：PCI-E 接口对应主板上面的 PCI-E 插槽，与显卡的 PCI-E 接口完全相同。PCI-E 接口的固态硬盘最开始主要在企业级市场使用，因为它需要不同的主控，所以在提升性能的基础上，成本也高了不少。在目前的市场上，PCI-E 接口的固态硬盘面向的通常是企业或高端用户。

◎ 基于 NVMe 标准的 PCI-E 接口：NVMe（Non-Volatile Memory Express，非易失性存储器标准）面向 PCI-E 接口的固态硬盘。基于 NVMe 标准的 PCI-E 接口的固态硬盘其实就是将一块支持 NVMe 标准的 M.2 接口固态硬盘安装在支持 NVMe 标准的 PCI-E 接口的电路板上组成的，如图 2-133 所示。这种固态硬盘的 M.2 接口最高支持 PCI-E 3.0X4 总线，理论带宽达到 2GB/s，远胜于 SATA 接口的 600MB/s，彻底摆脱了 SATA 接口的物理限制。而且 PCI-E 接口的固态硬盘的体积明显小于 2.5in（约 6cm）SATA 接口产品，所在位置更加利于机箱内部风道散热。此外，PCI-E 接口的固态硬盘可以直接插在主板上，也从根本上免去了由于数据线过长或松动所造成的性能异常。如果主板上有 M.2 插槽，可以将 M.2 接口的固态硬盘主体拆下后直接插在主板上，并不占用任何机箱内部空间，相当方便。

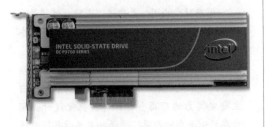

图2-133　基于NVMe标准的PCI-E接口的固态硬盘

◎ SAS 接口：SAS 和 SATA 都是采用串行技术的数据存储接口，采用 SAS 接口的固态硬盘支持双向全双工模式，性能超过采用 SATA 接口的硬盘，但价格较高，产品定位于企业级，如图 2-134 所示。

◎ PATA 接口：PATA 就是并行 ATA 硬盘接口规范，也就是通常所说的 IDE 接口。PATA 接口的固态硬盘定位于消费类和工控类市场，现在已经逐步淡出主流市场，

如图 2-135 所示。

图2-134　SAS接口的固态硬盘

图2-135　PATA接口的固态硬盘

2.5.4 固态硬盘能否代替机械硬盘

现在组装计算机，在价格相同的情况下，用户通常会选用固态硬盘，但是因为固态硬盘价格比较昂贵，仍然有很多用户在使用机械硬盘。固态硬盘和机械硬盘相比，到底有哪些优点？又有哪些缺点？下面就来仔细分析一下。

1. 固态硬盘的优点

固态硬盘相对于机械硬盘的优势主要体现在以下 5 个方面。

◎ 读写速度快：固态硬盘采用闪存作为存储介质，读取速度相对机械硬盘更快。固态硬盘厂商大多宣称自家的固态硬盘持续读写速度超过 500MB/s，最常见的 7200r/min 机械硬盘的寻道时间一般为 12μm~14μm，而固态硬盘可以轻易达到 0.1μm 甚至更低。

◎ 防震抗摔性：固态硬盘采用闪存作为存储介质，不怕震摔。

◎ 低功耗：固态硬盘的功耗要低于传统机械硬盘。

◎ 无噪声：固态硬盘没有机械电动机和风扇，工作时噪声值为 0dB，而且具有发热量小、散热快等特点。

◎ 轻便：固态硬盘在质量方面更轻，与常规机械硬盘相比，质量轻 20g~30g。

2. 固态硬盘的缺点

与机械硬盘相比，固态硬盘也有如下不足之处。

◎ 容量：固态硬盘最大容量目前仅为 4TB。

◎ 寿命限制：固态硬盘闪存具有擦写次数限

制的问题，SLC 构架的固态硬盘有 10 万次的写入寿命，成本较低的 MLC 构架的固态硬盘写入寿命仅有 1 万次，而更便宜的 TLC 构架的固态硬盘则只有 500~1000 次。

◎ **售价高**：相同容量的固态硬盘的价格比机械硬盘贵，有的甚至贵几十倍。

3. 如何选购固态硬盘

用户在组装计算机时应该尽量选择固态硬盘，或是"固态＋机械"组合。以 240GB 固态硬盘为例（实际容量为 230GB 左右），其中 80GB 左右会用于系统分区，剩下 150GB 用来安装软件以及存储重要资料。如果还需要存储大量资料，可以再加一块 TB 级容量的机械硬盘，这样比较经济实惠。

知识提示

固态硬盘的固件算法

固态硬盘的固件是确保固态硬盘性能最重要的组件，用于驱动控制器。主控将使用固态硬盘固件算法中的控制程序去执行各种操作，因此当制造商发布一个更新时，用户需要手动更新固件来改进和扩大固态硬盘的功能。有自主研发实力的厂商会自行进行优化设计，用户在挑选固态硬盘时，选择知名品牌是很有道理的。固件的品质越好，整个固态硬盘就越精确、越高效。目前具备独立固件研发的固态硬盘厂商有英特尔、英睿达、浦科特、OCZ及三星等。

2.5.5 固态硬盘的品牌和产品推荐

根据前面的介绍，固态硬盘的价格通常和容量、接口类型、闪存构架、品牌等有关系，下面就以接口类型为标准，介绍几款市场上比较热门的固态硬盘产品。

1. 固态硬盘的主流品牌

固态硬盘的品牌很多，包括三星、英睿达、闪迪、影驰、浦科特、美光、台电、科赋、西部数据、英特尔、东芝及金士顿等。三星是拥有主控、闪存、缓存、PCB 板、固件算法一体式开发和制造实力的厂商。三星、闪迪、东芝、美光拥有其他厂商无法企及的上游芯片资源。

2. SATA 接口固态硬盘产品推荐

SATA 接口的固态硬盘是目前主流类型之一，下面分别介绍 4 款热门产品。

◎ 入门——金士顿 A400（120GB）：这款固态硬盘容量为 120GB，接口类型为 SATA 3.0，读取速度为 500MB/s，写入速度为 320MB/s，闪存构架为 TLC，主控芯片为 Phison S11，如图 2-136 所示。

◎ 主流——东芝 TR200（240GB）：这款固态硬盘容量为 240GB，接口类型为 SATA

3.2，读取速度为 550MB/s，写入速度为 525MB/s，如图 2-137 所示。

图2-136 金士顿A400（120GB）

图2-137 东芝TR200（240GB）

◎ 专业——英特尔 DC S3500（600GB）：这款固态硬盘容量为 600GB，接口类型为 SATA 3.0，闪存构架为 MLC，读取速度为 500MB/s，写入速度为 410MB/s，如图 2-138 所示。

图2-138　英特尔DC S3500（600GB）

◎ 高端——三星 850 PRO SATA Ⅲ（4TB）：这款固态硬盘容量为 4TB，接口类型为 SATA 3.0，主控芯片为三星 3 核 MEX，读取速度为 550MB/s，写入速度为 520MB/s，如图 2-139 所示。

图2-139　三星850 PRO SATA Ⅲ（4TB）

3. M.2 SATA 接口固态硬盘产品推荐

M.2 SATA 接口的固态硬盘热门产品如下。

◎ 入门——西部数据 M.2 2280（240GB）：这款固态硬盘容量为 240GB，读取速度为 540MB/s，写入速度为 465MB/s，如图 2-140 所示。

图2-140　西部数据M.2 2280（240GB）

◎ 主流——三星 860 EVO M.2 SATA Ⅲ（250GB）：这款固态硬盘容量为 250GB，读取速度为 550MB/s，写入速度为 520MB/s，如图 2-141 所示。

图2-141　三星860 EVO M.2 SATA Ⅲ（250GB）

◎ 专业——三星 860 EVO M.2 SATA Ⅲ（1TB）：这款固态硬盘容量为 1TB，读取速度为 550MB/s，写入速度为 520MB/s，如图 2-142 所示。

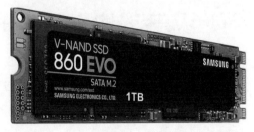

图2-142　三星860 EVO M.2 SATA Ⅲ（1TB）

◎ 高端——西部数据 WD RED SA500 M.2 SATA SSD（2TB）：这款固态硬盘容量为 2TB，读取速度为 560MB/s，写入速度为 530MB/s，如图 2-143 所示。

图2-143　西部数据WD RED SA500 M.2 SATA SSD（2TB）

4. M.2 PCIe 接口固态硬盘产品推荐

M.2 PCIe 接口的固态硬盘热门产品如下。

◎ 主流——英特尔 760P M.2 2280（512GB）：这款固态硬盘容量为 512GB，读取速度为 3230MB/s，写入速度为 1625MB/s，闪存构架为 TLC，如图 2-144 所示。

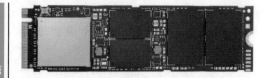

图2-144　英特尔760P M.2 2280（512GB）

◎ 专业——三星 970 EVO Plus NVMe M.2
（1TB）：这款固态硬盘容量为 1TB，
读取速度为 3500MB/s，写入速度为
3300MB/s，主控芯片为 Phoenix，闪存
构架为 TLC，如图 2-145 所示。

◎ 高端——影驰 HOF PRO M.2（2TB）：
这款固态硬盘容量为 2TB，读取速度为

5000MB/s，写入速度为 4400MB/s，主控
芯片为 PS5016-E16，如图 2-146 所示。

图2-145　三星970 EVO Plus NVMe M.2（1TB）

图2-146　影驰HOF PRO M.2（2TB）

2.6· 认识和选购 8K 画质的显卡

　　显卡一般是一块独立的电路板，插在主板上接收由主机发出的控制显示系统工作
的指令和显示内容的数字信号，然后通过输出模拟（或数字）信号控制显示器显示各
种字符和图形，它和显示器构成了计算机的图像显示系统。

2.6.1　通过外观认识显卡

　　显卡主要由显示芯片（Graphics Processing Unit，GPU）、显存、金手指和各种接口等组
成。显卡的外观如图2-147所示。

普通状态下的显卡　　　　　　　拆卸了散热器状态下的显卡

显示输出接口

图2-147　显卡的外观

◎ 显示芯片：显示芯片是显卡上最重要的部分，其主要作用是处理软件指令，让显卡能完成某些特定的绘图功能，它直接决定了显卡的性能，如图 2-148 所示。由于显示芯片发热量巨大，因此在其上面往往会覆盖散热器进行散热。

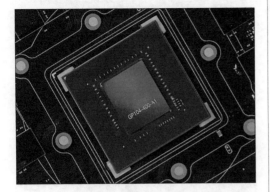

图2-148　显示芯片

◎ 显存：显存是显卡中用来临时存储显示数据的部件，其容量与存取速度对显卡的整体性能具有举足轻重的影响，而且直接影响显示的分辨率和色彩位数，其容量越大，所能显示的分辨率及色彩位数就越高，如图 2-149 所示。

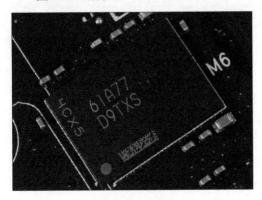

图2-149　显存

◎ 金手指：金手指是连接显卡和主板的通道，不同结构的金手指代表不同的主板接口，目前主流的显卡金手指为 PCI-E 接口类型，如图 2-150 所示。

图2-150　金手指

◎ DVI（Digital Visual Interface）：DVI 意为数字视频接口，它可将显卡中的数字信号直接传输到显示器，从而使显示出来的图像更加真实、自然，如图 2-151 所示。

图2-151　DVI

◎ HDMI（High Definition Multimedia Interface）：HDMI 被称为高清晰度多媒体接口，它可以提供高达 5Gbit/s 的数据传输带宽，传送无压缩音频信号和高分辨率视频信号，也是目前使用较多的视频接口之一，如图 2-152 所示。

图2-152　HDMI

◎ DP（DisplayPort）：DP 也是一种高清数字显示接口，可以连接计算机和显示器，也可以连接计算机和家庭影院，它是作为 HDMI 的竞争对手和 DVI 的潜在继任者而被开发出来的。DP问世之初可提供的带宽就高达10.8Gbit/s，充足的带宽保证了其可满足今后大尺寸显示设备对更高分辨率的需求，目前大多数中高端显卡都配备了1个或1个以上的DP，如图2-153所示。

图2-153　DP

◎ Type-C接口：Type-C是显卡中最新加入的接口，这是一种面向未来的VR接口，该接口可以连接一根Type-C线缆，传输VR眼镜需要的所有数据，包括高清的音频、视频，也可以连接显示器中的Type-C接口，传输视频数据，如图2-154所示。

◎ 外接电源接口：通常显卡通过PCI-E接口由主板供电，但现在的显卡很多都有较大的功耗，所以需要外接电源独立供电。这

时就需要在主板上设置外接电源接口，通常是8针或6针，如图2-155所示。

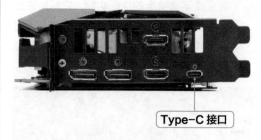

Type-C 接口

图2-154　Type-C接口

图2-155　外接电源接口

2.6.2 确认显卡的基本信息

用户可以通过软件检测和确认显卡的基本信息，了解显卡的品牌、类型、显存、显示芯片和驱动版本等详细的产品规格参数，以选购合适的显卡。

◎ 使用鲁大师检测显卡信息：鲁大师是一款专业的硬件检测软件，可以检测计算机硬件，并确认显卡的相关信息，如图2-156所示。

 知识提示

鲁大师的局限性

鲁大师无法给出显卡的位宽、显存类型、最大分辨率等详细的性能参数，所以检测显卡最好使用专业的显卡检测软件。

主显卡	
显存	512 MB
制造商	索泰
BIOS版本	Version 70.15.45.0.0
BIOS日期	2010年11月19日
驱动版本	9.18.13.4192
驱动日期	10-13-2015

图2-156　使用鲁大师检测显卡信息

◎ 使用 GpuInfo 检测显卡信息：GpuInfo 是国内比较先进的显卡识别软件，可以显示硬件信息、BIOS 版本、驱动信息、显存类型和频率信息等，如图 2-157 所示。

多学一招

使用GpuInfo识别真假显卡

普通软件是依靠显卡ID来识别显卡的，而显卡ID是能够在刷新BIOS的时候编辑并修改的。GpuInfo通过更为底层的信息来识别显卡，更易于判定显卡的真伪。

图2-157　使用GpuInfo检测显卡信息

2.6.3 | 显示芯片与显卡性能的关系

显示芯片是显卡的核心部件之一，显示芯片的性能参数直接关系到显卡的性能优劣。通常，用户在选购显卡时，需要考虑的与显示芯片相关的性能参数包括芯片厂商、芯片型号、制造工艺和核心频率。

微课：常见显示芯片
理论性能对比

◎ 芯片厂商：显示芯片有英伟达（NVIDIA）和超威（AMD）两个主要厂商。

◎ 芯片型号：不同型号的芯片，其适用的范围也不同，如表 2-5 所示。

表 2-5　显卡芯片型号分类

厂商	英伟达	超威
入门	GTX 1070/1060/1050 GTX 1650/1660 GTX 1650/1660 Ti GTX 1650/1660 Super GTX 第 9 代及更早产品	RX 590 RX 5500XT R9 Fury/FuryX HD 7990 R9 Nano 及更早产品
主流	RTX 3060 RTX 3060 Ti RTX 2080/2070/2060 RTX 2080/2070 Super RTX 2060 Super GTX 1080 GTX 1080/1070 Ti Titan V/XP TitanX Pascal	RX 6700/6600 XT Radeon VII Pro DUO RX 5700/5600 XT RX 6600/5700 RX Vega 64 Liquid RX Vega 64/56 Pro DUO Polaris R9 295X2

续表

厂商	英伟达	超威
高端	RTX 3090/3080/3070 RTX 3080/3070 Ti RTX 2080 Ti Titan RTX	RX 6900XT Liquid RX 6800/6900 XT RX 6800

◎ 制造工艺：显示芯片的制造工艺与 CPU 一样，也是用来衡量其加工精度的。制造工艺的提升，意味着显示芯片的体积更小、集成度更高、性能更加强大、功耗更低，现在主流芯片的制造工艺为 28nm、16nm、14nm、12nm 和 7nm。

◎ 核心频率：核心频率是指显示核心的工作频率，在同样级别的芯片中，理论上核心频率高的性能强，但显卡的性能由核心频率、显存、像素管线和像素填充率等多方面的因素共同决定，因此在芯片不同的情况下，核心频率高并不一定就代表此显卡性能好。

为了简单地表示显示芯片的性能优劣，图 2-158 对目前市场上各种显示芯片（包括 CPU 集成显示芯片）的理论性能进行了对比（扫描 2.6.3 小节标题右侧的二维码可查看完整内容）。

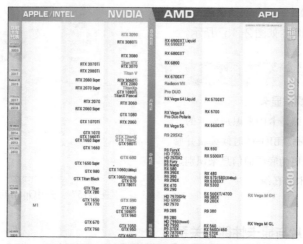

图2-158　常见显示芯片理论性能对比

2.6.4　显存选 HBM 还是 GDDR

显存是显卡的核心部件之一，它的优劣和容量大小直接影响显卡的最终性能。如果说显示芯片决定了显卡所能提供的功能和基本性能，那么，显卡性能的发挥则很大程度上取决于显存，因为无论显示芯片的性能如何出众，最终其性能都要通过配套的显存来发挥。

1. 显存的主要性能参数

在显卡的各种性能参数中，与显存相关的包括显存的频率、容量、位宽、速度以及最高分辨率。

◎ 显存频率：显存频率是指默认情况下，该显存在显卡上工作时的频率，以 MHz（兆赫兹）为单位。显存频率在一定程度上反映了该显存的存取速度，显存的类型和性能决定了显存频率，同样类型下，频率越高，显卡性能越好。

◎ 显存容量：从理论上讲，显存容量决定了显示芯片处理的数据量，显存容量越大，显卡性能就越好。目前市场上显卡的显存容量从 1GB 到 24GB 不等。

◎ 显存位宽：通常情况下，我们可以把显存位宽理解为数据进出通道的大小。在运行频率和显存容量相同的情况下，显存位宽越大，数据的吞吐量就越大，显卡的性能也就越好。目前市场上显卡的显存位宽有 64bit 到 4096bit 不等。

◎ 显存速度：显存的时钟周期就是显存时钟脉冲的重复周期，它是衡量显存速度的重要指标。显存速度越快，单位时间交换的数据量也就越大，在同等情况下显卡性能也就越强。显存频率与显存时钟周期之间为倒数关系（也可以说显存频率与显存速度互为倒数），显存时钟周期越小，显存频率就越高，显存的速度也就越快，展示出来的显卡的性能也就越好。

◎ 最高分辨率：最高分辨率表示显卡输出给显示器，并能在显示器上描绘像素点的数量。分辨率越高，显示器所能显示的图像的像素点就越多，也就能显示更多的细节，画面当然也就越清晰。最高分辨率在一定程度上跟显存具有直接关系，因为这些像素点的数据最初都存储于显存内，所以显存容量会影响到最高分辨率。现在显卡的最高分辨率有 2560px×1600px、3840px×2160px、4096px×2160px、7680px×4320px 等不同规格。

 知识提示

4K 和 8K 显卡

4K和8K都是超高清的分辨率，4K的分辨率达到4096px×2160px，8K则是7680px×4320px，而显卡的最高分辨率达到这两个标准的被称为4K或8K显卡。分辨率的相关内容将在后面的章节详细讲解，这里不赘述。

2. 显存的类型

显存的类型也是影响显卡性能的重要参数之一，目前市场上的显存主要有 GDDR 和 HBM 两种。

◎ GDDR：GDDR（Graphics Double Data Rate，图形用双倍数据传输率存储器）显存在很长一段时间内是市场上的主流类型，从过去的 GDDR1 一直到现在的 GDDR5X 和 GDDR6。GDDR5X 和 GDDR6 显存的功耗相对较低，且性能更高，也可以提供更大的容量，并采用了新的频率架构，拥有更佳的容错性。

◎ HBM：HBM（High Bandwidth Memory，高带宽存储器）显存是最新一代的显存，用来替代 GDDR，它采用堆叠技术，减小了显存的体积，节省了空间。HBM 显存增加了位宽，其单颗粒的位宽是 1024bit，是 GDDR5 的 32 倍。同等容量的情况下，HBM 显存的性能比 GDDR5 提升了 65%，功耗降低了 40%。最新的 HBM2 显存的性能可能会在原来的基础上翻倍甚至更多。

2.6.5 水冷是显卡的最佳散热方式

随着显卡核心工作频率与显存工作频率的不断提升，显卡芯片和显存的发热量也在增加，因此显卡都会采用必要的散热方式，优秀的散热方式也是选购显卡的一个重要参考。

◎ 主动式散热：这种方式是在散热片上安装散热风扇，也是显卡的主要散热方式，目前大多数显卡都采用这种散热方式，有些高端显卡甚至采用涡轮风扇进行散热，如图 2-159 所示。

◎ 水冷式散热：这种散热方式结合了主动式散热方式的优点，散热效果好，没有噪声，是目前显卡以及计算机硬件的最佳散热方式，如图 2-160 所示；但水冷散热成本较高，有些水冷显卡为了降低成本，在水冷设备上外接散热风扇，导致散热部件较多，且需要占用较大的机箱空间。

图2-159　主动式涡轮风扇散热显卡

图2-160　水冷式散热显卡

2.6.6 终极显示技术——VR Ready

在显卡技术发展到一定水平的情况下，可以利用虚拟现实、多 GPU 等技术，提升显卡在单位时间内的显示性能。

1. VR Ready

虚拟现实技术（Virtual Reality，VR），是一项全新的囊括计算机、电子信息、仿真技术于一体的实用技术，其基本实现方式是计算机模拟虚拟环境从而给人以环境沉浸感。目前，VR 技术不但取得了巨大进步，而且逐步成为一个新的科学技术领域。

为了使计算机支持并实现 VR 显示，就需要使计算机中的相关硬件符合 VR 的标准。显卡领域的两大品牌超威和英伟达也有各自的 VR 技术标准和开发支持：超威的 Radeon VR Ready Premium 和英伟达的 Radeon VR Ready Creator。图 2-161 所示为两个品牌显卡的 VR Ready 标准的认证标签，其目的是告诉用户，该款显卡产品具备连接 VR 设备、实现 VR 显示的能力，让用户与开发者更容易选购 VR 产品。

图2-161　显卡的VR Ready标准的认证标签

2. 多 GPU

多 GPU 技术就是联合使用多个 GPU 核心的运算力，得到高于单个 GPU 的效果，提升计算机的显示性能。英伟达的多 GPU 技术叫作 SLI，超威的叫作 CF。

◎ SLI：SLI（Scalable Link Interface，可升级连接接口）是英伟达公司的专利技术，它通过一种特殊的接口连接方式（被称为 SLI 桥接器或者显卡连接器），在一块支持 SLI 技术的主板上同时连接并使用多块显卡，提升计算机的图形处理能力，图 2-162 所示为双卡 SLI。

SLI 桥接器

图2-162　双卡SLI

◎ CF：CF（CrossFire，交叉火力，简称交火）是超威公司的多 GPU 技术，它是通过 CF 桥接器让多张显卡同时在一台计算机上连接使用，从而增强运算效能。和 SLI 相同，它们都是通过桥接器连接显卡上的 SLI/CF 接口来实现多 GPU 连接的，图 2-163 所示为显卡上的 CF 接口，通常在显卡的顶部。

◎ Hybird SLI/CF：另外一种多 GPU 技术，也就是通常所说的混合交火技术。混合交火技术是利用处理器显卡和普通显卡进行交火，从而提升计算机显示性能的。对性能方面来说，混合交火最高可以将计算机

图2-163 显卡的CF接口

的图形处理能力提高到 150% 左右，但还达不到 SLI/CF 的 180%。不过，相对于

SLI/CF，中低端显卡用户可以通过混合交火来提升性价比和降低使用成本；高端显卡用户虽然无法通过混合交火提升显示性能，但在一些特定的模式下，混合交火支持独立显示芯片的休眠功能，这样可以控制显卡的功耗，节约能源。

知识提示

SLI/CF 桥接器

SLI/CF桥接器是供多张一样的显卡组建 SLI/CF系统所使用的一个连接装备，连接在一起的多张显卡的数据可以直接通过这个专门的桥接器进行传输。

2.6.7 轻松解读显卡流处理器

流处理器（Stream Processor，SP）的数量对显卡性能有决定性作用，可以说高、中、低端的显卡除了核心不同外，最主要的差别就在于流处理器的数量，流处理器个数越多，显卡的图形处理能力越强。

流处理器很重要，但英伟达和超威同样级别的显卡的流处理器数量却相差巨大，这是因为两种显卡使用的流处理器种类不一样。

◎ 超威：超威公司的显卡使用的是超标量流处理器，其特点是浮点运算能力强大，表现在图形处理上则是偏重于图像的画面和画质的展现。

◎ 英伟达：英伟达公司的显卡使用的是矢量流处理器，其特点是每个流处理器都具有完整的 ALU（算术逻辑单元）功能，表现

在图形处理上则是偏重于处理速度。

◎ 英伟达和超威的区别：英伟达显卡的流处理器图形处理速度快，超威显卡的流处理器图形处理画质好。英伟达显卡的一个矢量流处理器基本上可以完成超威显卡 5 个超标量流处理器的工作任务，也就是 1:5 的换算率。通常可以这样认为，如果某超威显卡的流处理器数量为 480 个，则其性能相当于 96 个英伟达显卡流处理器。

2.6.8 集成显卡和独立显卡的选择

随着 CPU 性能的不断提升，其内置的集成显卡性能也在不断更新。相较于独立显卡，集成显卡依托 CPU 强大的运算能力和智能能效调节设计，可以在更低功耗下实现同样出色的图形处理性能。那么，用户在组装计算机的时候，是该选择集成显卡还是独立显卡？

在图 2-158 所示的常见显示芯片理论性能对比的完整图中可以看到，二代 APU 集成显卡性能已经可以媲美中低端独立显卡。另

外，英特尔集成显卡在性能上也已经可以和以前的诸多入门独立显卡相抗衡了。例如，超威 A10-5800K 内置的 HD7660D 核心显卡性能

第
1
部
分

与入门级的 GT630 D5 独立显卡相当，超越了 GT630 以下独立显卡的性能。也就是说，如果要组装 A10 处理器的计算机，那么 GT630 以下的显卡显然没有购买意义，因为它无法提升计算机的显示性能。

用户在组装计算机时，一定要根据自己对显卡的需求来选择是使用集成显卡还是独立显卡。对入门或者办公用户而言，使用集成显卡就足够了，这样可降低组装计算机的成本，同时集成显卡还有更好的稳定性。例如，英特尔 CORE i3 系列的 9100CPU，其集成的英特尔 UHD Graphics 630 显卡具有 350MHz 的显示频率，64GB 的显存，4096px×2304px 的

最高分辨率，完全能够满足普通用户的基本显示要求，甚至对于基本的图形图像处理及主流的网络游戏都能轻松应付。

对于主流游戏用户，独立显卡是必不可少的，毕竟目前主流独立显卡才具备真正的主流游戏性能。建议用户不要购买入门级的独立显卡，因为集成显卡的性能都与之相近，多花钱购买不值得。目前主流游戏用户选购的显卡一般具有较高性能，基本可以满足各类主流游戏需求。对于发烧友、主要玩大型单机游戏或是主要从事绘图、视频编辑方面工作的用户而言，只有使用独立高端显卡才能满足要求。

2.6.9 选购显卡的注意事项

用户通常都对计算机的显示性能和图形处理能力有较高的要求，因此，用户在选购显卡时，一定要注意以下 4 个方面的问题。

◎ 用料：如果显卡的用料上乘，做工优良，那这块显卡的性能也就较好，但价格相对也较高；如果一款显卡价格低于同档次的其他显卡，那么这块显卡在做工上可能稍次，用户在选购显卡时，一定要注意。

◎ 做工：一款性能优良的显卡，其 PCB 板、线路和各种元件的分布也会比较规范，建议尽量选择使用 4 层以上的 PCB 板显卡。

◎ 布线：为使显卡能够正常工作，显卡内通

常密布着许多电子线路，用户可直观地看到这些线路。正规厂商的显卡布局清晰、整齐，各个线路间都保持了比较固定的距离，各种元件也非常齐全，而低端显卡上则常会出现空白的区域。

◎ 包装：一块通过正规渠道进货的新显卡，包装盒上的封条一般是完整的，而且显卡上有中文的产品标记、生产厂商的名称、产品型号和规格等信息。

2.6.10 8K 显卡的品牌和产品推荐

优质品牌的显卡意味着优良的做工和用料，下面先简单介绍主流的显卡品牌，然后将显卡分为入门、主流、专业和高端 4 个级别，针对英伟达和超威两种显示芯片，分别推荐目前热门的 8K 显卡产品。

1. 显卡的主流品牌

大品牌的显卡做工精良，售后服务也好，定位于低、中、高不同市场的产品也多，方便用户选购。市场上比较受用户关注的主流显卡品牌包括七彩虹、影驰、索泰、微星、XFX 讯景、

华硕、铭瑄、蓝宝石、技嘉、迪兰和耕升等。

2. 英伟达显卡产品推荐

英伟达显卡通常称为 N 卡，下面介绍 4 款热门的英伟达显卡产品。

◎ 入门——影驰 GeForce GTX 1050Ti 大将：这款显卡显示芯片为 GeForce GTX 1050Ti，制作工艺为 14nm，核心频率为 1354/1468MHz，显存频率为 7000MHz，显存类型为 GDDR5，显存容量为 4GB，显存位宽为 128bit，最高分辨率为 7680px×4320px，散热方式为双风扇，I/O 接口有一个 HDMI、两个 DVI、一个 DP，电源接口为 6pin，流处理器为 768 个，如图 2-164 所示。

图2-164　影驰GeForce GTX 1050Ti 大将

◎ 主流——技嘉 GTX 1660 GAMING OC 6G：这款显卡显示芯片为 GeForce GTX 1660，制作工艺为 12nm，核心频率为 1860MHz，显存频率为 8002MHz，显存类型为 GDDR5，显存容量为 6GB，显存位宽为 192bit，最高分辨率为 7680px×4320px，散热方式为三风扇，I/O 接口有一个 HDMI、3 个 DP，电源接口为 8pin，流处理器为 1408 个，支持 VR Ready 和最多 4 屏输出，如图 2-165 所示。

图2-165　技嘉GTX 1660 GAMING OC 6G

 知识提示

多屏拼接显示技术

4屏输出是多屏拼接显示技术的一种类型。多屏拼接显示是一种使用多台显示器合成一个大的集成显示画面的技术，需要显卡性能的支持才能实现。

◎ 专业——华硕 ROG-STRIX-RTX2060S-O8G-GAMING OC：这款显卡显示芯片为 GeForce RTX 2060 SUPER，制作工艺为 12nm，核心频率为 1695MHz，显存频率为 14000MHz，显存类型为 GDDR6，显存容量为 8GB，显存位宽为 256bit，最高分辨率为 7680px×4320px，散热方式为三风扇，I/O 接口有两个 HDMI、两个 DP、一个 Type-C 接口，电源接口为 6pin+8pin，流处理器为 2176 个，支持 VR Ready 和最多 4 屏输出，如图 2-166 所示。

图2-166　华硕ROG-STRIX-RTX2060S-O8G-GAMING OC

◎ 高端——华硕 ROG-MATRIX-RTX2080Ti-P11G-GAMING：这款显卡显示芯片为 GeForce RTX 2080Ti，制作工艺为 12nm，核心频率为 1800/1350MHz，显存频率为 14800MHz，显存类型为 GDDR6，显存

容量为11GB，显存位宽为352bit，最高分辨率为7680px×4320px，散热方式为三风扇，I/O接口有两个HDMI、一个Type-C接口、两个DP，电源接口为8pin+8pin，流处理器为4352个，支持SLI/CF、VR Ready和最多4屏输出，如图2-167所示。

图2-167　华硕ROG-MATRIX-RTX2080Ti-P11G-GAMING

3. 超威显卡产品推荐

超威显卡通常称为A卡，下面介绍4款热门的超威显卡产品。

◎ 入门——蓝宝石RX 560 D5 白金版 OC：这款显卡显示芯片为Radeon RX 560，制作工艺为14nm，核心频率为1216MHz，显存频率为7000MHz，显存类型为GDDR5，显存容量为2GB，显存位宽为128bit，最高分辨率为3840px×2160px，散热方式为双风扇，I/O接口有一个HDMI、一个DVI、一个DP，电源接口为6pin，流处理器为1024个，如图2-168所示。

◎ 主流——迪兰RX 580 2048SP 8G X-Serial 战将：这款显卡显示芯片为Radeon RX 580，制作工艺为14nm，核心频率为1284/1310MHz，显存频率为8000MHz，显存类型为GDDR5，显存容量为8GB，显存位宽为256bit，最高分辨率为4096px×

2160px，散热方式为双风扇，I/O接口有一个HDMI、一个DVI、3个DP，电源接口为8pin，流处理器为2048个，支持CF和VR Ready，如图2-169所示。

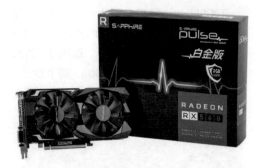

图2-168　蓝宝石RX 560 D5 白金版 OC

图2-169　迪兰RX 580 2048SP 8G X-Serial

◎ 专业——华硕ROG-STRIX-RX580-8G-GAMING：这款显卡显示芯片为Radeon RX 580，制作工艺为14nm，核心频率为1340/1360MHz，显存频率为8000MHz，显存类型为GDDR5，显存容量为8GB，显存位宽为256bit，最高分辨率为7680px×4320px，散热方式为三风扇+热管，I/O接口有两个HDMI、一个DVI、两个DP，电源接口为8pin，流处理器为2304个，如图2-170所示。

◎ 高端——蓝宝石Radeon Ⅶ 16G HBM2：这款显卡显示芯片为Radeon Ⅶ，制作工艺为7nm，核心频率为1400/1750MHz，显存频率为2000MHz，显存类型为HBM2，显存容量为 16GB，显存位宽为 4096bit，最高分辨率为 7680px×4320px，散热方式为三风扇，I/O 接口有一个 HDMI、3 个 DP，支持最多 4 屏输出，流处理器为 3840 个，如图 2-171 所示。

图2-170　华硕ROG-STRIX-RX580-8G-GAMING

图2-171　蓝宝石Radeon Ⅶ 16G HBM2

2.7· 认识和选购极致画质的显示器

显示器是计算机输出数据的主要硬件设备，它是一种电光转换工具。现在市场上的显示器都是液晶显示器（**Liquid Crystal Display，LCD**），它具有无辐射危害、屏幕不会闪烁、工作电压低、功耗小、重量轻和体积小等优点。

2.7.1 ┃ 通过外观认识显示器

显示器外观如图2-172所示，显示器上有各种控制按钮和接口。

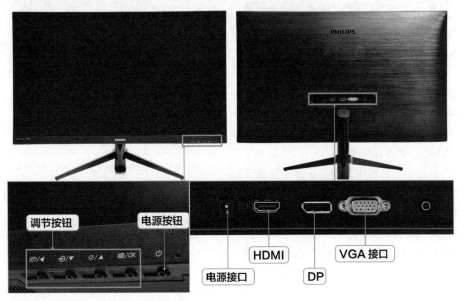

图2-172　显示器外观

2.7.2 画质清晰的 LED 和 6K 显示器

目前市场上的LCD几乎都是LED（Light Emitting Diode，发光二极管）显示器，随着显卡技术水平的不断提高，显卡最高已经支持8K的分辨率，这就需要有对应分辨率的显示器，而目前显示器的最高分辨率为6K。

1. LED 显示器

LED就是发光二极管，LED显示器就是由发光二极管组成显示屏的显示器。

◎ **LED 显示器的优点：** 与传统 LCD 相比，LED 显示器在亮度、功耗、可视角度和刷新速率等方面都更具优势，有机 LED 显示器的单个元素反应速度是LCD的1000倍，在强光下也可清楚显现，并且适应 −40℃ 的低温。

◎ **LED 显示器与 LCD 的区别：** 两者的根本区别在于显示器的背光源。液晶本身并不发光，需要另外的光源发亮，LCD 使用 CCFL（Cold Cathode Fluorescent Lamp，冷阴极荧光灯管）作为背光源，LED 显示器用 LED 作为背光源。所以，LED 显示器就是使用 LED 作为背光源的液晶显示器，也可以算 LCD 的一种。

2. 6K 显示器

6K显示器并不是一种特殊技术的显示器，而是指最高分辨率达到6K标准的显示器。

◎ **6K：** 6K 是一种新兴的数字电影及数字内容的解析度标准，6K 的名称得自其横向解析度约为6000px，电影行业常见的 6K 标准包括 Full Aperture 6K（6106px×3384px）等多种标准。

◎ **6K 分辨率：** 分辨率是指显示器所能显示的像素有多少，通常用显示器在水平和垂直显示方向能够达到的最多像素点来表示。标清720P 为 1280px×720px，高清1080P 为 1920px×1080px，超清1440P 为 2560px×1440px，超高清 4K

为 4096px×2160px，5K 为 5120px×2880px，6K 为 6016px×3384px，而8K 分辨率足足比 1080P 大了 16 倍。所以，6K 分辨率的清晰度非常高，6K 显示器显示的图像和画面能真实地还原事物本来面目。

◎ **分辨率比例：** 市场上的主流显示器屏幕比例多为 16:9 或 16:10，4K 显示器的屏幕比例大约为 17:9，5K 和 8K 显示器的屏幕比例为 16:9。表 2-6 所示为通用显示器分辨率。

表 2-6 通用显示器分辨率

标准	分辨率
SVGA	800px×600px（4:3）
XGA	1024px×768px（4:3）
HD	1366px×768px（16:9）
WXGA	1280px×800px（16:10）
UXGA	1600px×1200px（4:3）
WUXGA	1920px×1200px（16:10）
Full HD	1920px×1080px（16:9）
2K WQHD	3440px×1440px（16:9）
UHD	3840px×2160px（16:9）
4K Ultra HD	4096px×2160px（大约为 17:9）
5K Ultra HD	5120px×2880px（16:9）
6K Ultra HD	6016px×3384px（16:9）
8K Ultra HD	7680px×4320px（16:9）

2.7.3 技术先进的各种显示器

1. 曲面显示器

现在市场上还有一种技术先进的显示器——曲面显示器，它通过独特的显示技术，为用户带来极致的显示效果体验。曲面显示器是指面板带有弧度的显示器，如图2-173所示。

图2-173 曲面显示器

◎ 曲面显示器的优点：曲面显示器避免了两端视距过大的缺点，曲面屏幕的弧度可以保证眼睛到屏幕的距离均等，从而带来比普通显示器更好的感官体验。曲面显示器微微向用户弯曲的边缘能够更贴近用户，与屏幕中央位置实现基本相同的观赏角度，使用户的视野更广。同时，由于曲面屏有一定的弯度，因此和直面屏相比占地面积更小。

◎ 曲率：曲率是曲面显示器最重要的性能参数，指的是屏幕的弯曲程度，曲率越大，弯曲的弧度越明显，制作的工艺难度也更高。曲率通常与显示器的尺寸成正比，也就是说，显示器尺寸越大，对应曲率也就越大，这样用户在视觉上才能感受到曲面带来的效果。

◎ 适用人群：曲面显示器弯曲的屏幕对画面或多或少会造成一定的扭曲失真，所以并不适合作图、设计等专业用户使用。对于普通家庭和办公用户，曲面显示器完全可以取代普通显示器的所有功能，而且可以带来更好的影音游戏效果。

2. 其他显示器类型

显示器根据技术特点和应用方式的不同，还可以分为以下 5 种类型。

◎ 广角显示器：广角显示器也叫广视角显示器，其采用多角度观看不变色的技术，能带给用户更舒服的使用体验，但因为能耗较大，所以不如 LED 显示器普及。

◎ 护眼显示器：护眼显示器是显示器市场新推出的一个功能系列，由于 LED 显示器较难避免屏幕闪烁的问题（光源技术问题，肉眼不会觉察），为了保护用户视力，有厂商开发了一种"不闪屏"，称为护眼显示器。不闪屏又分为"真不闪"和"假不闪"两种，真不闪指的是采用 DC 调光的不闪屏（通过硬件实现），假不闪指的是 PMW 调光不闪屏（通过软件实现，依然伤害眼睛）。

◎ 触摸显示器：触摸显示器的技术来源于手机触摸屏，简单地说，就是在显示器上安装了触摸屏，使显示器带有触摸功能。触摸显示器主要应用于公共场所大厅信息查询、商务办公、电子游戏、点歌点菜、多媒体教学、机票 / 火车票预售等领域。

◎ 智能显示器：智能显示器是一种集合了无线网络和触摸功能的集成显示器，有些内置了扬声器、弹出式键盘等，可以看成没有安装主板的一体机。但由于功能复杂、定位不当等因素，产品的市场渗透率很低。

◎ 3D 显示器：3D 是指三维空间，也就是立体空间，3D 显示器即能够显示出立体效果的显示器。3D 显示技术就是通过为用户双眼送上不同的画面，借助用户产生的错觉，让其产生"立体感"。桌面 3D 显示技术有 3 种，最早的红蓝技术已经被淘汰；主动快门技术对显示器要求太高，至少需要 120Hz 的刷新频率，间接提高了用户组建 3D 平台的成本；光学偏振 3D 显示技术对影片等的摄录环境以及对游戏所需要的兼容性均提出了较高的要求，因此在家用显示器领域也没有得到真正推广。所以，目前市场上的 3D 显示器基本消失，取而代之的是头戴式 3D 眼镜。

2.7.4　显示器面板的主流选择——VA 和 IPS

显示器面板的类型关系着显示器的响应时间、色彩、可视角度、对比度等重要性能参数，显示器面板占据了一台显示器70%左右的成本，所以显示器面板对于显示器性能的优劣起着决定性作用。现在市场上的显示器面板类型包括TN、IPS、ADS、PLS和VA 5种。

◎ TN（Twisted Nematic，扭曲向列）：TN 面板应用于入门级显示器产品中，其优点是响应速度快，辐射水平很低，眼睛不易产生疲劳感，比较适合游戏玩家；缺点是可视角度受到了一定限制，不能超过 160°。TN 面板属于软屏，用手轻轻划会出现类似水纹的纹理。这种面板的显示器正在逐渐退出主流市场。

◎ IPS（In-Plane Switching，平面转换）：IPS 面板目前广泛应用于显示器与手机屏幕等。其优点是可视角度大，可达到 178°；色彩真实，无论从哪个角度，都可以看到色彩鲜明、饱和自然的优质画面；动态画质出色，特别适合运动图像重现，无残影和拖尾，常用于观看数字高清视频和快速运动画面；节能环保，减少了液晶层厚度，更加省电。IPS 显示器更容易受到专业人士的青睐，可以满足设计、印刷、航天等行业专业人士对色彩的较为苛刻的要求，如图 2-174 所示。其缺点是 IPS 面板会增强背光的发光度，可能出现大面积的边缘漏光问题，如图 2-175 所示。

图2-175　IPS（左）和TN（右）漏光对比

 知识提示

IPS 面板的类型

市场上的IPS面板又分为S-IPS、H-IPS、E-IPS和AH-IPS 4种类型，S-IPS面板是原版的IPS面板，H-IPS面板主要针对S-IPS面板在视角、对比度及大角度发紫等方面的问题做出了改进，E-IPS面板和AH-IPS面板分别是H-IPS面板的经济版及超级简化版。从性能上看，这4种IPS面板的效果从优到劣依次为H-IPS>S-IPS>AH-IPS>E-IPS。

◎ ADS（Advanced Super Dimension Switch，高级超维场转换）：ADS 面板的显示器在市场上并不多见，其优点是可视角度较大，达到了广视角面板的程度，响应速度较快（主流 IPS 为 8ms，ADS 为 5ms），其他各项性能指标通常略低于 IPS。由于其价格比较低廉，因此也被称为廉价 IPS。

◎ PLS（Plane to Line Switching，平面到线转换）：PLS 面板是三星公司研发和制

图2-174　IPS（左）和TN（右）显示图像对比

造的，主要用在三星显示器上。PLS 面板
在性能上与 IPS 面板非常接近，而其生产
成本与 IPS 面板相比低了约 15%，所以其
在市场上相当具有竞争力。

◎ VA（Vertical Alignment，垂直配向）：
VA 面板可分为由富士通主导的 MVA 面板
和由三星开发的 PVA 面板，其中后者是前
者的继承和改良，也是目前市场上采用最
多的类型。其优点是可视角度大，黑色表
现也更为纯净，对比度高，色彩还原准确；
缺点是功耗比较高，响应时间比较慢，面
板的均匀性一般，可视角度相比 IPS 面板
稍差。VA 面板也属于软屏，用手指轻触
面板会显现梅花纹。图 2-176 所示为 VA
面板的各角度实拍对比。

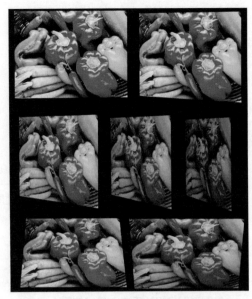

图2-176　VA面板各角度实拍

2.7.5 显示器的其他性能指标

用户在选购显示器时，还有很多需要注意的性能指标，如显示屏尺寸、屏幕比例、对比度、动
态对比度、亮度、可视角度、灰阶响应时间和刷新率等。

◎ 显示屏尺寸：显示屏尺寸包括 20in（约
51cm）以下、20in ~ 22in（51cm ~ 56cm）、
23in~26in（58cm ~ 66cm）、27in~30in
（69cm ~ 76cm）及 30in（约 76cm）
以上等。

◎ 屏幕比例：屏幕比例是指显示器屏幕画面
纵向和横向的比例，包括普屏 4:3、宽屏
16:9 和 16:10、超宽屏 21:9 和 32:9 几
种类型。

◎ 对比度：对比度越高，显示器的显示质量
也就越好，特别是玩游戏或观看影片时，
更高对比度的显示器可得到更好的显示
效果。

◎ 动态对比度：动态对比度指液晶显示器在
某些特定情况下测得的对比度数值，其目
的是保证明亮场景的亮度和昏暗场景的暗

度。动态对比度对于那些需要频繁在明亮
场景和昏暗场景切换的应用，具有较为明
显的实际意义，例如看电影。

◎ 亮度：亮度越高，显示器显示画面的层次
就越丰富，显示质量也就越高。亮度单位
为 cd/m²，市场上主流的显示器的亮度为
250cd/m²。需要注意的是，亮度高的显示
器不见得就是好的产品，画面过亮容易引
起视觉疲劳，同时也使纯黑与纯白的对比
度降低，影响色阶和灰阶的表现。

◎ 可视角度：可视角度指用户从不同方向可
以清晰地观察屏幕上所有内容的角度，可视
角度可以理解为能够看清屏幕画面的最大
或最小角度。主流显示器的可视角度都在
170° 以上。

◎ 灰阶响应时间：用户在玩游戏或看电影

时，显示器屏幕内容不可能只做最黑与最白之间的切换，而是有五颜六色的多彩画面或深浅不同的层次变化，这些都是在做灰阶间的转换。灰阶响应时间短的显示器画面质量更好，尤其是在播放运动图像时。目前主流显示器的灰阶响应时间都控制在6ms以下。

◎ 刷新率：刷新率是指电子束对屏幕上的图像重复扫描的次数。刷新率越高，所显示的图像（画面）稳定性就越好。只有在高分辨率下达到高刷新率的显示器才能称为性能优秀，市场上的显示器刷新率有 75Hz、120Hz、144Hz、165Hz 和200Hz 及以上等多种类型。

2.7.6 选购显示器的注意事项

用户在选购显示器时，除了需要注意各种性能参数，还应注意以下事项。

◎ 选购目的：如果是一般家庭和办公用户，建议购买LED显示器，环保无辐射、性价比高；如果是游戏或娱乐用户，可以考虑曲面显示器，颜色鲜艳、视角清晰；如果是图形图像设计用户，最好使用大屏幕4K显示器，图像色彩鲜艳、画面逼真。

◎ 测试坏点：目前的液晶面板生产线技术还不能做到显示屏完全无坏点，坏点数是衡量LCD液晶面板质量好坏的一个重要标准。检测坏点时，可使显示器显示全白或全黑的图像，在全白的图像上出现黑点，或在全黑的图像上出现白点，这些位置都存在坏点，通常超过3个坏点就不能选购了。

◎ 显示接口的匹配：显示器上的显示接口应该和显卡或主板上的显示接口至少有一个是相同的，这样才能通过数据线连接在一起。例如某台显示器有VGA和HDMI两种显示接口，而连接的计算机显卡上却只有VGA和DVI显示接口，虽然显示器和计算机能够通过VGA接口进行连接，但显示效果明显没有DVI或HDMI连接的好。

◎ 选购技巧：在大尺寸产品不断调整售价以适应市场竞争的情况下，用户在选购显示器的过程中应该"买大不买小"，16:9比例的大尺寸产品更具有购买价值，是选购时最值得用户关注的显示器规格。

 知识提示

MHL 和 Thunderbolt 视频接口

这两种都是代表先进技术的显示器视频接口，MHL接口是一种移动高清连接技术接口，通过它可以将手机/平板电脑的画面扩展到显示器上，MHL接口要求手机/平板电脑以及显示器需要有专门的芯片才能使用。Thunderbolt是苹果和英特尔两个公司共同开发的一项I/O传输技术，其通过一个单独设置的端口，就可支持高分辨率显示器和高性能数据设备。Thunderbolt接口具有不错的传输速率、灵活性以及简约性。图2-177所示为这两种接口的样式。

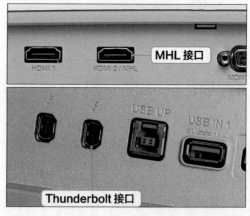

图2-177　MHL和Thunderbolt接口

2.7.7　显示器的品牌和产品推荐

市场上的显示器通常根据不同的用途进行产品定位，通常分为影音娱乐、商务办公、电子竞技、设计制图和高端等类型，下面就根据这种分类方式介绍市场上热门的显示器品牌和产品。

1. 显示器的主流品牌

常见的显示器主流品牌有三星、HKC、优派、冠捷（AOC）、飞利浦、明基、宏碁（Acer）、长城、戴尔、TCL、联想、航嘉、泰坦军团、创维及华硕等。

2. 显示器产品推荐

下面分别介绍几款热门的显示器产品。

◎　音影娱乐——HKC C299Q：这款显示器类型为曲面 / 广角，屏幕尺寸为 29in，最佳分辨率为 2560px×1080px，屏幕比例为 21:9，面板类型为 VA，动态对比度为 2000 万:1，静态对比度为 3000:1，灰阶响应时间为 4ms，亮度为 250cd/m^2，可视角度为 178°，刷新频率为 75Hz，视频接口为 VGA/HDMI/DP，如图 2-178 所示。

图2-178　HKC C299Q

◎　音影娱乐——飞利浦 345B1CR：这款显示器类型为 LED/ 曲面 / 广角 / 护眼 / 4K，屏幕尺寸为 34in，最佳分辨率为 3440px×1440px，屏幕比例为 21:9，面板类型为 VA，动态对比度为 8000 万:1，静态对比度为 3000:1，灰阶响应时间为 5ms，亮度为 300cd/m^2，可视角度为 178°，刷新率为 100Hz，视频接口为 HDMI/DP，如图 2-179 所示。

图2-179　飞利浦345B1CR

◎　商务办公——AOC C27B1H：这款显示器类型为 LED/ 曲面 / 广角 / 护眼，屏幕尺寸为 27in，最佳分辨率为 1920px×1080px，屏幕比例为 16:9，面板类型为 VA，动态对比度为 2000 万:1，静态对比度为 3000:1，灰阶响应时间为 4ms，亮度为 250cd/m^2，可视角度为 178°，视频接口为 VGA/HDMI，如图 2-180 所示。

图2-180　AOC C27B1H

◎　商务办公——AOC Q3279VWFD8：这款显示器类型为 LED/2K/ 广角 / 护眼，屏幕尺寸为 31.5in，最佳分辨率为 2560px×1440px，屏幕比例为 16:9，面板类型为

IPS，动态对比度为 8000 万 :1，静态对比度为 1200:1，灰阶响应时间为 5ms，亮度为 250cd/m²，可视角度为 178°，视频接口为 VGA/DVI/HDMI/DP，如图 2-181 所示。

图2-181　AOC Q3279VWFD8

◎ 电子竞技——飞利浦 325M7C：这款显示器类型为 LED/ 曲面 /2K，屏幕尺寸为 31.5in，最佳分辨率为 2560px×1440px，屏幕比例为 16:9，面板类型为 VA，动态对比度为 8000 万 :1，静态对比度为 3000:1，灰阶响应时间为 1ms，亮度为 300cd/m²，可视角度为 178°，刷新率为 144Hz，视频接口为 VGA/HDMI/DP，如图 2-182 所示。

图2-182　飞利浦325M7C

◎ 电子竞技——LG 34UC79G：这款显示器类型为 LED/ 曲面 / 广角 / 护眼，屏幕尺寸为

34in，最佳分辨率为 2560px×1080px，屏幕比例为 21:9，面板类型为 IPS，静态对比度为 1000:1，灰阶响应时间为 5ms，亮度为 250cd/m²，可视角度为 178°，刷新率为 144Hz，视频接口为 HDMI/DP，如图 2-183 所示。

图2-183　LG 34UC79G

◎ 设计制图——AOC U2790PQU：这款显示器类型为 LED/4K/ 广角 / 护眼，屏幕尺寸为 27in，最佳分辨率为 3840px×2160px，屏幕比例为 16:9，面板类型为 IPS，动态对比度为 5000 万 :1，静态对比度为 1000:1，灰阶响应时间为 5ms，亮度为 350cd/m²，可视角度为 178°，刷新率为 60Hz，视频接口为 HDMI 1.4/HDMI 2.0/DP，如图 2-184 所示。

图2-184　AOC U2790PQU

◎ 设计制图——明基 PD2700U：这款显示器

类型为 LED/4K/ 广角 / 护眼，屏幕尺寸为 27in，最佳分辨率为 3840px×2160px，屏幕比例为 16:9，面板类型为 IPS，动态对比度为 2000 万 :1，静态对比度为 1300:1，灰阶响应时间为 5ms，亮度为 350cd/m^2，可视角度为 178°，刷新率为 60Hz，视频接口为 HDMI/DP，如图 2-185 所示。

图2-185　明基PD2700U

◎ 高端——苹果 Pro Display XDR（纳米纹理版）：这款显示器类型为 LED/6K/广角，屏幕尺寸为 32in，最佳分辨率为 6016px×3384px，屏幕比例为 16:9，面板类型为 IPS，动态对比度为 100 万 :1，亮度为 1000cd/m^2 ~ 1600cd/m^2，可视角度为 178°，刷新率为 50Hz，视频接口为 Thunderbolt/USB，如图 2-186 所示。

图2-186　苹果Pro Display XDR（纳米纹理版）

2.8　认识和选购机箱与电源

在市场上，计算机的机箱和电源通常是组合在一起售卖的，有些机箱内甚至配置了标准电源（称为标配电源）。机箱的主要作用是放置和固定各种计算机硬件，起到承托和保护的作用。此外，机箱还具有屏蔽电磁辐射的作用。电源是为计算机提供动力的部件。

2.8.1　机箱与电源的外观结构

要认识机箱和电源，首先需要了解其外观结构。

1. 机箱的外观结构

机箱一般为矩形框架结构，主要用于为主板、各种输入 / 输出卡、硬盘驱动器、光盘驱动器和电源等部件提供安装支架。图 2-187 所示为机箱的外观结构。

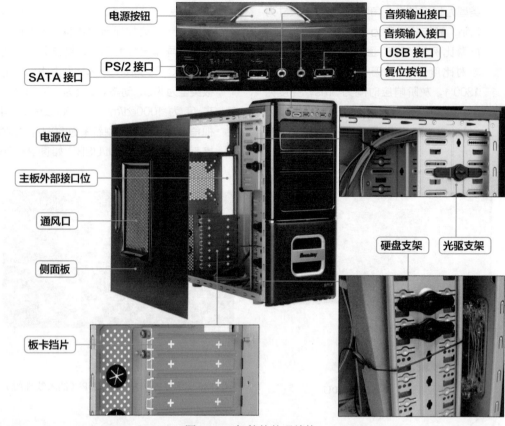

电源按钮

音频输出接口

音频输入接口

USB 接口

PS/2 接口

复位按钮

SATA 接口

电源位

主板外部接口位

通风口

侧面板

硬盘支架   光驱支架

板卡挡片

图2-187   机箱的外观结构

2. 电源的外观结构

电源是计算机的心脏，它为计算机工作提
供动力，电源的优劣不仅直接影响计算机的工
作稳定程度，还与计算机的使用寿命息息相关。
使用质量差的电源，不仅会出现因供电不足而
导致意外宕机的现象，甚至可能损伤硬件。另外，
质量差的电源还可能引发计算机的其他并发故
障。图 2-188 所示为电源的外观结构。

◎ 电源插槽：电源插槽是专用的电源线连接
口，通常是一个 3pin 的接口，如图 2-189
所示。需要注意的是，电源线所连接的交
流插线板，其接地插孔必须已经接地，否
则计算机中的静电将不能有效释放，可能
导致计算机硬件被静电烧坏。

图2-188   电源的外观结构

AC/220V

图2-189   电源插槽

◎ SATA 电源插头：SATA 电源插头是为硬盘提供电能供应的通道。它比 D 型电源插头要窄一些，但安装起来更加方便，如图 2-190 所示。

图2-190 SATA电源插头

◎ 24pin 主板电源插头：24pin 主板电源插头是提供主板所需电能的通道。在早期，主板电源接口是一个 20pin 的插头，为了满足 PCI-E X16 和 DDR2 内存等设备的电能消耗，目前主流的主板电源接口都在原来 20pin 插头的基础上增加了一个 4pin 的插头，如图 2-191 所示。

图2-191 24pin主板电源插头

◎ 辅助电源插头：辅助电源插头是为 CPU 提供电能供应的通道，它有 4pin 和 8pin 两种，可以为 CPU 和显卡等硬件提供辅助电源，如图 2-192 所示。

图2-192 辅助电源插头

2.8.2 HTPC 使用哪种结构的机箱

HTPC（Home Theater Personal Computer，家庭影院计算机）是以计算机担当信号源和控制器的家庭影院，也就是一部预装了各种多媒体解码播放软件，可用来对应播放各种影音媒体，并具有各种接口，可与多种显示设备（如电视机、投影机等）连接使用的计算机。

HTPC 以外观精美小巧、性能强大、低功耗、静音等特点受到很多用户的青睐，现在市场上的组装计算机也有很大一部分是 HTPC。但 HTPC 需要使用专门的机箱，而不同结构类型的机箱，通常只能安装对应结构类型的主板。下面介绍市场上主要的机箱结构。

◎ ATX：在 ATX 机箱中，主板横向放置，安装在机箱的左上方，而电源安装在机箱的右上方；在前置面板上安装存储设备，并且在后置面板上预留了各种外部端口的位置，这样可使机箱内的空间更加宽敞、简洁，有利于散热，如图 2-193 所示。ATX 机箱中通常安装 ATX 主板。

◎ MATX：也称 Mini ATX 或 Micro ATX，是 ATX 的简化版。其主板尺寸和电源结构更小，生产成本也相对较低；最多支持 4 个扩充槽，机箱体积较小，扩展性有限，只适合对计算机性能要求不高的用户。MATX 机箱中通常安装 M-ATX 主板。MATX 机箱如图 2-194 所示。

图2-193 ATX机箱

图2-194 MATX机箱

◎ ITX：ITX 代表计算机微型化的发展方向，这种结构的计算机机箱大小只相当于两块显卡的大小。为了外观的精美，ITX 机箱的外观样式也并不完全相同，除安装对应主板的空间一样外，ITX 机箱可以有很多的形状。HTPC 通常使用的就是 ITX 机箱，ITX 机箱中通常安装 Mini-ITX 主板。ITX

机箱如图 2-195 所示。

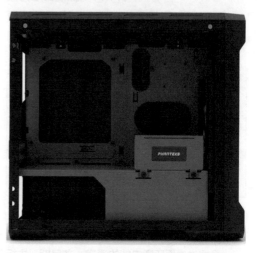

图2-195 ITX机箱

◎ RTX：RTX（Reversed Technology Extended，倒置 38 度机箱）通过巧妙的主板倒置，配合电源下置和背部走线系统。这种机箱结构可以提高 CPU 和显卡的热效能，并且解决了以往背线机箱需要超长线材电源的问题，带来了更合理的空间利用率。因此，RTX 有望成为下一代机箱的主流结构类型。RTX 机箱如图 2-196 所示。

图2-196 RTX机箱

2.8.3 机箱的功能与类型

通常情况下，按照机箱的用途，可将机箱分为家用台式机箱、游戏机箱、HTPC 机箱和服务器机箱 4 种类型。用户在选购机箱时，除需了解机箱的功能和摆放方式外，还需了解家用台式机箱的类型。

1. 机箱的功能

机箱的主要功能是为计算机的核心部件提供保护。如果没有机箱，CPU、主板、内存和显卡等部件就会裸露在外，不仅不安全，灰尘还会影响其正常工作，这些部件甚至会被氧化和损坏。机箱的具体功能主要体现在以下 4 个方面。

◎ 机箱面板上有许多指示灯，可方便用户观察系统的运行情况。
◎ 机箱为 CPU、主板、各种板卡和存储设备及电源提供了放置空间，并通过其内部的支架和螺丝将这些部件固定，形成一个集装型的整体，起到了保护罩的作用。
◎ 机箱坚实的外壳不但能保护其中的设备，起到防压、防冲击和防尘等作用，还能起到防电磁干扰和防辐射的作用。
◎ 机箱面板上的开机和重新启动按钮可方便用户控制计算机的启动和关闭。

2. 机箱的摆放方式

计算机机箱通常只有两种摆放方式——立式和卧式，但也有立卧两用式机箱，具体介绍如下。

◎ 立式机箱：主流计算机的机箱大部分都为立式，立式机箱的电源在上方，其散热性比卧式机箱好。立式机箱没有高度限制，理论上可以安装更多的驱动器或硬盘，并使计算机内部设备安装的位置分布更科学，散热性更好。
◎ 卧式机箱：卧式机箱外形小巧，整台计算机外观的一体感也比立式机箱强，占用空间相对较小。随着高清视频播放技术的发展，很多视频娱乐计算机都采用这种机箱。

卧式机箱的外面板还具备视频播放能力，非常时尚、美观，如图 2-197 所示。

图2-197　卧式机箱

◎ 立卧两用式机箱：立卧两用式机箱可适应不同的放置环境，它既可以像立式机箱一样具有更多的内部空间，也能像卧式机箱一样占用较少的外部空间，如图 2-198 所示。

图2-198　立卧两用式机箱

3. 家用台式机箱的类型

家用台式机箱主要以立式机箱为主，也称为塔式机箱。塔式机箱可分为全塔、中塔、mini 和开放式 4 种类型，这种分类方法通常是按照机箱内部大小划分的，但业界没有在大小方面形成统一的分类标准。通常全塔机箱拥有 4 个以上的光驱位，中塔机箱拥有 3 ~ 4 个光驱位，而 mini 机箱仅有 1 ~ 2 个光驱位。

全塔式机箱很大，一般能提供 6~7 个硬盘位，可以放下超大的主板，甚至双 CPU，有最好的散热空间，可以装下服务器用主板和 E-ATX 主板。日常生活中常见的机箱都属于中塔，可以支持普通 ATX 主板和较大的 ATX 主板。

开放式机箱通常只有一副金属或者亚克力材质的骨架，主板和 CPU 等硬件全部安装在这副骨架上。由于没有了机箱隔板的阻拦，热量可以直接散发出去，但同时带来了一些问题，如噪声问题和积灰问题。这种机箱更容易

受到专业人员的喜爱。开放式机箱如图 2-199 所示。

图2-199　开放式机箱

2.8.4 代表时尚的侧透机箱

由于主板、内存和显卡等硬件设备都推出了专属的灯效和相应的软件，从而使整机灯光可以进行联动变换，十分炫酷时尚。而这些炫酷的硬件想要进行展示，就需要一款可以充分展现灯效的时尚侧透机箱，这也是侧透机箱流行的原因之一。

选购侧透机箱最重要的标准是侧透板的好坏，其直接影响机箱的质感以及灯光展示效果。很多厂商为了追求更多的利润，会在机箱的用料上进行压缩，例如采取劣质的透明塑料当作侧透板，这类侧透机箱不但质感不够优秀，同时核心硬件所展现的灯光也十分刺眼，这样侧透的主机箱放在桌面上会影响用户的使用体验。目前主流的侧透机箱通常采用钢化玻璃和亚克力克材质制作侧透面板。

◎ 钢化玻璃侧透：从质感和透光性上看，钢化玻璃侧透机箱明显优于亚克力侧透机箱，而且钢化玻璃较大的自重也可以提升整机的稳固性，让机箱不会被轻易碰倒；但是钢化玻璃有一个致命的缺点——易碎，因为玻璃是脆性材料，如果不小心被尖锐的物品刺碰，就很容易破碎。图 2-200 所示为钢化玻璃侧透机箱的酷炫时尚效果。

◎ 亚克力侧透：亚克力侧透机箱采用深黑色或者茶色的亚克力材质作为侧透板，这一类侧透板会过滤一部分灯光，让灯光看起来没那么刺眼，并且质感上要优于透明塑料侧透板；但是亚克力材质的侧透板同透

明塑料侧透板有一个相同的缺点，那就是耐磨性差，使用一段时间以后就会产生大量划痕，影响机箱外部观感。

图2-200　钢化玻璃侧透机箱的酷炫时尚效果

 知识提示

侧透机箱的实用性问题

侧透机箱的实用性不高，其不仅使用寿命短，而且机箱内的电磁辐射和光辐射都会直接向外散发。

2.8.5 电源的主要性能指标

影响电源性能的指标主要有风扇大小、额定功率和出线类型等。

◎ 风扇大小：电源的散热方式主要是风扇散热，风扇的大小有 8cm、12cm、13.5cm 和 14cm 4 种，风扇越大，相对的散热效果越好。

◎ 额定功率：额定功率指支持计算机正常工作的功率，是电源的输出功率，单位为 W（瓦特）。市场上电源的功率从 250W~2000W 不等，由于计算机的配件较多，需要 300W 以上的电源才能满足需要。根据实际测试，计算机进行不同操作时，其实际功率不同，且电源额定功率越大，反而越省电。

◎ 出线类型：电源市场目前有模组、半模组和非模组 3 种出线类型，其主要区别是模组所有的线缆都是以接口的形式存在的，都可以拆掉；半模组除主板供电和 CPU 供电集成外，其他供电都是模组形式；非模组则是所有线缆都集成在电源上。在同等规格下，模组电源的工作和转换效率都低于非模组电源，模组电源大多定位于高端市场。图 2-201 所示为半模组电源。

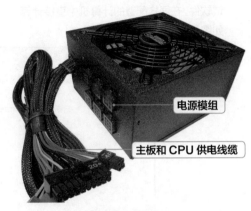

电源模组

主板和 CPU 供电线缆

图2-201 半模组电源

2.8.6 80PLUS 安规认证

安规认证包含了产品安全认证、电磁兼容认证、环保认证、能源认证等各方面，是基于保护使用者和环境安全的一种产品认证。电源产品质量的安规认证包括 80PLUS、3C 等，安规认证对应的标志通常在电源铭牌上进行标注，如图 2-202 所示。

图2-202 电源的铭牌

◎ 80PLUS：80PLUS 是为改善未来环境与节省能源而建立的一项严格的节能标准。通过 80PLUS 认证的产品，出厂后会带有 80PLUS 的认证标识。其认证按照 20%、50% 和 100% 3 种负载下的产品效率划分

等级，产品在这些负载下转换效率均需要超过一定水准才给颁发认证。80PLUS 从低到高分白牌、铜牌、银牌、金牌、白金牌和钛金牌 6 个认证等级，钛金牌等级最高，效率也最高，如图 2-203 所示。

认证标志	80 PLUS	80 PLUS BRONZE	80 PLUS SILVER	80 PLUS GOLD	80 PLUS PLATINUM	80 PLUS TITANIUM
标识名称	白牌	铜牌	银牌	金牌	白金牌	钛金牌
负载	转换效率					
20%	80%	82%	85%	87%	90%	92%
50%	80%	85%	88%	90%	92%	94%
100%	80%	82%	85%	87%	89%	90%

图2-203 80PLUS认证等级

◎ 3C：3C（China Compulsory Certification，中国国家强制性产品认证）认证包括原来

的 CCEE（电工）认证、CEMC（电磁兼容）认证和新增加的 CCIB（进出口检疫）

认证，正品电源都必须通过 3C 认证。

2.8.7 通过计算耗电量来选购电源

电源的额定功率是一定的，如果计算机中各种硬件的总耗电量超过了选购电源的额定功率，就会导致计算机运行不稳定或发生各种故障，所以，用户在选购电源前，首先应该计算计算机的耗电量。

计算计算机耗电量的方法通常有以下两种。

◎ 利用软件计算：利用鲁大师等专业硬件测试软件，在同样配置的计算机中直接计算，如图 2-204 所示。

◎ 通过网页计算：利用网络中的一些专业计算器进行计算，如航嘉的功率计算器等，如图 2-205 所示。

图2-204　使用鲁大师计算耗电量

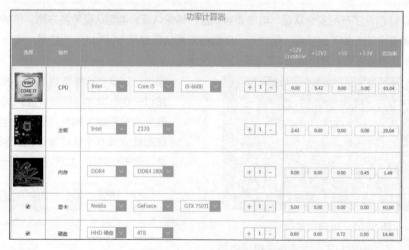

图2-205　通过网页计算耗电量

计算机的耗电量是计算机中主要硬件的耗电量的总和，包括 CPU、内存、显卡、主板、硬盘、独立声卡、独立网卡、鼠标、键盘、CPU 风扇、显卡风扇和机箱风扇等。通常情况下，计算机满负荷运行时，其耗电量大约是正常状态的 3 倍，也就是说，选购的电源额定功率至少应该比计算出的计算机耗电量大一倍。

从图 2-204 可以看到，该计算机的耗电量约为 115W，选购一个额定功率为 250W 的电源基本上能满足日常使用。而图 2-205 显示计算机的耗电量为 169.97W，再加上 20W 左右的鼠标、键盘和风扇等设备的耗电量，总共大约 190W 的耗电量，这台计算机最好使用额定功率为 400W 甚至更大的电源。

2.8.8 选购机箱和电源的注意事项

除前面介绍的一些知识外，用户在选购机箱时还需要考虑机箱的做工和用料以及其他附加功能。用户在选购电源时同样需要注意做工问题。

◎ 做工和用料：用户首先要查看机箱的边缘是否垂直，对合格的机箱来说，这是最基本的要求；然后查看机箱的边缘是否采用卷边设计并已经去除毛刺，好的机箱插槽定位准确，箱内还有撑杠以防止侧面板下沉；用料方面，首先要查看机箱的钢板材料，好的机箱采用的是镀锌钢板，然后查看钢板的厚度，现在的主流厚度为 0.6mm，一些优质的机箱会采用 0.8mm 或 1mm 厚度的钢板。机箱的重量在某种程度上决定了其可靠性和屏蔽机箱内外部电磁辐射的能力。

◎ 附加功能：为了方便用户使用耳机和 U 盘等设备，许多机箱都在正面的面板上设置了音频插孔和 USB 接口，有的机箱还在面板上添加了液晶显示屏，实时显示机箱内部的温度。如今机箱的附加功能已越来越多，用户在挑选时应根据需要，用最少的钱买最好的产品。

◎ 电源做工：要判断一款电源做工的好坏，可先从重量开始，一般高档电源比次等电源重；其次，优质电源使用的电源输出线一般较粗；再次，从电源上的散热孔观察其内部，可看到体积和厚度都较大的金属散热片和各种电子元件，优质的电源用料较多，这些部件排列得也较为紧密。

多学一招

机箱冷排

机箱的冷排标准也是选购时需要注意的一项重要性能参数。冷排是指机箱中水冷散热水排的长度，目前市场上主流的机箱冷排有 120、240、280、360 和 420 5 种标准，其中，240 和 360 冷排是主流标准。

2.8.9 机箱的品牌和产品推荐

机箱的分类方式比较多，下面按照入门、主流、专业和高端 4 种类型，分别介绍市场上较热门的机箱品牌和产品。

1. 机箱的主流品牌

主流的机箱品牌有游戏悍将、航嘉、鑫谷、爱国者、金河田、先马、长城机电、Tt、海盗船、酷冷至尊、安钛克、GAMEMAX、大水牛、至睿和超频三等。

2. 机箱产品推荐

下面介绍几款热门的机箱产品。

◎ 入门——爱国者 YOGO M2：这款机箱类型为游戏机箱，摆放方式为立式，机箱样式为钢化玻璃侧透，机箱结构为 MATX，标配 ATX 下置电源，驱动器仓位有 4 个，扩展插槽有 4 个，顶置 240 冷排，后置 120 冷排，板材厚度为 0.6mm，外部面板预置了 USB 等接口，如图 2-206 所示。

图2-206　爱国者YOGO M2

◎ 主流——航嘉 MVP Apollo：这款机箱类型为台式机箱（中塔），摆放方式为立式，机箱样式为玻璃侧透，机箱结构为 ATX，适用 ATX、M-ATX、Mini-ITX 板型主板，驱动器仓位有 6 个，扩展插槽有 8 个，顶置 360 冷排，主板前侧置 360 冷排，板材厚度为 0.7mm，如图 2-207 所示。

图2-207　航嘉MVP Apollo

◎ 专业——Tt Level 20 HT：这款机箱类型为台式机箱（全塔），摆放方式为立式，机箱样式为钢化玻璃侧透，机箱结构为 ATX，适用 ATX、M-ATX、Mini-ITX 和 E-ATX 板型主板，选配 PS2 PSU 电源，

驱动器仓位有 5 个，扩展插槽有 8 个，侧置 280 和 360 冷排，底置 360 冷排，板材厚度为 0.4mm，如图 2-208 所示。

图2-208　Tt Level 20 HT

◎ 高端——撒哈拉刀塔 D6：这款机箱类型为游戏机箱，摆放方式为立式，机箱样式为亚克力侧透，机箱结构为 ATX，适用 ATX、M-ATX、Mini-ITX 板型主板，标配 ATX 下置电源，驱动器仓位有 5 个，扩展插槽有 8 个，顶置 360 冷排，前置 360 冷排，底置 360 冷排，板材厚度为 0.8mm，如图 2-209 所示。

图2-209　撒哈拉刀塔D6

2.8.10　电源的品牌和产品推荐

作为计算机动力来源，电源通常是单独购买的，但对入门产品而言，可以使用有些机箱标配的电源。下面介绍市场上较热门的电源品牌和产品。

1. 电源的主流品牌

目前市场上主流的电源品牌有航嘉、鑫谷、爱国者、金河田、先马、至睿、长城机电、游戏悍将、超频三、海盗船、GAMEMAX、安钛克、振华、酷冷至尊、大水牛、Tt、华硕、台达科技、昂达、海韵、九州风神和多彩等。

2. 电源产品推荐

下面介绍几款热门的电源产品。

◎ 入门——金河田智能芯 680 GT 版：这款电源的类型为台式机电源，出线类型为非模组，额定功率为 500W，最大功率为 600W，使用 12cm 液压轴承风扇，电源接口包括 20+4pin 主板接口、4+4pinCPU 接口、两个 4pinCPU 接口、6+2pin 显卡接口、6pin 显卡接口和 4 个硬盘接口，安规认证为 3C，如图 2-210 所示。

图2-210　金河田智能芯680 GT版

◎ 主流——航嘉 WD600K：这款电源的类型为台式机电源，出线类型为非模组，额定功率为 600W，使用 12cm 风扇，电源接口包括 20+4pin 主板接口、4+4pinCPU

接口、两个 6+2pin 显卡接口、4 个硬盘接口和两个大 4pin 供电接口，安规认证为 3C 和 80PLUS（金牌），转换效率为 91%，如图 2-211 所示。

图2-211　航嘉WD600K

知识提示

转换效率

转换效率是指电源的输出功率与实际消耗的输入功率之比。电源工作时发热会浪费掉一部分功率，浪费越多转换效率越低，浪费的电能也越多。例如，海盗船RM650x电源的额定功率为650W，转换效率为90%，那么当它输出650W的功率给主机使用时，实际上用户为这个电源输入了650W/0.9≈722W的功率，多出来的72W就是浪费掉的，主机只得到了650W的功率。

◎ 专业——海盗船 RM850x：这款电源的类型为台式机电源，出线类型为模组，额定功率为 850W，使用 13.5cm 风扇，电源接口包括 20+4pin 主板接口、4+4pinCPU 接口、6 个 6+2pin 显卡接口、10 个硬盘接口和 8 个大 4pin 供电接口，安规认证为

80PLUS（金牌），转换效率为90%，如图2-212所示。

图2-212　海盗船RM850x

◎ 高端——海盗船 AX1500i：这款电源的类型为台式机电源，出线类型为模组，额定功率为 1500W，使用 14cm 风扇，电源接口

包括 20+4pin 主板接口、10 个 6+2pin 显卡接口、20 个硬盘接口和 12 个大 4pin 供电接口，安规认证为 80PLUS（钛金牌），转换效率为 94%，如图 2-213 所示。

图2-213　海盗船AX1500i

2.9 认识和选购鼠标与键盘

鼠标和键盘虽然便宜又普通，但对这两个硬件的选购仍马虎不得。在现在的计算机中，鼠标的重要性甚至超过了键盘，因为所有操作，甚至文本的输入，都可以通过鼠标进行。键盘的作用主要是输入文本和编辑程序，并通过快捷键加快操作。

2.9.1 鼠标与键盘的外观结构

鼠标和键盘是计算机的主要输入和控制设备，其外观结构比较简单。

1. 鼠标的外观结构

鼠标是计算机的两大输入设备之一，因其外形酷似一只拖着尾巴的老鼠，因此得名鼠标。通过鼠标可完成单击、双击和选定等一系列操作，图 2-214 所示为鼠标的外观。

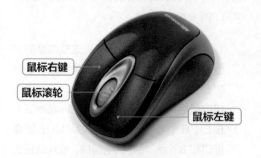

鼠标右键
鼠标滚轮
鼠标左键

图2-214　鼠标的外观

2. 键盘的外观结构

键盘是计算机的另一主要输入设备，用于进行文字输入和快捷操作。虽然现在键盘的很多操作都可由鼠标或手写板等设备完成，但键盘在文字输入方面的方便快捷性决定了键盘仍然占有重要地位。图 2-215 所示为键盘的外观，键盘主要由各种按键组成。

图2-215　键盘的外观

2.9.2　鼠标的主要性能指标

鼠标的主要性能指标包括两个方面的内容，一个是鼠标的基本性能参数，另一个是鼠标的主要技术参数，通过这两种参数就能了解鼠标的基本性能。

1. 鼠标的基本性能参数

鼠标的基本性能参数包括以下 6 个方面。

◎ 鼠标大小：主流鼠标大小分为大鼠（≥120mm）、普通鼠（100mm~120mm）、小鼠（≤100mm）3 种类型。

◎ 适用类型：针对不同类型的用户，鼠标可以分为经济实用、移动便携、商务舒适、游戏竞技和个性时尚等类型，图 2-216 所示为带功能键的游戏竞技鼠标。

图2-216　游戏竞技鼠标

◎ 工作方式：工作方式指鼠标的工作原理，有光电、激光和蓝影 3 种，激光和蓝影从本质上说也属于光电鼠标。光电鼠标通过红外线来检测鼠标的位移，然后将位移信号转换为电脉冲信号，再通过程序的处理和转换来控制屏幕上鼠标指针的移动。光电鼠标又分为蓝光、针光和无孔 3 种类型。激光鼠标使用激光作为定位的照明光源，其特点是定位更精确，但成本较高。蓝影鼠标则是普通光电鼠标搭配蓝光二极管照到透明滚轮上的一种鼠标类型，蓝影鼠标的性能优于普通光电鼠标，低于激光鼠标。

◎ 连接方式：鼠标的连接方式主要有有线、无线和双模式（具有有线和无线两种使用模式）3 种。无线方式又分为蓝牙和多连（指好几个具有多连接功能的同品牌产品通过一个接收器进行操作）两种。图 2-217 所示为常见的无线鼠标和它的无线信号接收器。

图2-217　无线鼠标和无线信号接收器

多学一招

无线鼠标的动力来源

无线鼠标通常通过安装干电池为其提供动力，如图 2-218所示。同样，无线键盘的动力来源通常也是干电池。

图2-218　无线鼠标的动力为干电池

◎ 接口类型：鼠标的接口类型主要有 PS/2、USB 和 USB+PS/2 双接口 3 种。

◎ 按键数：按键数是指鼠标按键的数量，现在鼠标的按键数已经从双键、3键发展到了4键甚至8键乃至更多键。一般来说，按键数越多的鼠标，价格也越高。

2. 鼠标主要的技术参数

鼠标的技术参数主要包括最高分辨率、分辨率可调性、微动开关的使用寿命和人体工学4个。

◎ 最高分辨率：鼠标的分辨率越高，在一定距离内的定位点也就越多，能更精确地捕捉到用户的微小移动，有利于精准定位。

◎ 分辨率可调性：用户可以通过选择挡位来切换鼠标的灵敏度，也就是鼠标指针的移

动速度，现在市场上的鼠标分辨率最多可调8挡。

◎ 微动开关的使用寿命（按键使用寿命）：微动开关的作用是将用户按键的操作传输到计算机中，优质鼠标要求每个微动开关的正常寿命都不低于10万次的单击且手感适中，不能太软或太硬。劣质鼠标按键不灵敏，会给操作带来诸多不便。

◎ 人体工学：人体工学是指工具的使用方式尽量适合人体的自然形态，使用户在工作时身体和精神不需要主动去适应，从而降低因适应工具造成的疲劳感。鼠标的人体工学设计主要是造型设计，分为对称设计、右手设计和左手设计3种类型。

2.9.3 | 键盘的主要性能指标

键盘的主要性能指标也包括基本性能参数和主要技术参数两个方面的内容。

1. 键盘的基本性能参数

键盘的基本性能参数包括以下4个方面。

◎ 产品定位：根据功能、技术类型和用户需求的不同，可以将键盘划分为机械、游戏、超薄、平板、多功能、经济实用和数字等类型，图2-219所示为具有多色背光功能的游戏键盘。

图2-219　游戏键盘

◎ 连接方式：现在键盘的连接方式主要有有线、无线和蓝牙3种。

◎ 接口类型：接口类型主要有PS/2、USB和USB+PS/2双接口3种，其连接方式

都是有线。

◎ 按键数：键盘中按键的数量，标准键盘为104键，现在市场上还有87键、107键及其他按键数的键盘。

2. 键盘的主要技术参数

键盘的主要技术参数包括以下4个方面。

◎ 按键寿命：按键寿命是指键盘中的按键可以敲击的次数，普通键盘的按键寿命都在1000万次以上，如果按键的力度大，频率快，则按键寿命会缩短。

◎ 按键行程：按键行程是指一个键从被按下到恢复正常状态的时间间隔，如果敲击键盘时感到按键上下起伏比较明显，就说明它的按键行程较长。按键行程的长短关系到键盘的使用手感，按键行程较长的键盘会让人感到弹性十足，但使用起来比较费劲；按键行程适中的键盘让人感到柔软舒服；按键行程较短的键盘长时间使用会让

人感到疲惫。

◎ 按键技术：键盘按键所采用的工作方式，目前主要有机械轴、X 架构和火山口架构 3 种。机械轴是指键盘的每一个按键都有一个单独的开关用来控制闭合，这个开关就是"轴"，使用机械轴的键盘也称为机械键盘，机械轴又包含黑轴、红轴、茶轴、青轴等常见类型。X 架构又叫剪刀脚架构，它使用平行四连杆结构代替开关，在很大程度上保证了键盘敲击力道的一致性，使作用力平均分布在键帽的各个部分，敲击力道小而均衡，噪声小、手感好，价格稍高。火山口架构主要由卡位来完成开关的功能，两个卡位的键盘相对便宜，且设计简单，但容易造成掉键或卡键问题；4 个卡位的

键盘比两个卡位的具有更好的稳定性，不容易出现掉键问题，但成本略高。

◎ 防水功能：水一旦进入键盘内部，就会造成损坏，因此具有防水功能的键盘，其使用寿命比不防水的键盘更长，图 2-220 所示为硅胶防水键盘。

图2-220　硅胶防水键盘

2.9.4　选购鼠标与键盘的注意事项

鼠标与键盘是计算机主要的输入设备，也是计算机中最容易损耗的设备。用户在选购鼠标和键盘时，还需要注意下面介绍的相关事项。

1. 选购鼠标的注意事项

在选购鼠标时，用户可先从选择适合自己手感的鼠标入手，然后再考虑鼠标的功能和性能指标等方面。

◎ 手感：鼠标的外形决定了其手感，用户在购买时应亲自试用再做选择。手感的标准包括鼠标表面的舒适度、按键的位置分布以及按键与滚轮的弹性、灵敏度等。对于采用人体工学设计的鼠标，用户还需要测试鼠标的外形是否利于把握，即是否适合自己的手形。

◎ 功能：市场上许多鼠标提供了比一般鼠标更多的按键，这些鼠标可方便用户在手不离开鼠标的情况下处理更多的事情。一般的计算机用户选择普通的鼠标即可，有特殊需求的用户，如游戏玩家，则可以选择按键较多的多功能鼠标。

2. 选购键盘的注意事项

因每个人的手形、手掌大小均不同，因此用户在选购键盘时，不仅需要考虑功能、外观和做工等多方面的因素，还应对产品进行试用，从而找到适合自己的产品。

◎ 功能和外观：虽然键盘上按键的布局基本相同，但各个厂商在设计产品时，一般还会添加一些额外的功能，如多媒体播放按钮和音量调节键等；在外观设计上，优质的键盘布局合理、美观，并会引入人体工学设计，提升产品使用的舒适度。

◎ 做工：从做工上看，优质的键盘面板颜色清爽、字迹显眼，键盘背面有产品信息和合格标签，用手指敲击各按键时，弹性适中、回键速度快且无阻碍、声音低、键位晃动幅度小；键盘表面具有类似于磨砂玻璃的质感，且表面和边缘平整、无毛刺。

2.9.5 鼠标的品牌和产品推荐

以适用类型为分类方式，鼠标可分为经济实用、商务舒适、移动便携、竞技游戏和时尚个性 5 种类型。下面介绍市场上较热门的鼠标品牌和产品。

1. 鼠标的主流品牌

主流的鼠标品牌有双飞燕、雷柏、海盗船、血手幽灵、达尔优、富勒、新贵、雷蛇、罗技、樱桃、狼蛛、明基、微软和华硕等。

2. 鼠标产品推荐

下面介绍几款热门的鼠标产品。

◎ 经济实用——联想 M120Pro：这款鼠标的大小为普通鼠，工作方式为光电，连接方式为无线，接口类型为 USB，按键数为 3，最高分辨率为 1000dpi（dot per inch，点每英寸），人体工学为对称设计，如图 2-221 所示。

图2-221　联想M120Pro

◎ 商务舒适——微软 Sculpt：这款鼠标的大小为普通鼠，工作方式为蓝影，连接方式为无线（蓝牙），按键数为 4，最高分辨率为 1000dpi，人体工学为右手设计，如图 2-222 所示。

◎ 移动便携——罗技 M220：这款鼠标的大小为小鼠，工作方式为光电，连接方式为无线，接口类型为 USB，按键数为 3，最高分辨率为 1000dpi，人体工学为对称设计，如图 2-223 所示。

◎ 竞技游戏——雷柏 VT950：这款鼠标的大

小为大鼠，工作方式为光电，连接方式为有线 / 无线，接口类型为 USB，按键数为 11，最高分辨率为 16000dpi，分辨率可调 7 档，人体工学为对称设计，如图 2-224 所示。

图2-222　微软Sculpt

图2-223　罗技M220

图2-224　雷柏VT950

◎ 时尚个性——联想小新 AIR：这款鼠标的大小为小鼠，工作方式为光电，连接方式为无线（蓝牙），接口类型为 USB，按键数为 3，最高分辨率为 1000dpi，人体工学为对称设计，鼠标颜色为银色，如图 2-225 所示。

图2-225　联想小新AIR

2.9.6　键盘的品牌和产品推荐

下面根据键盘的产品定位，将键盘分为经济实用、机械、游戏、超薄、平板和多功能 6 种类型，并介绍市场上较热门的键盘品牌和产品。

1. 键盘的主流品牌

主流的键盘品牌有双飞燕、雷柏、海盗船、血手幽灵、达尔优、雷蛇、罗技、樱桃、狼蛛、明基、微软、联想和苹果等。

2. 键盘产品推荐

下面介绍几款热门的键盘产品。

◎ 经济实用——雷柏 E1050：这款键盘的连接方式为无线，按键数为 104，按键技术为火山口架构，按键行程为长，采用人体工学设计，具有防水功能，如图 2-226 所示。

图2-226　雷柏E1050

◎ 机械——达尔优机械合金版：这款键盘的连接方式为有线，接口类型为 USB，按键数为 108，按键技术为机械轴（黑／青轴），按键行程为长，按键寿命为 5000 万次，支持背光功能，如图 2-227 所示。

图2-227　达尔优机械合金版

◎ 游戏——雷蛇黑寡妇蜘蛛幻彩版 V2：这款键盘的连接方式为有线，接口类型为 USB，按键数为 109，按键技术为机械轴（Razer 橙轴／绿轴／黄轴），按键行程为长，按键寿命为 8000 万次，采用人体工学设计，支持音频接口和背光功能，如图 2-228 所示。

图2-228　雷蛇黑寡妇蜘蛛幻彩版V2

◎ 超薄——罗技 K780：这款键盘的连接方式为蓝牙，按键数为 104，按键行程为短，采用人体工学设计，支持多媒体快捷键、音频接口，如图 2-229 所示。

图2-229　罗技K780

◎ 平板——罗技 K480：这款键盘的连接方式为蓝牙，按键数为 82，按键技术为火山口架构，按键行程为短，支持多媒体快捷键和防水功能，如图 2-230 所示。

图2-230　罗技K480

◎ 多功能——微软 ALL-in-One：这款键盘
的连接方式为无线，按键数为 84，按键技

术为 X 架构，按键行程为短，采用人体工
学设计，支持多媒体快捷键和防水功能，
集成数位板功能，如图 2-231 所示。

图2-231　微软ALL-in-One

2.9.7 键鼠套装的品牌和产品推荐

键鼠套装是键盘和鼠标的组合产品，性价比非常高，非常适合家庭和办公用户使用，下面介绍
市场上较热门的键鼠套装品牌和产品。

1. 键鼠套装的主流品牌

主流的键鼠套装品牌有双飞燕、雷柏、达
尔优、富勒、新贵、雷蛇、罗技、樱桃、明基、
微软、联想、华硕、优派、鑫谷、海盗船和多彩等。

2. 键鼠套装产品推荐

下面介绍几款热门的键鼠套装产品。

◎ 经济适用——罗技 MK200：这款键鼠套装
的连接方式为有线，接口类型为 USB；键
盘的按键数为 112，按键技术为火山口架
构，按键行程为长，支持多媒体快捷键和
防水功能；鼠标大小为普通鼠，工作方式
为光电，人体工学为对称设计，如图 2-232
所示。

图2-232　罗技MK200

◎ 商务办公——微软 3000：这款键鼠套装的
连接方式为无线；键盘的按键数为 126，
按键技术为火山口架构，按键行程为中，

按键寿命为 1000 万次，支持多媒体快捷
键和防水功能；鼠标的大小为大鼠，工作
方式为蓝影，人体工学为对称设计，如
图 2-233 所示。

图2-233　微软3000

◎ 笔记本——罗技 MK240：这款键鼠套装
的连接方式为无线；键盘的按键数为 79，
按键技术为火山口构架，按键行程为中，
支持防水功能；鼠标的大小为普通鼠，工
作方式为光电，鼠标分辨率为 1000dpi，
按键数为 3，人体工学为对称设计，如
图 2-234 所示。

图2-234　罗技MK240

◎ 竞技游戏——酷冷至尊 MasterSet MS120 RGB：这款键鼠套装的连接方式为有线，接口类型为 USB；键盘的按键数为 104，按键行程为长，按键寿命为 5000 万次，支持防水功能和多媒体快捷键；鼠标的大小为普通鼠，工作方式为光电，鼠标分辨率为 3500dpi，按键数为 6，人体工学为右手设计，如图 2-235 所示。

图2-235 酷冷至尊MasterSet MS120 RGB

前沿知识与流行技巧

1. 西部数据的 4 色硬盘

西部数据的机械硬盘产品包括蓝盘、红盘、黑盘和绿盘 4 种。

◎ 蓝盘：普通硬盘，适合家用，优点是性能较强、价格较低、性价比高；缺点是声音比绿盘略高、性能比黑盘略差。

◎ 红盘：西部数据新推出的针对NAS市场的硬盘，面向的是拥有1~5个硬盘位的家庭或小型企业NAS用户；性能特性与绿盘比较接近，功耗较低、噪声较小，能够适应长时间的连续工作，无论是针对NAS或是RAID都能够拥有突出的兼容性表现。

◎ 黑盘：高性能、大缓存、速度快，代号为LS WD Caviar Black，主要适用于企业、吞吐量大的服务器、高性能计算应用，诸如多媒体视频和相片编辑、高性能游戏计算机。

◎ 绿盘：SATA硬盘，发热量更低、更安静、更环保，节能盘，适合大容量存储，优点是安静、价格低；缺点是性能差、延迟高、寿命短。

2. 计算机的散热器

计算机散热器的种类非常多，CPU、显卡、主板芯片组、硬盘、机箱、电源甚至内存都需要散热器，最常见的是 CPU 的散热器。市场上散热器主要的散热方式有风冷、热管和水冷 3 种，以风冷＋热管为主。风冷＋热管散热器的主要性能指标如下。

◎ 热管数量：热管的散热性能通常由内部的吸液芯的材料和制作工艺决定，但这些通常无法从散热器的产品参数中查看，于是在热管材料一定的情况下，热管的数量越多，可认为散热器的散热性能越好。另外，热管的散热效果还取决于管径，一般来说，管径大的比小的强。

◎ 风扇轴承类型：现在市场上的散热器的风扇轴承类型很多，包括含油轴承、单滚珠轴承、双滚珠轴承、磁悬浮轴承、流体保护系统轴承、液压轴承、气化轴承、来福轴承及纳米陶瓷轴承等，最常用的是液压轴承，其特点是噪声小。

◎ 最大风量：风量是指风冷散热器风扇每分钟送出或吸入的空气总体积，通常用立方英尺来计算，单位是CFM，风量越大的散热器，其散热能力也越高。

◎ **风扇尺寸**：在材质和风量一定的情况下，风扇的尺寸越大，其散热效果越好。

水冷散热器的好处是散热效果突出，它是目前散热效果最好的散热器，但它有致命的缺陷——安全问题。虽然很多水冷散热器号称绝不漏水，但只要一漏水，就可能导致计算机被损坏。此外，水冷散热器需要占用大量的机箱空间，还需要用户耐心细致地进行安装。

3. 网上选购硬件的注意事项

用户在网上购买硬件时，要注意以下几点。

◎ **型号不完整**：商家经常会在配置单上把很多本应该复杂的配置简写，简写的程度也不一，用户会因为这个简写的配置在网上搜索到很多东西，这样一来，用户总是以为商家给的是最好的产品，但其实买到的永远都是最差的产品。

◎ **配置太"奇葩"清库存=利润**：计算机中的散热器、机箱电源很容易被商家利用，例如有些商家把i3 CPU装上水冷散热器，将其称为水冷主机，但其实它的好处只是好看而已；而在电源方面，有些商家会使用不知名小厂生产出来的产品，这些东西常常会给计算机带来很多的隐患，因此用户需要特别注意。

◎ **二手当全新+残次品**："二手当全新的销售"这种坑害用户的情况十分常见，其主要领域是主板和显卡；很多不良商家还会把已经停产的配件硬塞到用户购买的主机中。

4. 选购硬件的技巧

选购硬件有以下技巧。

◎ **货比三家**：不同的商家，同样的硬件，也可能有不同的价格，多对比才能选择出性价比更高的商品。

◎ **便宜莫贪**：通常硬件的价格都很透明，但有的商家会故意把某几样硬件的价格报得比较低，而偷偷抬高其他硬件的价格，因此，用户在选购时要注意评估整机价格。

◎ **尽量找代理**：例如用户想要购买七彩虹的硬件，用户就应尽量找代理这个品牌的专卖店或柜台，否则很多商家会推荐一些利润高但不出名的品牌。如果用户坚持购买七彩虹，商家就会提出到其他公司调货的建议，进而提高产品的价格。

◎ **机箱、电源坚持用名牌**：杂牌电源和机箱可以给商家带来很高的利润，而机箱、电源不好是一个很大的隐患，有可能带来一堆问题，所以在资金允许的情况下，用户最好选用名牌机箱和电源。

第3章

认识和选购多核计算机周边设备

/ 本章导读

对于多核计算机来说，增加更多的周边设备能更好地发挥其功能，为用户的办公、学习和生活带来更多便利。目前，比较常用的计算机周边设备包括多功能一体机、投影机、网卡、声卡、音箱与耳机、路由器、移动存储设备和数码摄像头等。

3.1 认识和选购多功能一体机

现代人们在生活、工作以及学习中，使用打印、复印、扫描和传真的需求较多，但单独购买 **4** 种设备需要花费大量金钱，于是集成多种功能的一体机就产生了。通常，具有以上某两种功能的硬件设备就可被称为多功能一体机。

3.1.1 认识多功能一体机

打印是多功能一体机的基础功能，因为复印和接收传真功能的实现都需要打印功能的支持，所以多功能一体机的类型通常按照打印方式进行划分，主要包括激光、喷墨、墨仓式和页宽 4 种类型。

◎ 激光：激光多功能一体机的打印是利用激光束进行的，其原理是一个半导体滚筒在感光后刷上墨粉再在纸上滚一遍，最后用高温定型将文本或图形印在纸张上，使用的耗材是硒鼓和墨粉。激光多功能一体机分为黑白和彩色两种类型。黑白激光多功能一体机机只能打印黑白文本和图像；彩色激光多功能一体机则可以打印黑白和彩色的图像和文本。黑白激光多功能一体机具有高效、实用、经济等诸多优点；彩色激光多功能一体机虽然耗材的使用成本较高，但工作效率高、输出效果也更好。图 3-1 所示为彩色激光多功能一体机。

图3-1 彩色激光多功能一体机

◎ 喷墨：喷墨多功能一体机通过喷墨头喷出的墨水实现数据打印，其墨水滴的密度完全达到了印刷的铅字质量，使用的耗材是墨盒，墨盒内装有不同颜色的墨水。其主要优点是体积小、操作简单方便、打印噪声低，使用专用纸张时能打印出效果可以和照片媲美的图片。图 3-2 所示为喷墨多功能一体机。

图3-2 喷墨多功能一体机

◎ 墨仓式：墨仓式多功能一体机是指支持超大容量墨仓，可实现单套耗材高打印量和低打印成本的多功能一体机。与喷墨打印不同，墨仓式多功能一体机支持大容量墨盒（也叫外墨盒或墨水仓，该墨盒是原厂生产装配的连续供墨系统），用户可享受包括打印头在内的原厂整机保修服务，彻底解决了使用成本高的问题。图 3-3 所示为墨仓式多功能一体机。

墨水仓

图3-3 墨仓式多功能一体机

◎ 页宽：页宽多功能一体机是指具备页宽打印技术的一体机。页宽打印技术是集喷墨和激光技术的优势为一体的全新一代技术。页宽打印使列印画面更宽阔，节省了墨头来回打印的时间，配合高速传输的纸张，具有比激光打印更高的输出速度，理论上能

降低单位时间内的打印成本，有成为主流一体机类型的前景。图 3-4 所示为页宽多功能一体机。

图3-4 页宽多功能一体机

3.1.2 多功能一体机的性能指标

性能指标是选购多功能一体机的主要参考指标，由于多功能一体机具备多种技术功能，通常将其性能指标分为基础信息、打印功能、复印功能、扫描功能、介质规格和其他参数 6 个部分。

1. 基础信息

多功能一体机的基础信息如下。

◎ 产品定位：主要有多功能商用一体机和多功能家用一体机两种。

◎ 涵盖功能：目前市场上主要有两种多功能一体机，一种涵盖打印、复印和扫描功能；另一种涵盖打印、复印、扫描和传真功能。

◎ 最大处理幅面：幅面是指纸张的大小，目前主要包括 A4 和 A3 两种。个人家庭用户或者规模较小的办公用户，使用 A4 幅面的多功能一体机就可以了；使用频繁或者需要处理大幅面文件的办公用户或者单位用户，可以考虑选择使用 A3 幅面甚至幅面更大的多功能一体机。

◎ 耗材类型：目前市场上主要有 4 种耗材类型，一种是鼓粉分离，硒鼓和墨粉盒是分开的，当墨粉用完而硒鼓有剩余时，只需

更换墨粉盒就行，可以节省费用；一种是鼓粉一体，硒鼓和墨粉盒为一体设计，优点是更换方便，但当墨粉用完硒鼓有剩余时，需整套更换；一种是分体式墨盒，将喷头和墨盒设计分开，不允许用户随意添加墨水，因此重复利用率不太高，价格较为便宜；一种是一体式墨盒，将喷头集成在墨盒上，可以长期保障较高输出质量，但价格也较高。

2. 打印功能

多功能一体机打印功能的好坏主要体现在以下性能指标上。

◎ 打印速度：打印速度指打印机每分钟可输出多少页，通常用 ppm（pages per minute，页每分钟）和 ipm（images per minute，图像每分钟）这两个单位来衡量。

这个指标数值越大，表示打印机的工作效率越高，又可具体分为黑白打印速度和彩色打印速度两种类型，通常彩色打印速度要比黑白打印慢一些。

◎ 打印分辨率：打印分辨率是判断打印输出效果好坏的一个直接依据，也是衡量打印输出质量的重要参考标准。通常打印分辨率以 dpi 为单位，分辨率越高的打印设备打印效果越好。

知识提示

纸张处理能力

若多功能一体机打印时同时支持多个不同类型的输入、输出纸盒，且打印纸张存储总容量超过10000张，另外还能附加一定数量的标准信封，则说明该打印机的实际纸张处理能力很强。使用这种类型的打印设备可在不更换托盘的情况下支持各种不同尺寸的打印工作，减少更换、填充打印纸张的次数，从而有效提高打印设备的工作效率。

◎ 预热时间：预热时间是指打印机从接通电源到正常运行所消耗的时间。通常个人型激光打印机或者普通办公型激光打印机的预热时间都在 30s 左右。

◎ 打印负荷：打印负荷是指打印工作量，这一指标决定了打印机的可靠性。这个指标通常以月为衡量单位，打印负荷多的打印机比打印负荷少的可靠性要高许多。

3. 复印功能

体现多功能一体机复印功能的性能指标主要包含以下几项。

◎ 复印分辨率：复印分辨率是指每英寸复印对象是由多少个点组成，其直接关系到复印输出文字和图像质量的好坏。

◎ 连续复印：连续复印是指在不对同一复印原稿进行多次设置的情况下，多功能一体机可以一次连续完成复印的最大数量。连续复印的标识方法为"1 ~ X 张"，"X"代表该一体机连续复印的最大能力，连续复印的张数和产品的档次有直接的关系。

◎ 复印速度：复印速度是指多功能一体机在进行复印时每分钟能够复印的张数，单位是 cpm（copies per minute，每分钟复印张数）。多功能一体机的复印速度通常和打印速度一样，一般不超过打印速度。

◎ 缩放范围：缩放范围是指多功能一体机能够对复印原稿进行放大和缩小的比例范围，使用百分比表示。市场上主流的多功能一体机的常见缩放范围有 25% ~ 200%、50% ~ 200%、25% ~ 400% 和 50% ~ 400% 等。

4. 扫描功能

多功能一体机扫描功能的好坏主要体现在以下性能指标上。

◎ 扫描类型：扫描类型通常按扫描介质和用途的不同进行划分，一般有平板式、书刊、胶片、馈纸式和 3D 等类型，多功能一体机主要以平板式为主。扫描速度通常也以 ppm 来衡量。

◎ 扫描元件：扫描元件的作用是将扫描的图像光学信号转变成电信号，再由模拟数字转换器（A/D）将这些电信号转变成计算机能识别的数字信号。目前多功能一体机采用的扫描元件有 CCD（Charge-Coupled Device，光电耦合传感元件）和 CIS（Contact Image Sensor，接触式图像传感器）两种，其生产成本相对较低，扫描速度相对较快，扫描效果能满足大部分工作的需要。

◎ 光学分辨率：光学分辨率是指多功能一体机在实现扫描功能时，通过扫描元件的每英寸扫描对象可以被表示成的点数，其单位为

dpi，数值越大，扫描的分辨率越高，扫描图像的品质越好。光学分辨率通常用垂直分辨率和水平分辨率相乘表示，如某款产品的光学分辨率标识为 600dpi×1200dpi，表示可以将扫描对象每平方英寸的内容表示成水平方向 600 点、垂直方向 1200 点，两者相乘共 720000 个点。

◎ **色彩深度和灰度值**：色彩深度是指多功能一体机所能辨析的色彩范围，较高的色彩深度位数可保证扫描保存的图像色彩与实物的真实色彩尽可能一致，且图像色彩更加丰富；灰度值则是进行灰度扫描时对图像由纯黑到纯白整个色彩区域进行划分的级数，软件在编辑图像时一般都使用 8bit，即 256 级，而主流扫描仪通常为 10bit，最高可达 12bit。

◎ **扫描兼容性**：扫描兼容性是指扫描产品共同遵循的规格，是应用程序与影像捕捉设备间的标准接口。目前的扫描类产品都要求能够支持 TWAIN（Technology Without An Interesting Name）的驱动程序，只有支持 TWAIN 的产品才能够在各种应用程序中正常使用。

5. 介质规格

多功能一体机的主要介质就是纸，因此，纸的各种规格就成了衡量一体机好坏的性能指标之一。

◎ **介质类型**：介质类型就是多功能一体机所支持的纸的类型，包括普通纸、薄纸、再生纸、厚纸、标签纸和信封等。

◎ **介质尺寸**：介质尺寸是指多功能一体机最大能够处理的纸张的大小，一般多用纸张的规格来标识，例如 A3、A4 等。

◎ **介质重量**：介质重量是指纸的重量，通常以每平方米的克重为单位（g/m^2）。

◎ **进纸盒容量**：进纸盒是指的多功能一体机上用来装打印纸的部件，放在进纸盒内的纸张，在多功能一体机进行工作时能够自动进纸，进行打印。进纸盒容量指的是进纸盒最多能够装多少张纸，该指标是一体机纸张处理能力强弱的评价标准之一，还可间接衡量一体机自动化程度的高低。

◎ **输出容量**：输出容量是指多功能一体机输出的纸张数量，纸张类型不同，输出容量也不同。

6. 其他参数

还有一些其他相关参数也是用户选购多功能一体机时需要考虑的。

◎ **系统平台**：系统平台是指多功能一体机可以在其中运行和工作的操作系统。能够适用的操作系统越多，多功能一体机的适用性就越强，能够应用的范围也就越广。

◎ **接口类型**：接口类型是指多功能一体机与计算机进行连接的方式。目前多功能一体机的接口类型有并口（Centronics，或称为 IEEE 1284）、串口（或称为 RS-232 接口）和 USB 接口 3 种。USB 接口速度快、连接方便，是目前多功能一体机的主流接口类型，一些多功能一体机甚至使用 USB 3.0/3.1 接口。

◎ **网络性能**：网络性能是指多功能一体机在进行网络工作时所能达到的处理速度、在网络上的安装操作方便程度、对其他网络设备的兼容情况以及网络管理控制功能等。

◎ **工作音量**：噪声指的是非自然固有的、并且超出了一定限度的声音，其单位是 dB。办公室中超过 60dB 的声音就可以算是噪声，多功能一体机在待机和工作时，都会产生一定的声音，如果声音变成噪声，会影响办公环境，甚至危害人体健康，所以多功能一体机的工作音量也成了衡量其性能优劣的一个技术指标。

◎ **传真功能参数**：多功能一体机的传真功能通常有两个性能参数可以作为选购参考：

第 3 章

第
一
部
分

一个是传真分辨率，指多功能一体机对需要传真的稿件进行扫描时能够达到的清晰程度，使用 dpi 来进行标识；另一个是调制解调器速度，指联结两个调制解调器之间的电话线上数据的传输速率，单位是 bit/s。

 多学一招

多功能一体机的其他非决定性参数

　　多功能一体机还有一些非决定性的参数也可以作为选购的参考。如是否具备显示屏，整机重量、耗电量和尺寸大小，是否具备节能认证，是否具备安全功能等。

3.1.3　选购多功能一体机的注意事项

选购多功能一体机时，理性选购是最重要的技巧，同时应该注意以下一些事项。

◎ 明确使用目的：在购买之前，用户要首先明确购买多功能一体机的目的，也就是明确需要多功能一体机具备哪些功能。例如，很多家庭用户需要打印照片，那么就需要在彩色打印方面比较出色的产品；而用于办公商用的多功能一体机，除了注重文本打印能力外，还需要具备文件复印和收发传真的能力。

◎ 综合考虑性能：每一款多功能一体机都有其产品定位，某些文本打印能力更佳，某些则更偏重于复印文件。在购买时，需综合考虑使用要求再选择。

◎ 考量售后服务：售后服务是用户挑选多功

能一体机时必须关注的内容之一。一般而言，多功能一体机销售商会承诺一年的免费维修服务，但多功能一体机体积较大，因此最好要求生产厂商在全国范围内提供免费的上门维修服务；若厂商没有办法或者无力提供上门服务，维修将变得很麻烦。

◎ 考虑整机价格：价格绝对是选购多功能一体机的重要指标。尽管"一分价钱一分货"是市场经济竞争永恒不变的规则，但对于许多用户来说，价格指标往往左右着他们的购买欲望。建议用户尽量不要选择价格太高的产品，因为价格越高，其性价比普遍越低。

3.1.4　多功能一体机的品牌和产品推荐

多功能一体机的类型比较多，下面以打印机型号为标准，分别介绍市场上较热门的多功能一体机品牌和产品。

1. 多功能一体机的主流品牌

主流的打印机品牌有惠普、佳能、兄弟、爱普生、三星、富士施乐、理光、联想、奔图、京瓷、利盟、方正和新都等。

2. 多功能一体机产品推荐

下面分别介绍几款热门的多功能一体机产品。

◎ 黑白激光——联想 M101DW：这款多功能一体机类型为黑白激光，产品定位为家用/商用，功能包括打印/复印/扫

描，最大处理幅面为 A4，耗材类型为鼓粉分离，支持无线网络/微信/百度网盘打印，黑白打印速度为 26ppm，打印分辨率为 600dpi×600dpi，复印分辨率为 600dpi×600dpi，连续复印为 1 ~ 99 页，缩放范围为 25% ~ 400%，扫描类型为平板式，光学分辨率为 600dpi×600dpi，介质尺寸为 A4 ~ A6，支持 macOS/Windows/Linux 操作系统，接口类型为 USB 2.0，产品重量为 9.6kg，如图 3-5 所示。

图3-5　联想M101DW

◎ 彩色激光——惠普 M181fw：这款多功能一体机类型为彩色激光，产品定位为商用，功能包括打印 / 复印 / 扫描 / 传真，最大处理幅面为 A4，支持无线 / 有线网络打印，黑白 / 彩色打印速度为 16ppm，打印分辨率为 600dpi×600dpi，月打印负荷大约 3 万页，复印速度为黑白 / 彩色 16cpm，复印分辨率为 600dpi×600dpi，连续复印为 1 ~ 99 页，缩放范围为 25% ~ 400%，扫描类型为平板 + 馈纸式，扫描速度为 14ppm，光学分辨率为平板 1200dpi×1200dpi，扫描尺寸为平板 215.9mm×297mm，传真分辨率为 300dpi×300dpi，介质类型为普通纸张 / 投影胶片 / 标签 / 信封 / 卡片，介质重量为 60g/m^2 ~ 163g/m^2，进纸盒容量为 150 页，支持 Windows/Linux 操作系统，具备两行 LCD，接口类型为 USB 2.0/RJ-45 网络接口 / 传真端口，整机重量为 16.3kg，工作噪声最大为 49dB，如图 3-6 所示。

图3-6　惠普M181fw

◎ 喷墨——佳能 MP288：这款多功能一体机类型为喷墨，产品定位为家用，功能包括打印 / 复印 / 扫描，最大处理幅面为 A4，黑白打印速度为 8.4ipm，彩色打印速度为 4.8ipm，打印分辨率为 4800dpi×1200dpi，复印速度为 2.6cpm，连续复印为黑白 1 ~ 9 页 / 彩色 1 ~ 20 页，支持缩放，扫描类型为平板式，扫描元件为 CIS，光学分辨率为 1200dpi×2400dpi，色彩深度为彩色 48 位输入 /24 位输出，介质尺寸为 A4/A5/B5，支持 macOS/Windows 操作系统，接口类型为 USB 2.0，整机重量为 5.5kg，如图 3-7 所示。

图3-7　佳能MP288

◎ 墨仓式——爱普生 L3151：这款多功能一体机类型为墨仓式，产品定位为家用，功能包括打印 / 复印 / 扫描，耗材类型为一体式墨盒，支持无线网络打印，黑白打印速度为 33ppm，彩色打印速度为 15ppm，复印分辨率为 300dpi×600dpi，扫描类型为平板式，扫描元件为 CIS，光学分辨率为 600dpi，色彩深度为彩色 48 位输入 /24 位输出，介质重量为 64g/m^2 ~ 90g/m^2，进纸盒容量为 100 页，支持 Windows 操作系统，接口类型为 USB，整机重量为 3.9kg，如图 3-8 所示。

图3-8　爱普生L3151

第 1 部分

◎ 页宽——HP 477dw：这款多功能一体机类型为页宽，产品定位为商用，功能包括打印/复印/扫描/传真，最大处理幅面为 A4，支持无线/有线网络打印，黑白打印速度为 40ppm，彩色打印速度为 55ppm，黑白打印分辨率为 1200dpi×1200dpi，月打印负荷最高 5 万页，复印速度为 55ppm，复印分辨率为 600dpi×600dpi，连续复印为 1 ~ 99 页，缩放范围为 25% ~ 400%，扫描类型为平板+馈纸式，扫描速度为 25ipm，光学分辨率为平板 1200dpi×1200dpi，扫描尺寸为平板 216mm×356mm，色彩深度为 24 位，传真分辨率为黑白 300dpi×300dpi，介质类型为普通纸张/相纸/标签/信封/卡片，介

质重量为 60g/m² ~ 120g/m²，进纸盒容量为 500 页，支持 Windows/Linux 操作系统，具备彩色图形触摸显示屏，接口类型为 USB 2.0/RJ-45 网络接口/传真端口，整机重量为 22.15kg，工作噪声最大为 56dB，如图 3-9 所示。

图3-9　HP 477dw

3.2 认识和选购投影机

投影机是一种可以将图像或视频投射到幕布上的设备，可以通过不同的接口同计算机和摄像机等设备相连接，并播放相应的视频信号。投影机广泛应用于家庭、办公室、学校和娱乐场所。

3.2.1 投影机的常见类型

投影机的分类方式较多，根据使用环境和市场定位，可将其划分为家用投影机、商务投影机、智能微型投影机、工程投影机、教育投影机和影院投影机（电影院数字放映机）6 种类型。

◎ 家用投影机：家用投影机主要针对视频进行优化处理，其特点是亮度都在 1000 流明左右，对比度较高，投影的画面宽高比多为 16∶9，各种视频端口齐全，适合播放电影和高清晰度电视节目，适于家庭用户使用，如图 3-10 所示。

◎ 商务投影机：一般把重量低于 2kg 的投影机定义为商务投影机，重量跟轻薄型笔记本电脑不相上下。商务投影机的优点有体积小、重量轻、移动性强，是传统的幻灯机和大中型投影机的替代品，轻薄型笔记本电脑跟商务投影机的搭配是移动商务

用户在进行移动商业演示时的首选，如图 3-11 所示。

图3-10　家用投影机

图3-11　商务投影机

◎ 智能微型投影机：智能微型投影机又称便携式投影机，其外观比商务投影机更小巧，它把传统庞大的投影机精巧化、便携化、微小化、娱乐化、实用化，使投影技术更加贴近生活和娱乐，具有商务办公、教学、代替电视等功能，如图3-12所示。

图3-12　智能微型投影机

◎ 工程投影机：相比主流的普通投影机来说，工程投影机的投影面积更大、距离更远、光亮度更高，一般还支持多灯泡模式，能更好地应付大型多变的安装环境，对于教育、媒体和政府办公等领域都很适用，如图 3-13 所示。

图3-13　工程投影机

◎ 教育投影机：教育投影机一般定位于学校和企业应用，采用主流的分辨率，亮度为 2000~3000 流明，重量适中，散热和防尘效果较好，便于安装和短距离移动，功能接口比较丰富，容易维护，性价比也相对较高，适合大批量采购普及使用，如图 3-14 所示。

图3-14　教育投影机

◎ 影院投影机：影院投影机更注重稳定性，强调低故障率，其散热性能、网络功能、便捷性都很强。当然，为了适应各种专业应用场合，其最主要的特点还是高亮度，一般可达 5000 流明以上，高者可超 10000 流明。由于体积庞大，重量也大，影院投影机通常用在特殊场所，例如剧院、博物馆、大会堂、公共区域，还可应用于监控交通、公安指挥中心、消防和航空交通控制中心等场景，如图 3-15 所示。

图3-15　影院投影机

第3章

第一部分

3.2.2 投影机的性能指标

投影机的性能指标是指能够展示投影机性能的主要参数。

1. 投影技术

投影技术是指投影机所采用的投影技术原理，目前市场上主流的投影技术分为 3 大系列，分别是 LCD（Liquid Crystal Display，液晶投影机）、DLP（Digital Lighting Process，数字光处理）和 LCOS（Liquid Crystal on Silicon，液晶附硅）。

◎ LCD：LCD 采用透射式投影技术，目前最为成熟，投影画面色彩还原真实鲜艳，色彩饱和度高，光利用效率很高。LCD 比用相同功率光源灯的 DLP 投影机有更高的 ANSI 流明光输出，目前市场高流明的投影机主要以 LCD 为主。LCD 的缺点是对黑色层次的表现不是很好，对比度一般都在 500:1 左右，可以明显看到投影画面的像素结构。LCD 按照液晶板的片数，又分为 3LCD 和 LCD 两种类型，目前市场上较多的是 3LCD 产品。

◎ DLP：DLP 投影机反射式投影技术，是现在高速发展的投影技术，可以使投影图像灰度等级、图像信号噪声比大幅度提高，画面质量细腻稳定，尤其在播放动态视频时图像流畅、没有像素结构感、形象自然、数字图像还原真实精确。在投影机市场，单片式 DLP 投影机凭借性价比的优势统领了大部分低端市场，在高端市场中 3DLP 技术则掌握着绝对的话语权，目前日益流行的 LED 微型投影机也大多采用 DLP 技术。

◎ LCOS：LCOS 是一种全新的数码成像技术，它采用半导体 CMOS 集成电路芯片作为反射式 LCD 的基片，CMOS 芯片上涂有薄薄的一层液晶硅，控制电路置于显示装置的后面，可以提高透光率，从而实现更大的光输出和更高的分辨率。LCOS 投影技术最大的特色在于其面板的下基板采用矽晶圆 CMOS 基板，比较容易达成高解析度的面板；LCOS 为反射式技术，可产生较高的亮度；LCOS 光学引擎因为产品零件简单，因此具有低成本的优势。但是 LCOS 技术本身还有许多技术问题有待解决，如黑白对比不佳、LCOS 光学引擎体积较大等，因此虽然 LCOS 拥有一些技术上的优势，但未能成为投影机的主流技术。

2. 光源类型

投影机光源是投影机的重要组成部分，主要是指投影灯泡。作为投影机的主要消耗品，投影机灯泡使用寿命是选购投影机时必须考虑的重要因素。投影机的光源经历了从传统灯泡光源（包括氙灯、超高压汞灯和金属卤素灯）到现在的 LED 光源和激光光源的发展历程。

◎ 氙灯：用于产生液晶投影器的光源，在灯泡的石英泡壳中冲入氙气，是一种演色性相当好的光源。在使用寿命上，氙灯比超高压汞灯和金属卤素灯短，不过其超高亮度与宽广的输出功率范围使其可以应用在高端或大型的投影机上。

◎ 超高压汞灯：用于生产液晶投影器的光源，原灯管通电后，极间距间产生高电位差的同时产生高热，将汞汽化，汞蒸气在高电位差下，受激发而放电。其优点为发光亮度高，使用寿命长，所以目前市场上的 LCD 投影机大多是采用超高压汞灯。

◎ 金属卤素灯：用于产生液晶投影器的光源，利用极间距通过电流所形成的电子束与气体分子碰撞，激发产生光线。其优点为色温高、使用寿命长与发光效率高，缺点是功率大和耗电量高。目前金属卤素灯的点灯方式分为交流、直流和高频 3 种。

知识提示

传统光源的优劣

传统光源在技术上更加成熟，亮度高，最高可达上万流明，色彩调整的空间很大，适应面更广，最重要的一点是价格低廉，在很大程度上降低了成本。传统光源最大的缺点是寿命短，正常使用情况下的使用寿命一般在 4000h~6000h，与其他光源相比差很多，而且在使用过程中有可能出现炸灯现象。

◎ LED：LED 光源的成像结构更加简单，有效缩小了投影机的体积，降低了耗电量，使 LED 光源投影机更加便携。LED 光源的寿命较长，一般在上万小时左右。亮度可以说是 LED 光源最大的弊端，如果想要实现和普通灯泡光源一样的亮度，LED 光源的产品体积需要更大，并且成本很高。目前主流的 LED 光源投影机以几百流明高清投影机为主，可为小型商务、个人娱乐带来很大的便利。

◎ 激光：激光光源具有波长可选择性大和光谱亮度高等特点，可以达到人眼所见自然界颜色 90% 以上的色域覆盖率，实现完美的色彩还原。激光光源还有超高的亮度和较长的使用寿命，大大降低了后期的维护成本。由于技术和成本问题，目前市场上主要使用的是单蓝色激光光源（RGB 三色激光造价过高，仅在专业领域有所使用），同时由于定价过高，普及程度并不理想。激光光源是未来投影光源发展的必然趋势，不管是传统的商务和教育市场，还是风头正盛的工程和家用市场，激光光源都有巨大的潜力可挖。

知识提示

投影机光源发展方向

传统光源和 LED 光源依旧凭借着各自的优势在自己主打的领域占有很大的份额。激光光源在短期内想要取代传统光源和 LED 光源是不可能的。当然，激光光源是未来发展的趋势。随着技术的不断革新，激光光源将会在投影界普及，到时定会引发显示技术大革命，从而颠覆传统显示领域。

3. 其他性能指标

其他一些性能指标也能作为选购投影机的参考标准，如亮度、对比度、标准分辨率和灯泡寿命等。

◎ 亮度：亮度是投影机的主要技术指标之一，通常以光通量来表示。光通量是描述单位时间内光源辐射产生视觉响应强弱的能力，单位是流明。LCD 投影机依靠提高光源效率、减少光学组件能量损耗、提高液晶面板开口率和加装微透镜等技术手段来提高亮度；DLP 投影机通过改进色轮技术、改变微镜倾角和减少光路损耗等手段来提高亮度。目前大多数投影机的亮度已经达到 2000 流明以上。

多学一招

影响投影机亮度的其他因素

使用环境的光线条件、屏幕类型等因素同样会影响投影机亮度，同样的亮度，在不同环境的光线条件下和不同的屏幕类型上都会产生不同的显示效果。由于投影机的亮度很大程度上取决于投影机中的灯泡，而灯泡的亮度输出会随着使用时间而衰减，所以使用时间长了以后必然会造成亮度下降。

◎ 对比度：对比度对视觉效果的影响非常大，通常对比度越高，图像越清晰醒目，色彩也越鲜明艳丽；而对比度低，则会让整个画面看起来灰蒙蒙的。高对比度对图像的清晰度、细节表现、灰度层次表现都有很大帮助。目前大多数 LCD 的对比度都在 400∶1 左右，而大多数 DLP 投影机对比度都在 1500∶1 以上，对比度越高的投影机价格越高。但如果仅用投影机演示文字和黑白图片，则对比度在 400∶1 左右的投影机就可以满足需要，如果用来演示色彩丰富的照片和播放视频动画，则最好选择 1000∶1 以上的高对度投影机。

◎ 标准分辨率：标准分辨率是指投影机投出的图像原始分辨率，也叫真实分辨率和物理分辨率，其对应的是压缩分辨率。决定图像清晰程度的是标准分辨率，决定投影机的适用范围的是压缩分辨率。通常用标准分辨率来评价 LCD 的档次，目前市场上应用最多的为标清（分辨率 800px×600px/1024px×768px）、高清（1920px×1080px/1280px×800px/1280px×720px）和超高清（4096px×2160px/1920px×1200px）。分辨率的选择应按实际投影内容决定，若所演示的内容以一般教学及文字处理为主，则选择标清或高清即可；若演示精细图像（如图形设计），则需选购高清或超高清。

◎ 灯泡寿命：灯泡作为投影机的主要消耗材料，在使用一段时间后亮度会迅速下降直到无法正常使用。一般的投影机灯泡寿命为 2000h~4000h，LED 投影机灯泡寿命在 2 万小时以上。

◎ 变焦比：变焦比是指变焦镜头的最短焦距和最长焦距之比，通常变焦比越大，投影出的画面就越大。但投影机的变焦比并不是越大越好，还要与该机型的亮度、分辨率等因素结合起来考量。如果投影机本身亮度和分辨率不高，而变焦比很大，那么就不适合调到最大投影画面尺寸，因为这样容易导致画面不清晰，影响视觉效果。

◎ 投影比：投影比主要是指投影机到屏幕的距离与投影画面大小的比值，通过投影比，可以直接换算出某一投影尺寸下的投影距离。如投影比为 1.2 的投影机，投射 100in（约 254cm）画面时的距离大概是 100×2.54×1.2cm，通常情况下，投影比越小，投影距离越短。在投影机的使用说明书中，投影比并不是一个固定的数值，而是一个范围，根据投影机的实际使用情况而定。相对而言，短焦投影机的投影比更小。

◎ 投影距离：投影距离指投影机镜头与屏幕之间的距离。在实际应用中，在狭小的空间要获取大画面，需要选用配有广角镜头的投影机，这样就可以在较短的投影距离内获得较大的投影画面尺寸；在影院和礼堂等投影距离很远的情况下，要想获得合适大小的画面，就需要选择配有远焦镜头的投影机，这样即便在较远的投影距离中也可以获得合适尺寸的画面，不至于画面太大而超出幕布大小。普通的投影机为标准镜头，适合大多数用户使用。

3.2.3 家用与商用投影机的不同选购策略

不同类别的投影机侧重点不同，适用的人群、范围等都有极大的区别，投影机最大的两个应用类型为家用和商用，下面就介绍这两种不同类型投影机的选购策略。

1. 家用投影对亮度要求较低

目前商用投影机的亮度普遍都在 2000 流明以上，如果用于投影的区域面积较大，则要求投影机的亮度要达到 3000 流明以上。但是用户常选购的高清 720P 或者 1080P 投影机，亮度普遍都是在 1000 流明左右。不管对于什么场合使用的投影机，亮度都不是越高越好。投影机和其他的电子设备不同，参数够用就好。

而家用投影机更多则是采用 LCD 显示技术，对比而言，现在 DLP 投影机大多采用单片 DLP 芯片，而 LCD 更多采用的是 3LCD 显示技术，显示的画面虽然不是特别锐利，但是画质更为出色，色彩还原性较好，更适合家庭观看电影、照片等需要。

当然，采用 LCD 显示技术的商用投影机和采用 DLP 显示技术的家用投影机也很多。但是相比之下，采用 LCD 显示技术的商用投影机更适合对色彩要求较高的设计类公司使用，而采用 DLP 显示技术的高清家用投影机对比度则普遍达到 5000:1 以上，相比于普通商用投影机在画面细节上有了大幅度地提升。

所以，从对画质的要求上来讲，只有选择专业的高清家用投影机才能满足家庭高清观影需要，达到理想的效果。

2. 其他方面的差别

在其他方面，商用投影机和家用投影机也有很大的差别。虽然这种差别影响不是很大，但是对于对投影要求较高的用户来说仍然不可忽略。

在接口设计上，家用投影机更适合多媒体娱乐需要。最显而易见的便是现在的家用投影机都带有 HDMI，观看高清节目较为方便，而 HDMI 在商用投影机和教育投影机上则较为罕见，用户如果想使用商用投影机观看高清视频，还需要经过烦琐的转换。

商用投影机和家用投影机在功能设计上差别很大，在商用投影机的操作菜单上，通常对演示功能进行了较多的设计；而家用投影机的菜单更多的则是对色温、对比度、显示模式等方面的调节。

总之，商用的投影机主要针对商业文件演示，文字表现能力较为优秀，且灯泡使用寿命更长，防尘能力强，总体更为耐用，但是在色彩方面略差于 LCD 投影技术的投影机。当然商用投影机也有用 LCD 技术的。而家用的投影机绝大多数都是采用 LCD 技术，色彩表现力等更优秀，适合于看电影等娱乐活动。

3.2.4　投影机的品牌和产品推荐

下面以市场定位为标准，根据不同的分类，分别介绍市场上较热门的投影机品牌和产品。

1. 投影机的主流品牌

主流的投影机品牌有明基、爱普生、松下、NEC、极米、奥图码、索尼、坚果、优派、小米、富可视和当贝等。

2. 投影机产品推荐

下面分别介绍几款热门的投影机产品。

◎ 家用——坚果 G7：这款投影机的投影技术为 DLP，亮度为 700 流明，对比度为 3000：1，标准分辨率为 1920px×1080px，光源类型为 LED，投射比为 1.2:1，投影尺寸为 30in ～ 300in，投影方式为正投 / 背投 / 侧投 / 吊顶，支持 HDMI/RJ-45/USB 2.0/USB 3.0 接口，支持无线和蓝牙，产品噪声小于 30dB，产品重量为 1.2kg，如图 3-16 所示。

图3-16　坚果G7

◎ 商务——明基 E580：这款投影机的投影技术为 DLP，亮度为 3500 流明，对比度为 12000:1，标准分辨率为 1920px×1080px，最高分辨率为 1920px×1200px，灯泡功率为 200W，灯泡寿命为正常模式 5000 小时、经济模式 10000h，变焦比为 1.1X，投影比为 1.55～1.7，投影尺寸为 60in～120in，屏幕比例为 16:10，支持 HDMI/VGA/USB 接口，支持无线和蓝牙，产品噪声最大为 33dB，产品重量为 2.6kg，如图 3-17 所示。

图3-17　明基E580

◎ 智能微型——坚果极越 A6：这款投影机的投影技术为 LCD，亮度为 300 流明，对比度为 10000:1，标准分辨率为 1280px×800px，灯泡类型为 LED，灯泡寿命为正常模式 30000 小时，变焦比为 1.1X，投影比为 1.6:1，投影尺寸为 30in～300in，屏幕比例为 16:9，支持 HDMI/VGA/USB 2.0/RJ-45 接口，支持无线，产品噪声小于 30dB，产品重量为 2kg，如图 3-18 所示。

图3-18　坚果极越A6

◎ 工程——爱普生 CB-2255U：这款投影

机的投影技术为 3LCD，亮度为 5000 流明，对比度为 15000:1，标准分辨率为 1920px×1200px，光源类型为超高压汞灯，灯泡功率为 300W，灯泡寿命为正常模式 5000 小时、经济模式 10000h，变焦比为 1.6X，投影尺寸为 50in～300in，屏幕比例为 16:10，投影方式为正投/背投/吊顶，支持 HDMI/USB 2.0/RJ-45/VGA 接口，支持无线，产品噪声在经济模式下为 29dB，产品重量为 4.7kg，如图 3-19 所示。

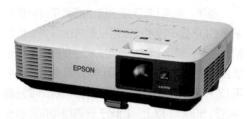

图3-19　爱普生CB-2255U

知识提示

环境大小与投影机的选择

40m²~50m²的房间或会客厅，投影机亮度建议选择800~1200流明，幕布选择60in~72in（152cm~183cm）；60m²~100m²的小型会议室或标准教室，投影机亮度选择1500~2000流明，幕布选择80in~100in（203cm~254cm）；120m²~200m²的中型会议室和阶梯教室，投影机亮度选择2000~3000流明，幕布选择120in~150in（305cm~381cm）；300m²的大型会议室或礼堂，投影机亮度选择3000流明以上，幕布选择200in（508cm）以上。

◎ 教育——明基 MS3081：这款投影机的投影技术为 DLP，亮度为 3000 流明，对比度为 7000:1，标准分辨率为 800px×600px，最高分辨率为 1600px×1200px，变焦比为 1.1:1，投影比为 1.86～2.04，投影尺寸为 35in～300in，屏幕比例为 4:3，支持 VGA／USB 接口，支持无线，产品噪声在经济模式为 28dB、正常模式为 33dB，产品重量为 1.8kg，如图 3-20 所示。

图3-20 明基MS3081

◎ 影院——DHN DU8300：这款投影机的投影技术为 DLP，亮度为 8300 流明，对比度为 200000：1，标准分辨率为 1920px× 1200px，光源类型为激光，光源寿命

为 20000h，变焦比为 1.8X，投影比为 0.3 ~ 2.52:1，投影尺寸为 60in ~ 300in，屏幕比例为 16:10，投影方式为正投 / 背投 / 桌上 / 吊顶，支持 HDMI/VGA/USB 2.0/ RJ-45/DP/DVI/BNC 接口，产品噪声为 42dB，产品重量为 25kg，如图 3-21 所示。

图3-21 DHN DU8300

3.3 认识和选购网卡

网卡又称为网络卡或者网络接口卡，其英文全称为 **Network Interface Card**，简称为 **NIC**，网卡的主要功能是帮助计算机连接到互联网。现在很多主板都集成了网络芯片，然后通过该芯片控制的接口连接到网络，但其他各种有线和无线网卡的使用仍非常普遍。

3.3.1 有线网卡和无线网卡

网卡的种类有很多，根据不同的标准有不同的分类方法。通常将网卡分为有线和无线两种。

1. 有线网卡

有线网卡是必须连接网络连接线才能访问网络的网卡，主要包括以下 3 种类型。

◎ 集成网卡：集成网卡就是集成在主板上的网络芯片，现在的主板上都有集成网卡，它也是现在计算机的主流网卡类型。图 3-22 所示为主板集成的 AQUANTIA 网卡。

◎ PCI 网卡：PCI 网卡的接口类型为 PCI，分为 PCI、PCI-E 和 PCI-X 3 种，具有价格低廉和工作稳定等优点。PCI 网卡主要由网络芯片（用于控制网卡的数据交换，将数据信号进行编码传送和解码接收等）、网线接口和金手指等组成，如图 3-23 所示。网卡的常见网络接口是 RJ-45，用于双绞

线的连接，现在很多网卡也采用光纤接口（有 SFP 和 LC 两种接口类型），图 3-24 所示为光纤接口网卡。

图3-22 主板集成的AQUANTIA网卡

图3-23　普通PCI网卡

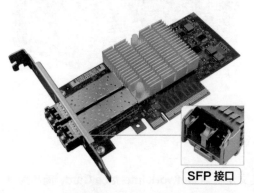

图3-24　光纤接口网卡

◎ USB 网卡：USB 网卡的特点是体积小巧，携带方便，可以插在计算机的 USB 接口中，然后通过 RJ-45 或光纤接口连接网线使用，非常适合经常在有线网络环境中使用笔记本电脑或平板电脑的用户，如图 3-25 和图 3-26 所示。

图3-25　光纤接口的USB网卡

图3-26　RJ-45接口的USB网卡

2. 无线网卡

无线网卡是在无线网络信号覆盖下，通过无线连接网络进行上网的无线终端设备，主要有两种类型。

◎ PCI 无线网卡：PCI 无线网卡需要安装在主板的 PCI 插槽中使用，如图 3-27 所示。

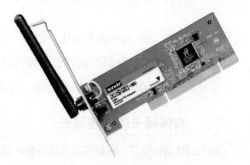

图3-27　PCI无线网卡

◎ USB 无线网卡：USB 无线网卡可直接插入计算机的 USB 接口，如图 3-28 所示。

图3-28　USB无线网卡

3.3.2　选购网卡的注意事项

选择一款性能好的网卡能保证网络稳定正常地工作。在选择网卡时，用户需要关注以下几点。

◎ 传输速率：传输速率是指网卡与网络每秒交换数据的速度，主要有10Mbit/s、100Mbit/s、1000Mbit/s 和 10000Mbit/s 等几种。

经认证或授权的厂商无权生产网卡。

◎ **网卡的做工**：正规厂商生产的网卡做工精良、用料扎实、走线精细，金手指光泽明亮无晦涩感，很少出现虚焊现象。

◎ **网卡的包装和配件**：网卡产品通常附带有精美的包装、详细的说明书、配置光盘以及方便用户使用的各种配件。

◎ **无线或有线**：在支持有线网络的情况下，有线网卡更稳定，性价比也更高；无线网卡的性能受到信号范围的约束，经常移动，不能固定使用，在有固定无线网络、信号比较稳定的地方，才能使用无线网卡。

◎ **其他方面**：在选购网卡时还应注意其是否支持自动网络唤醒功能和远程启动等。

知识提示

网卡的实际传输速率

10Mbit/s经换算后实际的传输速率为1.25MB/s（1Byte=8bit，10Mbit/s=1.25MB/s），100Mbit/s为12.5MB/s，1000Mbit/s为125MB/s，10000Mbit/s则为1.25GB/s。

◎ **传输稳定性**：目前全球发射模块被几大厂商所把控，因此不同产品之间的差距实际上并不大，但选择主流品牌产品才能保证信号传输的稳定性。

◎ **网卡的编号**：每块网卡都有一个唯一的物理地址卡号，且该编号是全球唯一的，未

3.3.3 网卡的品牌和产品推荐

下面根据不同的类型，分别介绍市场上热门的网卡品牌和产品。

1. 网卡的主流品牌

主流的网卡品牌有 Winyao、英特尔、TP-LINK、LR-LINK、D-Link、腾达、光润通、飞迈瑞克、联想、华为、华硕、网讯科技、磊科、智比奈特、迅捷网络和水星等。

2. 网卡产品推荐

下面分别介绍几款热门的网卡产品。

◎ **PCI 光纤——英特尔 E10G42BTDA**：这款网卡的传输速率为 10000Mbit/s，总线类型为 PCI-E 8X，网络接口为 SFP+，接口数量为两个，如图 3-29 所示。

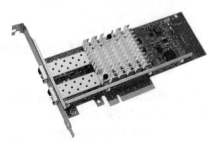

图3-29 英特尔E10G42BTDA

◎ **PCI RJ-45——TP-LINK TG-3269C**：这款网卡的传输速率为 10/100/1000Mbit/s，总线类型为 PCI，网络接口为 RJ-45，接口数量为一个，如图 3-30 所示。

图3-30 TP-LINK TG-3269C

◎ **USB 光纤——Winyao USB1000F-SX**：这款网卡的传输速率为 1000Mbit/s，主芯片组为瑞昱 Realtek RTL8153，总线类型为 USB 3.0，网络接口为光纤接口 SFP/LC，适用于平板电脑/台式机/笔记本电脑，如图 3-31 所示。

图3-31　Winyao USB1000F-SX

◎ USB无线——华硕USB-AC55：这款网卡的传输速率为1267Mbit/s，频率范围为双频（2.4/5GHz），网络标准为IEEE 802.11ac/n/g/b/a、IPv4，网络接口为USB，内置天线，如图3-32所示。

图3-32　华硕USB-AC55

知识提示

网络标准

网络标准是网络中传递、管理信息的一些规范和协议，无线网络标准包括IEEE802.11a/b/g/n、IPv4和蓝牙等。

◎ PCI无线——TP-LINK TL-WDN4800：这款网卡的传输速率为450Mbit/s，频率范围为双频（2.4/5GHz），网络标准为IEEE 802.11n/g/b/a、IPv4，总线接口为PCI-E，外置天线，如图3-33所示。

图3-33　TP-LINK TL-WDN4800

3.4 认识和选购声卡

声卡是计算机中用于处理音频信号的设备，其工作原理是接收到音频信号并进行处理，再通过音箱将声音以人耳能听到的频率表现出来。在家用计算机系统和用于娱乐的计算机系统中，声卡起着相对重要的作用。声卡自身并不能发声，因此必须与音箱等设备配合使用。

3.4.1 内置声卡和外置声卡

声卡的分类比较简单，根据安装的方式分为内置和外置两种，在内置声卡中，又分为集成声卡、PCI声卡两种。

◎ 集成声卡：集成声卡是一种集成在主板上的音频处理芯片。在处理音频信号时，不用依赖CPU就可进行一切音频信号的转换，既可保证声音播放的质量，也节约了成本，这也是主流的声卡类型。图3-34所示为主板上的集成声卡。

◎ PCI声卡：这种内置声卡通过PCI总线连接计算机，有独立的音频处理芯片，负责所有音频信号的转换工作，减少了对CPU资源的占有，并且结合功能强大的音频处理软件，可对几乎所有音频信息进行处理，适合对声音品质要求较高的用户使用，如图3-35所示。PCI声卡根据总线类型的不同，分为PCI和PCI-E两种类型。

◎ **外置声卡**：外置声卡常通过USB接口与计算机连接，具有使用方便、便于移动等优势。这类声卡通常集成了解码器和耳机放大器等，音质比内置声卡更好，价格也比内置声卡高，如图3-36所示。

图3-35　PCI声卡

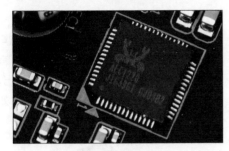

图3-34　集成声卡

图3-36　外置声卡

3.4.2　选购声卡的注意事项

对于普通用户来说，使用主板上的集成声卡就足够了，而那些对计算机音质有较高要求的用户，在选购声卡时，需要注意以下一些问题。

◎ **了解声道系统**：声道是指声音在录制或播放时在不同空间位置采集或回放的相互独立的音频信号，所以声道数也就是声音录制时的音源数量或回放时相应的扬声器数量。声卡所支持的声道数是衡量声卡档次的重要指标之一，包括单声道、双声道、5.1声道、7.1声道和最新的环绕立体声。

◎ **了解采样位数**：声卡的采样位数是指声卡在采集和播放声音文件时所使用数字声音信号的二进制位数。声卡的位数客观地反映了数字声音信号对输入声音信号描述的准确程度。采样位数可以理解为声卡处理声音的解析度，这个数值越大，解析度就越高，录制和回放的声音就越真实。

◎ **按需选购**：如果用户对声卡的要求较高，如音乐发烧友或个人音乐工作室等，对声卡都有特殊要求，如信噪比、失真度等，甚至连输入输出接口是否镀金都十分重视，这时当然只有选购高端产品才能满足其要求了。

3.4.3　声卡的品牌和产品推荐

声卡的主流品牌包括创新、华硕、节奏坦克和德国坦克等，下面就介绍市场上较热门的声卡产品。

◎ 家用——华硕 Xonar D-Kara（K歌之王）: 这款声卡的声道系统为5.1，安装方式为内置，音频接口为3.5mm音频接口，总线接口为PCI，如图3-37所示。

图3-37　华硕Xonar D-Kara（K歌之王）

◎ 家用——节奏坦克 HiFier Serenade USB 小夜曲: 这款声卡的声道系统为双声道，安装方式为外置，音频接口为立体声模拟输出 RCA 接口和耳机输出 6.3mmTRS 接口，采样位数为24bit，总线接口为USB，如图3-38所示。

图3-38　节奏坦克HiFier Serenade USB小夜曲

◎ 专业——华硕 Xonar Essence ST: 这款声卡的声道系统为双声道，安装方式为内置，总线接口为PCI，如图3-39所示。

图3-39　华硕Xonar Essence ST

◎ 专业——创新 Sound Blaster X7: 这款声卡的声道系统为5.1，安装方式为外置，音频接口为话筒输入、线性输入、双耳机输出，采样位数为24bit，总线接口为USB，如图3-40所示。

图3-40　创新Sound Blaster X7

⑶·⁵ 认识和选购音箱与耳机

　　在使用计算机的过程中，无论是商务办公还是游戏娱乐，用户都需要播放声音，经过声卡处理的声音只有通过计算机的音频输出硬件才能被人们所听见，计算机的主要音频输出硬件就是音箱和耳机。

3.5.1 认识音箱和耳机

音箱和耳机都是计算机的音频输出设备，都是通过一根音频线与计算机中的声卡连接（无线和蓝牙除外），但两者的声音共享性不同，耳机最多两个人分享，音箱却可以多人共享。

1. 音箱的类型

通常我们根据音箱的市场定位和功能特性，将其分为以下几种类型。

◎ 计算机音箱：计算机音箱主要连接台式机使用，通常由一个或多个箱体组成，如图 3-41 所示。

图3-41　3个箱体的计算机音箱

◎ Hi-Fi 音箱：Hi-Fi 是英语 High-Fidelity 的缩写，直译为"高保真"，定义是与原来的声音高度相似的重放声音。Hi-Fi 音箱就是能够播放出高保真音频的音箱，如图 3-42 所示。

图3-42　Hi-Fi音箱

◎ 笔记本音箱：笔记本音箱是专门用于连接笔记本电脑的音箱，又分为有线和无线两种类型，笔记本电脑是计算机的一种，所以计算机音箱都可以连接到笔记本电脑，

实际生活中人们通常把外形时尚、小巧的计算机音箱称为笔记本音箱，如图 3-43 所示。

图3-43　笔记本音箱

◎ 苹果音箱：苹果音箱是一种专门用于连接苹果计算机设备的音箱，通常也分为专用接口和无线两种类型，如图 3-44 所示。

图3-44　苹果音箱

◎ 户外拉杆音箱：户外拉杆音箱是一种可通过拉杆方式移动到户外进行声音播放的计算机音箱，户外拉杆箱一般都是竖立的长方体，采用远程低音，以便声音传播得更远，广场舞伴音通常采用这种类型的音箱，如图 3-45 所示。

图3-45 户外拉杆音箱

◎ 户外便携音箱：户外便携音箱就是可以带到户外播放的一种体积较小、方便携带的音箱，以干电池或者锂电池供电，也可以接电源供电，支持或者能够读取 SD 卡、TF 卡、U 盘等移动存储设备，这类音箱大多可以使用蓝牙与手机等音乐播放器进行无线连接，如图 3-46 所示。

图3-46 户外便携音箱

◎ Wi-Fi 音箱：Wi-Fi 音箱是指通过桥接器连接到家中的无线路由器，再与音乐播放器进行连接的音箱。由于传输速率更高，相比户外便携音箱，Wi-Fi 音箱可以支持更高质量的音频，其最大的特点是可以实现多音箱互联，且大部分 Wi-Fi 音箱同时支持有线连接。

◎ 家居床头音箱：家居床头音箱是主要用于卧室音乐播放的音箱，具备无线网络连接

功能，能够通过手机等智能设备进行控制，并具备闹钟、收音机等功能，如图 3-47 所示。

图3-47 家居床头音箱

◎ 智能音箱：智能音箱是家庭用户用语音进行上网的一个工具，除了具备音箱的基本功能外，还可以播放音乐视频、进行上网购物、了解天气预报，也可以对智能家居设备进行控制等，如打开窗帘、设置冰箱温度、控制热水器升温等，如图 3-48 所示。

图3-48 智能音箱

2. 耳机的类型

耳机的优点是可以在不影响旁人的情况下，独自聆听声音，还可隔开周围环境的声响，对在录音室、旅途、运动等嘈杂环境下听音乐的人很有帮助。按照佩戴的方式，可以将耳机分为以下几种类型。

◎ 头戴式：头戴式耳机可戴在头上，而非插入耳道内，其特点是声场好，舒适度高，不入耳，避免擦伤耳道，相对于入耳式、

耳塞式耳机，可连续使用更长时间，如图 3-49 所示。

图3-49　头戴式耳机

 知识提示

按照功能用途进行耳机分类

耳机可以分为手机耳机、蓝牙耳机、音乐耳机、Hi-Fi耳机、游戏耳机、运动耳机、监听耳机和降噪耳机等。

◎　耳塞式：根据设计，耳塞式耳机在使用时会密封住使用者的耳道，其特点是发声单元小，听起来较清晰、低音强，如图 3-50 所示。

图3-50　耳塞式耳机

◎　入耳式：入耳式耳机在普通耳塞的基础上，以胶质塞头插入耳道内，可以获得更

好的密闭性，其特点是在嘈杂的环境下可以用比较低的音量不受影响地欣赏音乐，提供最佳的舒适度和完美的隔音效果，如图 3-51 所示。

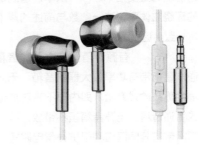

图3-51　入耳式耳机

◎　耳挂式：耳挂式耳机是一种在耳机侧边添加辅助悬挂装置以方便使用的耳机，如图 3-52 所示。

图3-52　耳挂式耳机

◎　后挂式：后挂式耳机比较便携，适合运动中使用，但其重量和压力都集中到了耳朵上，不适宜长时间佩戴，如图 3-53 所示。

图3-53　后挂式耳机

3.5.2 选购音箱和耳机的注意事项

组装计算机时，选购音箱或耳机是为了获得更好的听觉体验，所以一定要购买性能优良的产品，在选购音箱和耳机时，应该注意以下几个问题。

1. 音箱的性能指标

音箱的性能指标包括以下 8 项。

◎ 声道系统：音箱所支持的声道数是衡量音箱性能的重要指标之一，从单声道到最新的环绕立体声，这一参数与前述的声卡基本一致，这里不再赘述。

◎ 有源 / 无源：有源音箱又称主动式音箱，通常是指带有功率放大器的音箱；无源音箱又称被动式音箱，即内部不带功放电路的普通音箱。无源音箱虽不带放大器，但常常带有分频网络和阻抗补偿电路等。有源音箱带有功率放大器，其音质通常比同参数的无源音箱好。

◎ 调节方式：调节方式是指音箱的控制和调节方法，音箱的调节方式关系到用户界面的舒适度。主要有 3 种类型。第一种方式是最常见的，调节部件在音箱主体上，分为旋钮式和按键式，也是造价最低的；第二种方式是信号线控制，就是将音量控制和开关放在音箱信号输入线上，成本不会增加很多，但操控却很方便；第三种方式是最优秀的控制方式，即使用一个专用的数字控制电路来控制音箱的工作，通常使用一个外置的独立线控或遥控器来控制。

◎ 频响范围：频响范围是考察音箱性能优劣的一个重要指标，它与音箱的性能和价位有着直接的关系。频率响应的分贝值越小，说明音箱的频响曲线越平坦、失真越小、性能越高，从理论上讲，20Hz ~ 20000Hz 的频响范围就足够了。

◎ 扬声器材质：低档塑料音箱因其箱体单薄，无法克服谐振而无音质可言（也有部分设计好的塑料音箱音质远远好于劣质的木质音箱）；木制音箱降低了箱体谐振所造成的音染，音质普遍好于塑料音箱。

◎ 扬声器尺寸：扬声器尺寸越大越好，大口径的低音扬声器能在低频部分有更好的表现。普通多媒体音箱低音扬声器的喇叭多为 3in ~ 5in（8cm ~ 13cm）。

◎ 信噪比：信噪比是指音箱回放的正常声音信号与无信号时噪声信号（功率）的比值，用 dB 表示。例如，某音箱的信噪比为 80dB，即输出信号功率比噪声功率强 80dB。信噪比数值越高，噪声越小。

◎ 阻抗：阻抗是指扬声器输入信号的电压与电流的比值。音箱的输入阻抗一般分为高阻抗和低阻抗两类，高于 16Ω 的是高阻抗，低于 8Ω 的是低阻抗。音箱的标准阻抗是 8Ω，最好不要购买低阻抗的音箱。

2. 选购音箱的注意事项

用户在选购音箱时需要注意以下几点。

◎ 重量：选购音箱首先需看它的重量，高质量的音箱通常都比较重，这能说明它的板材和喇叭材料较优质。

◎ 功率放大器：功率放大器也是音箱比较重要的组件，但要注意的是，有的厂商会在功率放大器里面加铅块，使其重量增加，购买时可以从外壳上的空隙进行观察。

◎ 防磁：音箱是否防磁也很重要，没有防磁的音箱一旦靠近显示器，会导致显示器出现花屏的现象。

◎ 发票：购物后最好索要发票、填完保修卡的详细内容，以便有需要时可凭借发票维护自己的权益。

3. 耳机的性能指标

耳机性能可以从以下性能指标进行考量。

◎ 频响范围：频响范围指耳机发出声音的频率范围，与音箱的频响范围一样，通常看两端的数值，就可大约猜测到这款耳机在哪个频段音质较好。

◎ 阻抗：耳机的阻抗是交流阻抗，阻抗越小，耳机越容易出声、越容易驱动。和音箱不同，耳机一般是 32Ω 高阻抗。

◎ 灵敏度：灵敏度是指耳机的灵敏度级，单位是 dB/mW。灵敏度高意味着达到一定的声压级所需功率小，现在动圈式耳机的灵敏度一般都在 90dB/mW 以上，如果用户是为随身听选耳机，则灵敏度最好在 100dB/mW 左右或更高。

◎ 信噪比：和音箱一样，信噪比数值越高，耳机中的噪声越小。

4. 耳机的选购技巧

选购耳机时可以参考以下技巧。

◎ 以熟悉的歌曲作为判断标准：在选购耳机时，最好选择自己最熟悉的歌曲作为判断标准，这样能非常清楚地知道这首歌哪个小节的高低频表现不一样，从而判断出不同耳机在音质上的差别。

◎ 注意佩戴的舒适程度：舒适度影响用户的实际体验，即使音色再怎么好，如果现场试听几分钟，发现衬垫不透气，或者尺寸不符合耳道，说明这款耳机不适合自己，需要更换。

◎ 新耳机"煲"过音质更好："煲"是指"煲机"，这里是指开机使用一段时间。新耳机里面缠绕的线圈、磁铁以及分音器等元件全是新的，而且线圈大部分是铜线材质，需要经过一段时间运行共振才能配合顺畅。

3.5.3 音箱的品牌和产品推荐

音箱的类型和品牌众多，下面就按照不同的类型，介绍市场上较热门的音箱产品。

1. 音箱的主流品牌

主流的音箱品牌有惠威、漫步者、飞利浦、麦博、DOSS、声擎、奋达、JBL、金河田、BOSE、索尼、慧海、三诺、联想、华为、雅马哈、哈曼卡顿、山水、罗技、B&O 和 Beats 等。

2. 音箱产品推荐

下面分别介绍几款热门的音箱产品。

◎ 计算机音箱——BOSE Companion20：这款音箱的声道系统为 2.0，有源，调节方式为触控，扬声器单元为两个 2.5in，音频接口为 AUX，如图 3-54 所示。

◎ Hi-Fi 音箱——漫步者 S2000MKII：这款音箱的声道系统为 2.0，有源，调节方式为遥控 + 旋钮，支持蓝牙 4.0，额定功率为 130W，频响范围为 45Hz~20kHz，扬声器单元为 5.5in（中低音），信噪比为 88dB，音频接口为 AUX/光纤/同轴/PC，音箱材质为木质，如图 3-55 所示。

图3-54　BOSE Companion20

图3-55　漫步者S2000MKII

◎ 笔记本音箱——飞利浦 SPA2100：这款音箱的声道系统为单声道，有源，额定功率为 2W，频响范围为 100Hz~20kHz，信噪比为 75dB，音箱材质为塑料，如图 3-56 所示。

图3-56　飞利浦SPA2100

◎ 苹果音箱——JBL OnBeat Mini：这款音箱的声道系统为 2.0，有源，调节方式为按键，支持 U 盘直读，额定功率为 14W，频响范围为 70Hz~20kHz，扬声器单元为两个直径 45mm，信噪比为 73dB，音频接口为 3.5mm，如图 3-57 所示。

图3-57　JBL OnBeat Mini

◎ 户外拉杆音箱——山水 SS1-12：这款音箱的声道系统为 2.0，有源，调节方式为按键 + 遥控，支持蓝牙 4.0/TF卡 / 语音录音 /U 盘直读，额定功率为 60W，频响范围为 50Hz~20kHz，扬声器为 5in 高音单元 +12in 低音单元，音频接口为 AUX，音箱材质为塑料，如图 3-58 所示。

◎ 户外便携音箱——索尼 SRS-HG1：这款音箱的声道系统为 2.0，有源，调节方式为按键 + 遥控，支持蓝牙 4.2/ 通话功能 / 一键接听 / 一键重低音，额定功率为 24W，

频响范围为 20Hz~20kHz，扬声器单元为两个直径 35mm，音频接口为 3.5mm/Micro USB，音箱材质为塑料，如图 3-59 所示。

图3-58　山水SS1-12

图3-59　索尼SRS-HG1

◎ Wi-Fi 音 箱 ——harman/kardon Aura：这款音箱的声道系统为 2.1，有源，调节方式为按键，支持蓝牙 /Wi-Fi，额定功率为 60W，频响范围为 50Hz~20kHz，扬声器单元为 4.5in+1.25in，信噪比为 93dB，如图 3-60 所示。

图3-60　harman / kardon Aura

◎ 家居床头音箱——JBL BOOST TV：这

款音箱的声道系统为 2.0，有源，调节方式为遥控 + 按键，支持蓝牙，供电方式为 DC/ 锂电池，额定功率为 30W，频响范围为 60Hz~20kHz，扬声器单元为两个直径 50mm，信噪比为 92dB，音频接口为 3.5mm, 音箱材质为塑料，如图 3-61 所示。

图3-61　JBL BOOST TV

◎　智能音箱——天猫精灵 CCL：这款音箱

的扬声器为悬浮式高保真喇叭，支持语音提示 / 视频显示 / 视频通话，控制方式为 App/ 语音，连接方式为 Wi-Fi/ 蓝牙，如图 3-62 所示。

图3-62　天猫精灵 CCL

3.5.4　耳机的品牌和产品推荐

耳机的发展时间并不长，目前仍旧处在上升期，用户需求也在不断增大。下面按照佩戴的方式，介绍市场上较热门的耳机产品。

1. 耳机的主流品牌

主流的耳机品牌有硕美科、魔磁、漫步者、1MORE、飞利浦、森海塞尔、拜亚、铁三角、索尼、AKG、Beats、苹果、小米、创新、捷波朗、魅族、雷柏、JBL、华为、BOSE、松下、雷蛇、罗技、JVC、先锋和得胜等。

2. 耳机产品推荐

下面分别介绍几款热门的耳机产品。

◎　头戴式——飞利浦 SHP9500：这款耳机的连接方式为 3.5/6.3mm 立体声插头，发声原理为动圈式，频响范围为 12Hz~35kHz，产品阻抗为 32Ω，灵敏度为 101dB，如图 3-63 所示。

◎　耳塞式——森海塞尔 MX375：这款耳机的连接方式为 3.5mm 插头，插头类型为 L 弯型，发声原理为动圈式，频响范围为 18Hz~20kHz，阻抗为 32Ω，灵敏度为 122dB，如图 3-64 所示。

图3-63　飞利浦SHP9500

 知识提示

耳机的发声原理

目前耳机的发声原理主要有动铁式、动圈式和圈铁混合3种，主流的耳机基本都是动圈式。

图3-64　森海塞尔MX375

◎ 入耳式——苹果 AirPods Pro：这款耳机的连接方式为无线，支持蓝牙 5.0，发声原理为动圈式，支持 IPX4 级防水，主动降噪，传输范围为 10m，充电时间为 5min（续航时间为 1h），如图 3-65 所示。

图3-65　苹果AirPods Pro

多学一招

选购无线耳机的注意事项

　　在选购无线耳机时，用户需要注意其续航时间（一般都是6h~10h）和信号的传输距离（主流为10m左右）的问题。

◎ 后挂式——JBL T110BT：这款耳机的连接方式为无线，支持蓝牙 4.0，发声原理

为动圈式，频响范围为 20Hz~20kHz，产品阻抗为 16Ω，灵敏度为 96dB，充电时间大于两 2h，如图 3-66 所示。

图3-66　JBL T110BT

◎ 耳挂式——JBL T280TWS：这款耳机的连接方式为无线，支持蓝牙 5.0，发声原理为动圈式，支持 IPX5 级防水，支持线控，电池类型为锂电池，续航时间为耳机 5h、充电仓 10h，如图 3-67 所示。

图3-67　JBL T280TWS

知识提示

耳机充电仓

　　耳机充电仓可以直接连接电源为无线耳机充电，也可以为无线耳机提供额外的电源补充。

3.6 认识和选购路由器

　　路由器是连接互联网中各局域网和广域网的设备。路由器依据网络层信息将数据包从一个网络转发到另一个网络，它决定了网络数据能够通过的最佳路径。特别是在无线网络技术成熟的现在，带无线功能的路由器使用非常广泛，本节内容也以无线路由器为主。

3.6.1 路由器的 WAN 口和 LAN 口

路由器的主要工作就是为经过路由器的每个数据帧寻找一条最佳传输路径，并将该数据有效地传送到目的站点。通俗地说，路由器就是将 ADSL（Asymmetric Digital Subscriber Line，非对称数字用户环路）和计算机连接起来，实现计算机联网的目的。路由器最重要的部分就是接口，如图3-68 所示。

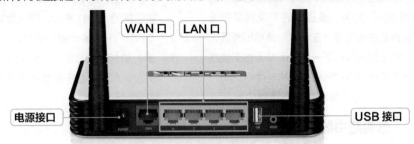

图3-68　路由器的各种接口

◎ WAN 口：WAN 是英文 Wide Area Network 的缩写，代表广域网。WAN 口主要用于连接外部网络，如 ADSL、DDN（Digital Data Network，数字数据网）、以太网等各种接入线路。

◎ LAN 口：LAN 是 Local Area Network 的缩写，代表局域网（或本地网）。LAN 口用来连接内部网络，主要与局域网络中的交换机、集线器或计算机相连。

现在使用较多的是宽带路由器，在一个紧凑的箱子中集成了路由器、防火墙、带宽控制和管理等功能，集成 10/100Mbit/s 宽带的以太网 WAN 接口，并内置多口 10/100Mbit/s 自适应交换机，方便多台计算机连接内部网络与互联网，可广泛应用于家庭、学校、办公室、网吧、小区、政府和企业等场所。而且，现在多数路由器都具备有线接口和无线天线，通过路由器可以建立无线网络，帮助手机和平板电脑等设备连接到互联网。

3.6.2 路由器的性能指标

路由器的性能主要体现在品质、接口数量和传输速率等方面。

◎ 品质：在衡量一款路由器的品质时，可先考虑品牌。名牌产品拥有更高的品质，并拥有完善的售后服务和技术支持，还可获得相关认证和监管机构的测试等。

◎ 接口数量：LAN 口数量只要能够满足需求即可，家用计算机的数量不会太多，一般选择 4 个 LAN 口的路由器即可；家庭宽带用户和小型企业用户只需要一个 WAN 口。

◎ 传输速率：信息的传输速率往往是用户最关心的问题。目前主流路由器以百兆（指路由器支持 100Mbit/s 带宽，以下同理）和千兆为主，也有万兆的，为了以后升级

方便，用户应尽量选购千兆或万兆的产品。

无线路由器是目前市场上的主流产品，下面介绍无线路由器的性能指标。

◎ 网络标准：用户在选购路由器时必须考虑产品支持的 WLAN 标准是 IEEE 802.11ax/ac，还是 IEEE 802.11n 等。

◎ 频率范围：无线路由器的射频（RF）系统需要工作在一定的频率范围之内，才能够与其他设备相互通信。不同的产品由于采用不同的网络标准，故采用的工作频率范围也不太一样。目前的无线路由器产品主要有单频、双频和三频 3 种。

第 3 章

◎ 天线类型：路由器的天线类型主要有内置和外置两种，通常外置天线性能更好。

◎ 天线数量：理论上，天线数量越多，无线路由器的信号就越好，但事实上，多天线无线路由器信号只是比单天线无线路由器的信号强 10%~15%。最直接的表现就是单天线无线路由器的信号在经过一堵墙相隔后，在手机上显示只剩下一格，而多天线无线路由器的无线信号则徘徊在单格与两格之间。

◎ 功能参数：功能参数是指无线路由器所支持的各种功能，功能越多，路由器的性能就越强。常见的功能参数包括 VPN（Virtual Private Network，虚拟专用网络）支持、QoS（Quality of Service）支持（网络的一种安全机制，是用来解决网络延迟和阻塞等问题的一种技术）、防火墙功能、WPS（Wi-Fi Protected Setup，Wi-Fi 保护设置）功能、WDS（Wireless Distribution System，无线分布式系统）功能和无线安全。

3.6.3 选购路由器的注意事项

路由器是整个网络与外界的通信出口，也是联系内部网络的桥梁。在网络组建的过程中，路由器的选择极为重要。下面介绍在选择路由器时需考虑的因素。

◎ 控制软件：控制软件是路由器发挥功能的一个关键部件。软件安装、参数设置及调试越方便，用户就越容易掌握。

◎ 网络扩展能力：网络扩展能力是在设计和建设网络过程中必须要考虑的事项，网络扩展能力的大小取决于路由器支持的扩展槽数目或者扩展端口数目。

◎ 带电插拔：在计算机网络管理过程中，进行安装、调试、检修和维护或者扩展网络的操作，免不了要在网络中增减设备，也就是说可能会要拔插网络部件。因此，路由器是否支持带电插拔，也是一个非常重要的选购条件。

3.6.4 路由器的品牌和产品推荐

虽然路由器的各种分类较多，但经常使用的分类标准还是家用和商用两类，下面就根据这种分类方式，介绍市场上热门的路由器产品。

1. 路由器的主流品牌

主流的路由器品牌有艾泰、腾达、飞鱼星、D-Link、NETGEAR、TP-LINK、华硕、华为、小米、360、思科、联想、锐捷网络和 H3C 等。

2. 路由器产品推荐

下面分别介绍几款热门的路由器产品。

◎ 家用——TP-LINK TL-WDR7660 千兆版：这款路由器的类型为无线，网络标准为 IEEE 802.11n/g/b/a/ac、IEEE 802.3/3u/3ab，最高传输速率为 1900Mbit/s，频率范围为双频（2.4/5GHz），2.4GHz 频率下传输速率为 600Mbit/s、5GHz 频率下传输速率为 1300Mbit/s，网络接口为一个 10/100/1000Mbit/s 自适应 WAN 口 +3 个 10/100/1000Mbit/s 自适应 LAN 口，天线类型为外置，天线数量为 6 根，如图 3-69 所示。

图3-69　TP-LINK TL-WDR7660千兆版

◎　家用——华硕 RT-AC86U：这款路由器的类型为无线，网络标准为 IEEE 802.11n/g/b/ac/a，最高传输速率为 2967Mbit/s，2.4GHz 频率下传输速率为 750Mbit/s，5GHz 频率下传输速率为 2167Mbit/s，网络接口为一个 10/100/1000Mbit/s 自适应 WAN 口 +4 个 10/100/1000Mbit/s 自适应 LAN 口，天线类型为 3 根外置 + 一根内置，支持 QoS 功能，内置防火墙，如图 3-70 所示。

图3-70　华硕RT-AC86U

◎　商用——TP-LINK TL-WAR2600L：这款路由器的类型为无线，最高传输速率为 2533Mbit/s，频率范围为双频（2.4GHz/5GHz），2.4GHz 频率下传输速率为 800Mbit/s、5GHz 频率下传输速率为 1733Mbit/s，网络接口为一个 10/100/1000BASE-T 千兆以太网 RJ-45 WAN 口、3 个 10/100/1000BASE-T 千兆以太网 RJ-45 WAN/LAN 可变口、一个 10/100/1000BASE-T 千兆以太网 RJ-45 LAN 口，一个 USB 3.0 接口，天线类型为外置，天线数量为 8 根，支持 VPN 和 ARP 安全防护，如图 3-71 所示。

图3-71　TP-LINK TL-WAR2600L

3.7· 认识和选购移动存储设备

　　移动存储设备在现在的办公活动中使用较多，主要包括 U 盘和移动硬盘，用于重要数据的保存和转移。但随着数码设备的普及，很多数码设备内部的存储卡（如手机或相机中的存储卡）也可以通过数据线与计算机交换数据，这里把它们统一归为移动存储设备。

3.7.1　U 盘的容量和接口类型

　　U 盘的全称是 USB 闪存盘，它是一种使用 USB 接口的、无需物理驱动器的、微型高容量移动存储设备，通过 USB 接口与计算机进行连接，可以即插即用。

1. U 盘的优点

　　U 盘最大的优点就是小巧便携、存储容量大、性能可靠。

◎　小巧便携：U 盘体积仅大拇指般大小，且重量一般在 15g 左右，特别适合随身携带。

◎　存储容量大：常用的 U 盘容量有 4GB、

8GB、16GB、32GB 和 64GB，除此之外还有 128GB、256GB、512GB、1TB 等。

◎ 性能可靠：U 盘中无任何机械式装置，抗震性能强。U 盘还具有防潮、防磁、耐高低温等特性，安全性很好。

2. U 盘的接口类型

U 盘的接口类型主要包括 USB 2.0/3.0/3.1、Type-C 和 Lightning 等，图 3-72 所示为 Lightning 接口 U 盘和 USB 接口 U 盘。

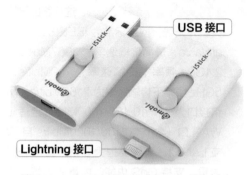

图3-72　Lightning接口U盘和USB接口U盘

3.7.2　TB 级移动硬盘成为主流

移动硬盘是以硬盘为存储介质，与计算机交换大容量数据，强调便携性的存储产品。移动硬盘具有以下特点。

◎ 容量大：市场上的移动硬盘能提供最高达 12TB 的容量，其容量通常有 500GB 及以下、1TB、2TB、3TB、4TB 和 5TB 及以上等，其中 TB 级容量的移动硬盘已经成为市场主流。

◎ 体积小：移动硬盘的尺寸分为 1.8in（约 5cm）超便携、2.5in（约 6cm）便携式和 3.5in（约 9cm）桌面式 3 种。

◎ 接口丰富：现在市场上的移动硬盘分为无线和有线两种，有线的移动硬盘采用 USB 2.0/3.0、eSATA 和 Thunderbolt 雷电接口，传输速率高，且很容易和计算机中的同种接口连接，使用方便。

◎ 良好的可靠性：移动硬盘多采用硅氧盘片，这是一种比铝、磁更为坚固耐用的盘片材质，并且具有更大的存储量和更高的可靠性，保护了数据的完整性。

3.7.3　手机标配的移动存储设备——闪存卡

闪存卡是利用闪存技术存储电子信息的存储器，一般作为存储介质应用在数码相机 / 摄像机、平板电脑、手机、MP3 等小型数码产品中，样子小巧，犹如一张卡片，所以被称为闪存卡。

根据不同的生产厂商和不同的应用，可将闪存卡分为不同的类型。

◎ SDHC 卡：SDHC 卡是一种大容量 SD 闪存卡，也就是 SD High Capacity，是一种基于半导体快闪记忆器的闪存卡，体积小，数据传输速率高，可热插拔，如图 3-73 所示。

◎ SDXC 卡：SDXC 卡是一种满足大容量和更高的数据传输速率的 SD 新标准闪存卡，也就是 SD Extended Capacity，支持 UHS 104 这种新的超高速 SD 接口规格，数据总线传输速率为 104MB/s，如图 3-74 所示。

图3-73　SDHC卡

图3-74　SDXC卡

 知识提示

SD、SDHC 和 SDXC 的区别

　　SD是较早期的闪存卡版本，最大支持2GB容量，SDHC最大支持32GB容量，SDXC最大支持2TB(2048GB)容量。这3种闪存卡的兼容性是SDXC＞SDHC＞SD。

◎ Micro SDHC（TF）卡：原名 Trans-flash Card（TF卡），2004 年正式更名为 Micro SDHC Card，由闪迪（SanDisk）公司发明，是目前体积最小、使用最多的闪存卡之一，如图 3-75 所示。

图3-75　Micro SD（TF）卡

◎ Micro SDXC 卡：Micro SDXC 卡是 SDXC卡的缩小版，和 Micro SDHC 卡的体积相差不大，性能与SDXC 卡一致，如图 3-76 所示。

图3-76　Micro SDXC卡

 知识提示

闪存卡与计算机的数据交换

　　闪存卡常通过其载体，如手机、数码相机等USB数据线连接计算机，或者直接通过有USB接口的闪存卡读卡器连接计算机，进行数据交换，如图3-77所示。

图3-77　闪存卡读卡器

◎ XQD 卡：XQD 是一种采用快闪存储器的存储卡格式，针对高分辨率的摄影机与数码相机开发，提供了 500MB/s 的读取速度与 125MB/s 的写入速度，储存容量可超过 2TB，如图 3-78 所示。

图3-78　XQD卡

◎ Wi-Fi无线存储卡：Wi-Fi无线存储卡就是拥有闪存卡的外观，但内置了 Wi-Fi 无线网卡的闪存卡，如图 3-79 所示。

图3-79　Wi-Fi无线存储卡

3.7.4 移动存储设备的品牌和产品推荐

本小节将对 U 盘、移动硬盘和闪存卡的主流品牌和热门产品进行介绍。

1. 移动存储设备的主流品牌

不同移动存储设备主要有以下主流品牌。

◎ **主流的 U 盘品牌**：有闪迪、东芝、PNY、创见、威刚、宇瞻、忆捷、惠普、台电、爱国者、麦克赛尔、金士顿、联想、朗科、海盗船和雷克沙等。

◎ **主流的移动硬盘品牌**：有希捷、东芝、威刚、艾比格特、宇瞻、忆捷、纽曼、三星、爱国者、联想、朗科、威宝、旅之星、西部数据、创见、闪迪、台电、惠普和华为等。

◎ **主流的闪存卡品牌**：有东芝、三星、PNY、闪迪、威刚、创见、金士顿、宇瞻、金泰克、麦克赛尔、华为、惠普、索尼、松下、天硕、萤石和雷克沙等。

2. 移动存储设备产品推荐

下面分别介绍不同的移动存储设备的热门的产品。

◎ **U 盘——闪迪至尊高速 Type-C USB 3.1 双接口 OTG 闪存盘**：这款 U 盘的存储容量为 64GB，接口类型为 USB 3.1/USB Type-C，读写速度为 150MB/s，如图 3-80 所示。

图3-80　闪迪至尊高速Type-C USB 3.1双接口 OTG闪存盘

◎ **U 盘——金士顿 HXS3**：这款 U 盘的存储容量为 128GB，接口类型为 USB 3.1，读取速度为 350MB/s、写入速度为 250MB/s，如图 3-81 所示。

图3-81　金士顿HXS3

◎ **U 盘——金士顿 DTUGT**：这款 U 盘的存储容量为 1TB，接口类型为 USB 3.1，读取速度为 300MB/s、写入速度为 200MB/s，如图 3-82 所示。

图3-82　金士顿DTUGT

◎ **移动硬盘——联想 F308 1TB**：这款移动硬盘的存储容量为 1TB，接口类型为 USB 3.0/2.0，使用 USB 3.0 接口时写入速度为 5GB/s，硬盘尺寸为 2.5in（约 6cm），如图 3-83 所示。

图3-83　联想F308 1TB

◎ **移动硬盘——希捷 Backup Plus Desktop 8TB**：这款移动硬盘的存储容量为 8TB，接口类型为 USB 3.0/2.0，硬盘尺寸为 3.5in

（约 9cm），如图 3-84 所示。

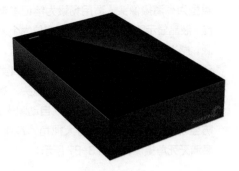

图3-84　希捷Backup Plus Desktop 8TB

◎ 闪存卡——闪迪至尊高速移动 TF 卡：
这款闪存卡的存储容量为 64GB，产品类型为 Micro SDXC 卡，存取速度为读出 48MB/s，速度等级为 class 10，如图 3-85 所示。

图3-85　闪迪至尊高速移动TF卡

◎ 闪存卡——三星 PRO Endurance：这款闪存卡的存储容量为 128GB，产品类型为 Micro SDHC 卡，存取速度为读出最高 100MB/s、写入最高 30MB/s，速度等级为 class 10，如图 3-86 所示。

图3-86　三星PRO Endurance

 知识提示

速度等级

闪存卡的速度等级是指用不同的速度符号来定义其最低的写入速度，目前有3种等级，class 10（最低写入速度为10MB/s）、UHS-I Grade1（最低写入速度为10MB/s）和UHS-I Grade3（最低写入速度为30MB/s）。class 10是目前的主流速度等级，只有UHS-I Grade3速度等级的闪存卡才支持2K/4K视频录制。

3.8 认识和选购其他设备

在日常工作和生活中，还有一些经常与计算机连接的硬件设备，如进行视频影像交流的数码摄像头、绘制图像并将其输入计算机的数位板等，本节将简单介绍认识和选购的这些设备知识。

3.8.1 计算机视频工具——摄像头

摄像头作为一种视频输入设备，被广泛应用于视频会议、网上教育、远程医疗和实时监控等方面。普通人也可通过摄像头在网络中进行有影像、有声音的沟通。

1. 选购摄像头的注意事项

摄像头在计算机的相关应用中，九成以上的用途是进行视频聊天、环境（家庭、学校和办公室）监控、幼儿和老人看护。在选购摄像

头时，要注意其各种性能指标和部件。

◎ 感光元件：摄像头的感光元件分为 CCD 和 CMOS（Complementary Metal Oxide Semiconductor，互补式金属氧化

物半导体）两种，CCD 的成像水平和质量要高于 CMOS，但价格也要高一些，常见的摄像头多用价格相对低廉的 CMOS 作为感光元件。

◎ 动态分辨率：动态分辨率是区分摄像头好坏的重要因素，用于展示捕捉动态画面的能力。市场上主流摄像头产品的动态分辨率多在 1280px×720px 以上。

◎ 镜头：摄像头的镜头一般是由玻璃镜片或者塑料镜片组成，玻璃镜片比塑料镜片成本高，在透光性和成像质量上具有较大优势。

◎ 最大帧数：帧数就是在 1s 的时间里传输图片的数量，通常用 fps 表示。帧数越多，所显示的动作就会越流畅。主流摄像头的最大帧数为 30fps。

◎ 对焦方式：摄像头的对焦方式有固定对焦、手动对焦和自动对焦 3 种。其中，固定对焦的焦距固定；手动对焦通常需要用户对摄像头的对焦距离进行手动选择；自动对焦是由摄像头对拍摄物体进行检测，确定物体的位置并驱动镜头的镜片进行对焦。

◎ 其他参数：由于摄像头的用处非常广泛，所以一些实用的功能也可以作为选购时的参考因素，如夜视功能、遥控功能、快拍功能和防盗功能等。

2. 摄像头的主流品牌

主流的摄像头品牌有罗技、蓝色妖姬、微软、中兴、双飞燕、谷客、奥速、联想、奥尼、炫光、Wulian、极速和天敏等。

3. 摄像头产品推荐

下面介绍热门的摄像头产品。

◎ 联想看家宝 Snowman：这款摄像头产品类型为高清摄像头，适用场景为笔记本电脑 / 液晶显示器 / 台式机，产品定位为个人版，感光元件为 CMOS，像素为 720 万，动态分辨率为 1280px×720px，接口类型为 USB 2.0，使用全玻璃高清镜头，对焦方式为自动对焦，支持夜视 / 自动曝光 / 防盗功能，具备 140°超大视角，720P 高清无死角摄像，如图 3-87 所示。

图3-87　联想看家宝Snowman

◎ 罗技 C930e：这款摄像头产品类型为高清摄像头，适用类型为笔记本 / 液晶显示器，产品定位为个人版，感光元件为 CMOS，像素为 720 万，动态分辨率为 1920px×1080px，最大帧数为 30fps，接口类型为 USB 2.0（支持 USB 3.0），使用全玻璃高清镜头，对焦方式为自动对焦，支持自动曝光 / 自动白平衡 /4 倍数码变焦，如图 3-88 所示。

图3-88　罗技C930e

3.8.2　计算机图像绘制工具——数位板

数位板又名绘图板、绘画板、手绘板等，是计算机的一种输入设备，多为设计类的办公人士在绘画创作时使用。数位板就像画家的画板和画笔，网络中有很多逼真的图片和创意图像，就是作者通过数位板一笔一笔画出来的。

1. 认识数位板

从外观上看，数位板由一块板子和一支压感笔组成，如图 3-89 所示。其工作原理是利用电磁式感应来完成定位及移动过程。数位板和手写板等非常规的输入产品类似，都有明确的使用群体，它主要面向设计、美术相关专业的师生、广告公司、设计工作室以及动画制作用户。

图3-89　数位板

通过数位板不仅可以像在纸上画画一样在计算机中绘制图像，还可以模拟各种画笔效果，甚至可以利用计算机的优势，制作出使用传统绘画工具无法实现的效果。如根据压力大小进行图案的贴图绘画，用户只需要轻轻几笔就能很容易地绘出一片拥有大小形状各异白云的蓝天。除了 CG（Computer Graphics）绘画之外，数位板还有很多用途。例如在绘图应用中，可以配合 Photoshop 进行图片处理；在绘画类软件应用方面拥有轻松顺畅的创作体验；在动画制作时配合 Flash 软件应用；在玩游戏的时候，数位板灵敏的感应速度和精准定位可以让用户有更好的游戏体验等。

2. 选购数位板的注意事项

由于数位板用途的特殊性，在选购时，需要注意其基本的性能指标。

◎　感应方式：目前市场上数位板的感应方式只有电磁式和电阻式两种，其中电磁式数位板是主流类型，其技术成熟、成本较低、抗干扰效果比较好。

◎　压感级别：压感级别描述了数位板对用笔轻重的感应灵敏度，压感级别越高，数位板就可以感应到越细微的不同。目前压感主流分为 512（入门）、1024（主流）、2048（专业）3 个等级。

◎　板面大小：板面大小也称活动区域尺寸或工作区域尺寸，是数位板非常重要的参数，太小的板子较难进行精细的绘图操作，太大的板子不便于绘画，最适合绘图的数位板大小应该是基本能容纳两个手掌或者略微大一点的。

◎　读取速度：读取速度就是指数位板的感应速度，由于手臂速度的限制，读取速度的快慢对绘画的影响并不明显，现行产品的读取速度最低为 133 点 /s，读取速度最高超过了 230 点 /s，100 点 /s 以上一般不会出现明显的延迟现象，200 点 /s 基本没有延迟。

◎　读取分辨率：数位板常见的分辨率有 2540lpi、4000lpi、5080lpi，分辨率越高，数位板的绘画精度越高。

3. 数位板的主流品牌

主流的数位板品牌有 Wacom（和冠）、汉王、高漫、友基、绘王和清华同方等。

4. 数位板产品推荐

下面介绍热门的数位板产品。

◎　和冠 CTL-672/K0-F：这款数位板的产品类型为绘图板，感应方式为电磁式，压感级别为 2048，板面大小为 216mm×135mm，读取速度为 133 点 /s，接口类型为 USB，如图 3-90 所示。

◎　绘王 Kamvas Pro 13：这款数位板的产品类型为绘图屏，感应方式为被动式电磁感应，压感级别为 8192，板面大小为 293.76mm×165.24mm，读取速度为 266 点 /s，读取分辨率为 5080lpi，使用 IPS 液晶屏，分辨率为 1920px×1080px，接口类型为 Micro USB，如图 3-91 所示。

图3-90　和冠CTL-672/K0-F

图3-91　绘王Kamvas Pro 13

前沿知识与流行技巧

1. 延长投影机寿命

相对于计算机的其他周边设备来说，投影机的使用寿命较短，养成一些良好的使用和操作习惯可以延长其寿命。延长投影机寿命的方法主要有以下 7 种。

（1）开关时间间隔应为5min左右

投影机的开关管在频繁的开关过程中会出现自然损耗，这些损耗会转移成热量散发出来，导致投影机内部温度升高，再加上另一个热源——灯泡发出的热量，都聚集在投影机内部狭小的空间里，即便有散热功能，也容易导致灯泡过热爆炸。所以尽量不要频繁地开关投影机，如果在关闭投影机后想重新开机，最好耐心等待 5min 左右。

（2）投影环境不宜反光

投影机灯泡的亮度和灯泡的工作环境好坏有关，工作环境的光线强弱会影响投影机的投影效果，所以，使用投影机时应尽量避免工作环境的光线太强。太强烈的环境光线可能会使灯泡亮度效果变差，可以在房间中安装窗帘以挡住室外光线，房间的墙壁、地板应该使用不反光的材料，这样可以最大限度地降低灯泡的工作亮度，增加灯泡的寿命。

（3）确保电源的"同一性"

为了防止灯泡发生爆炸或者出现工作功率不匹配的现象，在将投影机连接到电源插座上时，用户应注意电源电压的标称值、地线和电源极性，并要注意接地。用户最好使用随机附带的电源线，同时保证与电源线相连的插座要可靠接地。

（4）开关电源注意先后顺序

关闭投影机的电源是有顺序的，如果直接关闭，灯泡可能会和投影机电路部分的电源一起关闭，这样投影机在工作过程中产生的大量热量不能及时通过风扇排出，可能会导致灯泡爆炸。

正确的投影机开关机顺序为：在打开投影机时，首先接通电源，再持续按住投影机控制面板中的"LAMP"键，直到该键指示灯的绿色不闪烁为止；关机时则应该先持续按住"LAMP"键直到绿灯不闪烁、投影机散热风扇停止转动，最后再切断电源。

（5）灯泡的工作时长每次不应超过4h

投影机的灯泡是投影机的主要热源，一旦工作时间过长，投影机内部的成像系统可能会散发出大量热量，造成投影机内部的温度快速升高，导致灯泡亮度衰减，并且很可能导致灯泡爆炸，所以一定要控制投影机的工作时长。通常情况下，灯泡的持续工作时长不应超过 4h。

（6）清洁的环境

灰尘较多的工作环境会减少投影机的工作寿命，大量灰尘会随散热风扇的转动堆积在过滤网上，阻塞过滤网，影响散热效果。另外，吸烟对投影机的危害更大，烟雾里的焦油不仅会吸附在过滤网上形成黏性物，黏性物还会黏附灰尘，从而完全堵塞过滤网；并且烟雾中的部分物质还能通过过滤网进入投影机内部，污损成像元件，影响投影效果；甚至会覆盖在灯泡上，影响灯泡散热，缩短灯泡寿命。

（7）降温

工作环境的温度和通风条件也会影响投影机的寿命，投影机在工作时，应该确保没有任何东西阻挡散热孔或影响投影机的通风散热，投影机工作完毕并正常关机后，不要用东西立即覆盖投影机或将投影机立刻装入收藏包。

2. 认识交换机

交换机是一种能将计算机连接起来的高速数据交流设备。它在计算机网络中的作用相当于一个信息中转站，所有需在网络中传播的信息会在交换机中被指定到下一个传播端口。通俗地说，交换机可以看成有更多接口的路由器，它的 LAN 口比路由器多很多，各种接口的连接与路由器完全一致，如图 3-92 所示。

图3-92　交换机

3. 认识 ADSL Modem

Modem 就是调制解调器，通常安装在计算机和电话系统之间，使一台计算机能够通过电话线与另一台计算机进行信息交换。ADSL 调制解调器是一种专为 ADSL（非对称用户数字环路）提供调制数据和解调数据的调制解调器，也是目前最为常见的一种调制解调器。

通常的 ADSL 调制解调器有一个电话口（Line-In）和多个网络口（LAN），电话口接入互联网，网络口则接入计算机网卡或其他网络设备（如路由器）。

4. 选购鼠标垫

鼠标垫的主要作用在于辅助鼠标定位，定位要求较高的用户在使用高档鼠标时，只有配上一款合适的鼠标垫，才能发挥鼠标的最大性能，因此选择一款好的鼠标垫很有必要。用户在选购鼠标垫时应该注意以下 3 点。

◎ 材质：主流鼠标垫采用橡胶或布为原材料，优点是摩擦力较大，便于鼠标移动和定位，且价格低廉；缺点是手感粗糙，不能高精确地定位，且容易脏、不易清理。光电鼠标常用玻璃或铝等材质的鼠标垫，优点是其表面有特殊的纹理，能增强光反射的灵敏度和手感，且易于清理；缺点是会加快鼠标的磨损，且移动时可能有细微声音。

◎ 外观：选购鼠标垫时要考虑人体工学，例如某些增加了手托的产品，这也许可以减少使用时手腕的疲劳感，但这并不是真正的人体工学产品。

◎ 设计：光电鼠标依靠反射红外线定位，选择红色鼠标垫会使鼠标不灵敏。

5. 认识打印机

打印机的分类方式其实非常简单，按照打印技术的不同，分为针式打印机、喷墨打印机、激光打印机、热升华打印机和 3D 打印机 5 种类型，对普通计算机用户来说，市场上产品最多、使用频率最高的就是喷墨打印机和激光打印机两种。

◎ 喷墨打印机：喷墨打印机的工作原理与喷墨多功能一体机的打印功能一致，根据产品的定位，喷墨打印机又分为照片、家用、商用和光墨4种类型，其中光墨打印机融合了喷墨和激光的优势技术，是目前响应最快的桌面打印设备。

◎ 激光打印机：激光打印机是一种利用激光束进行打印的打印机，其工作原理与激光多功能一体机的打印功能一致，优点是彩色打印效果较好、成本低廉和品质优秀，适合文档打印较多的办公用户，激光打印机分为黑白激光和彩色激光两种类型。

如果是打印照片，建议选择彩色喷墨打印机，其价格便宜；如果是打印文本，建议选择激光打印机，打印成本要比喷墨低，速度也更快。

6. 认识扫描仪

扫描仪是计算机的外部设备，是一种捕获图像并将之转换成计算机可以显示、编辑、储存和输出的数字化对象的输入设备。照片、文本页面、图纸、美术图画、照相底片、菲林软片，甚至纺织品、标牌面板及印制板样品等三维对象都可作为扫描对象，扫描仪还可以提取原始的线条、图形、文字、照片、平面实物，并将其转换成可以编辑的文件。

扫描仪的种类繁多，根据扫描仪扫描介质和用途的不同，可将扫描仪分为平板式扫描仪、书刊扫描仪、胶片扫描仪、馈纸式扫描仪和文本仪。除此之外，还有便携式扫描仪、扫描笔、高拍仪和 3D 扫描仪等类型。

第 2 部分

第 4 章

组装多核计算机

/ 本章导读

组装一台多核计算机并不是一件简单的事情，用户首先需要了解选购计算机配件的相关知识，这些内容在第 2 章中已经学习了。接下来就需要制订多核计算机的装机方案，并按照方案选购各种配件；然后了解组装流程和注意事项，准备组装工具；最后按照步骤进行组装。

4.1 设计多核计算机装机方案

　　设计一套完美的多核计算机装机方案是组装计算机的一个重要步骤，设计方案前，用户可以多浏览各大硬件网站的 **DIY** 论坛，查看装机专业人士写的组装攒机帖以及各个配件的相关帖子，然后根据需要找到合适的配置，并熟悉各种硬件的相关性能，最后根据需要列举出最终的产品型号（最好有替补，甚至多个方案），这样才能在组装时有充分的选择空间。

4.1.1 在网络中模拟装机配置

　　现在网上有很多专业的计算机硬件网站，可以通过选择不同的计算机硬件，选配符合自己要求的计算机，如中关村在线、泡泡网等专业的计算机硬件网站，还有一些购物网站也提供了模拟配置计算机的服务，如京东商城。

微课：在网络中模拟装机配置

　　本小节将在中关村在线的模拟攒机网页中设计一台计算机的配置单，具体操作步骤如下。

STEP 1　设置装机地址

❶打开网络浏览器，在地址栏中输入中关村在线模拟攒机主页的网址，按"Enter"键；❷在打开的模拟攒机网页中单击地名右侧的下拉按钮；❸在打开的下拉列表中单击"北京"超链接，如图 4-1 所示。

图4-1　设置装机的地址

STEP 2　设置条件

❶在下面的"推荐品牌"栏中单击"Intel"超链接；❷在"CPU 系列"栏中单击"酷睿

i9"超链接，如图 4-2 所示。

图4-2　设置选择CPU的条件

STEP 3　加入配置单

展开的列表中将显示所有符合设置条件的 CPU 产品，选择一个符合条件的产品，单击右侧的"加入配置单"按钮，如图 4-3 所示。

图4-3　将CPU产品加入配置单

STEP 4　查看选择的 CPU 产品

在左侧的"装机配置单"列表中可看到添加的 CPU 产品，在"请选择配件"选项组中单击"主板"按钮，如图 4-4 所示。

图4-4　查看选择的CPU产品

STEP 5　选择主板产品

❶ 在右侧的"请选择主板"选项组的"主芯片组"栏中单击"Z390"超链接；❷ 在"主板板型"栏中单击"ATX（标准型）"超链接；在展开的产品列表中选择一个符合条件的产品，单击"加入配置单"按钮，如图 4-5 所示。

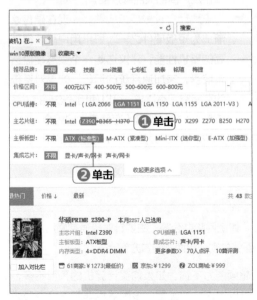

图4-5　选择主板产品

STEP 6　选择其他计算机配件

❶ 用相同的方法选择计算机的其他硬件配件，包括内存、硬盘、固态硬盘、显卡、机箱、电源、显示器、鼠标及键盘；❷ 单击"请选择配件"选项组中的"更多"按钮，在打开的下拉列表中单击"音箱"超链接，如图 4-6 所示，然后设置条件，选择音箱产品。

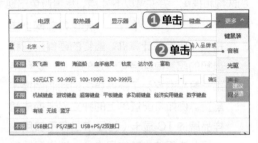

图4-6　选择音箱产品

STEP 7　完成模拟装机配置

用同样的方法选择声卡，在左侧的"装机配置单"列表中可看到添加的所有计算机配件及估价，如图 4-7 所示。

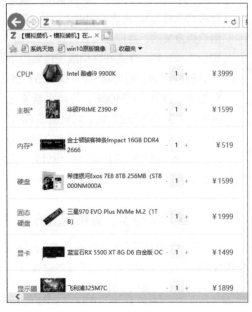

图4-7　查看配置单

4.1.2 注意硬件配置的"木桶效应"

"木桶效应"是指一只木桶能盛多少水并不取决于最长的那块木板，而是取决于最短的那块木板，也被称为短板效应。组装计算机也容易产生木桶效应，一个硬件选择不当就会引起整台计算机的木桶效应。例如，一个1GB的DDR4内存搭配CORE i9处理器，由于内存性能不足，会导致整机性能低下，处理器性能不能完全发挥。

在设计组装计算机的配置单时，需要理性思考硬件配置，根据计算机的市场定位进行各种硬件的选购和搭配，并注意以下4点，尽量避免出现木桶效应。

◎ 拒绝商家"偷梁换柱"：无论是在网上还是实体店组装计算机，最终的硬件配置和最初的配置单都会有一定的差别，这种结果一般是商家为了获得更多的利润调换了配置。例如将配置单上的独立显卡换成同样品牌的 TC 显卡（当显卡显存不够用的时候共享系统内存的显卡），这样配置就可能因显卡的短板而产生木桶效应。用户应对自己的配置坚持选购，拒绝商家"偷梁换柱"，下单前一定要问清货源、品牌、型号等。

◎ 严防商家"瞒天过海"：这种情况主要是针对 CPU 产品，选购 CPU 时，用户应尽量选择盒装的，并仔细检查处理器包装，防止二次封装，杜绝奸商用瞒天过海的小伎俩骗取利润。例如将 CORE i3 9100F 打磨成 CORE i5 9400F，外观上看不出区别，普通用户无法识别。如果发现 CPU 有问题，整机不稳定，用户应该立即找商家调换。另外，选择硬件时，用户要仔细认真，确保采用全新的硬件组装计算机。付款前一定要测试检查计算机兼容性与稳定性，切忌先交费再组装、组装并安装好系统就离开卖场。

◎ 电源切忌"小马拉大车"：在组装计算机时，经常容易被忽视的一个硬件就是电源，低端电源或者杂牌山寨电源普遍会存在功率虚标的情况，切记不要被所谓的峰值功率迷惑。电源供电不足会给计算机的各零部件，如硬盘、主板芯片、CPU 和显卡等带来不可逆转的损伤，因此电源一定要选择正规厂商的大品牌产品。

◎ 固态硬盘和机械硬盘的选择：现在硬盘逐渐成为短板硬件之一，如果用户想获得更高的整机性能，建议选购一个固态硬盘当系统盘，来加速系统的运行。如果对系统的存储空间有需求，可以使用固态硬盘（系统盘）+ 机械硬盘（存储盘）的组合。

总之，在组装计算机的过程中，设计好的配置多多少少都存在木桶效应，这个问题没有最优解，只有根据实际情况不断进行调整。

4.1.3 经济实惠型计算机配置方案

经济实惠型计算机只需要实现基本的计算机功能，如上网和办公等，主要针对普通家庭用户、学生和公司商务用户，追求性能和价格的最佳组合，下面就分别介绍两款配置方案。

1. 方案一

方案一采用超威CPU，特点是性价比较高，有一个强劲的集成显卡，能满足在 1080P 最低画质下的基本游戏需求，多任务处理能力强，超频能力不错。如果购买计算机的预算不多，可以考虑这款配置，该配置也非常适合办公或者轻度喜爱游戏的用户，具体配置如表 4-1 所示。

表 4-1 超威方案

CPU	超威 Ryzen 3 2200G
散热器	鑫谷冷锋霜塔 T2
主板	华擎 A320M-HDV
内存	BORY 8GB DDR4 2400
固态硬盘	威刚 XPG S11 Lite（256GB）
机械硬盘	
显卡	CPU 集成
显示器	HKC P320
声卡	主板集成
机箱	Tt 启航者 S5
电源	鑫谷核动力 巡洋舰 C5
键盘	双飞燕 WKM-1000 针光键鼠套装
鼠标	双飞燕 WKM-1000 针光键鼠套装

◎ 配置优势：采用 4 核心 4 线程 CPU，主频为 3.5GHz，完全满足日常主流任务需求，且集成了 Vega 显示核心，运行主流的网游毫无压力，实惠的价格也是入门玩家首选；主板采用 M-ATX 板型，适合玩家组建小体积、高性能的游戏平台。

◎ 配置劣势：整个配置主要的问题集中在内存和硬盘上，内存对大型游戏的支持有限，可以考虑增加为两条 8GB，也可增加一块机械硬盘作为数据存储设备。

2. 方案二

方案二采用英特尔 CPU，特点是性价比很高，入门级的配置，使用 CORE i5 第 9 代 CPU，多任务处理能力强，无论是家用还是办公都很不错，基本性能齐全，具体配置如表 4-2 所示。

表 4-2 英特尔方案

CPU	英特尔 CORE i5 9600KF
散热器	盒装自带
主板	影驰 B360M-M.2
内存	金士顿骇客神条 FURY 8GB DDR4 2400
固态硬盘	英特尔 760P M.2 2280（256GB）
机械硬盘	
显卡	七彩虹 GT730K 灵动鲨 -2GD5
显示器	HKC C320 plus
声卡	主板集成
机箱	航嘉 MVP Nano
电源	航嘉 Jumper300S
键盘	雷柏 X120Pro 键鼠套装
鼠标	雷柏 X120Pro 键鼠套装

◎ 配置优势：这个配置最大的亮点就在于 CPU，i5 9600KF 具备 6 核心 6 线程，主频为 3.7GHz，最大睿频为 4.6GHz，三级缓存为 9MB，能够轻松运行目前各主流的网络和单机游戏。

◎ 配置劣势：这个配置由于 CPU 占用了大量资金，所以影响了其他硬件的配置，可以增加一块机械硬盘或者直接将固态硬盘更换为机械硬盘；另外，CPU 功耗较高，可以考虑更换好一点的水冷散热设备。

4.1.4 游戏娱乐型计算机配置方案

游戏娱乐型计算机的主要功能就是玩游戏，如各种单机游戏和主流的网络游戏等，主要针对游戏玩家和职业游戏选手，对 CPU、内存、显卡、显示器，甚至机箱、散热系统、鼠标和键盘都有特殊的要求，下面就分别介绍两款配置方案。

1. 方案一

方案一采用超威 CPU，主板、CPU 和显卡的配置较好，玩各种主流游戏可以开全特效，性价比较高，具体配置如表 4-3 所示。

表 4-3　超威方案

CPU	超威 Ryzen 7 3700X
散热器	盒装自带
主板	微星 MPG X570 GAMING PLUS
内存	金士顿 HyperX Predator 16GB DDR4 3200
固态硬盘	西部数据 Blue SN550 NVME SSD（1TB）
机械硬盘	
显卡	铭瑄 GeForce RTX 2060 SUPER iCraft 8G
显示器	LG 34UC79G
声卡	主板集成
机箱	积至启航者
电源	长城金牌巨龙 GW-EPS1000DA(90+)
键盘	海盗船 K70 RGB MK.2
鼠标	罗技 G903

◎ 配置优势：3700X+X570+RTX 2060 SUPER 的配置足够流畅运行大型网络游戏的中高特效，支持其他单机游戏特效全开。

◎ 配置劣势：固态硬盘存储空间太小，电源功率也比较大，这个配置 800W 以内就能完美支持；另外，可以考虑更换搭建双通道内存来提升计算机性能，盒装散热器工作量太大，可以考虑更换水冷设备。

2. 方案二

方案二是采用英特尔 CPU 的计算机配置，性能卓越，性价比高，容量大，兼容性很好，可以完美运行市面上所有游戏，而且还留有升级的空间，具体配置如表 4-4 所示。

表 4-4　英特尔方案

CPU	英特尔 CORE i7 9700K
散热器	酷冷至尊海魔 120
主板	华擎 Z390 Pro4
内存	海盗船复仇者 RGB PRO 16GB DDR4 3000
固态硬盘	英特尔 545S（256GB）
机械硬盘	希捷 BarraCuda 2TB 7200 转 256MB
显卡	七彩虹 iGame GeForce RTX 2070 SUPER Ultra OC
显示器	飞利浦 345B1CR
声卡	主板集成
机箱	鑫谷图灵 1 号
电源	先马金牌 750W
键盘	海盗船 K70 RGB MK.2
鼠标	Razer Basilisk 巴塞利斯蛇终极版

◎ 配置优势：作为"次旗舰"的代表，9700K 提升了睿频，采用了 8 核心 8 线程设计，主频 3.6GHz，在游戏运行上能够发挥超强实力；RTX 2070 SUPER 性能稳定，超频无压力，几乎能达到 1080Ti 水平，该方案的配置比较均衡，主机尤其适合游戏用户。

◎ 配置劣势：散热是短板，CPU 和电源热量都较高，可以考虑更换水冷设备。

4.1.5　图形音像型计算机配置方案

图形音像型计算机的主要功能是进行图形和视频的处理与编辑，如图形工作站、视频剪辑等，主要用户群体为专业图形处理用户，下面分别介绍两款配置方案。

1. 方案一

方案一采用超威 CPU，可以用于专业的设计公司，属于高配机型，具体配置如表 4-5 所示。

表 4-5　超威方案

CPU	超威 Ryzen 9 3900X
散热器	海盗船 H100i v2
主板	华硕 PRIME X570-P
内存	海盗船复仇者 RGB PRO 8GB DDR4 3000
固态硬盘	英特尔 545S（256GB）
机械硬盘	希捷 BarraCuda 4TB 5900 转 256MB
显卡	影驰 GeForce RTX 2080Ti 大将
显示器	戴尔 UltraSharp U3419W
声卡	华硕 Xonar D2X
机箱	海盗船 Air 540
电源	海盗船 RM1000x
键盘	微软 Surface 人体工程学
鼠标	微软 Surface Precision

◎ 配置优势：3900X 性价比很高，12 核心 24 线程能够满足专业设计公司对 CPU 的高要求，特别是核心数量完全满足角色建模和渲染的多核心要求；显卡性能优良，能够满足设计公司对于图形图像设计的基本要求。

◎ 配置劣势：内存容量稍小，可以考虑增加

一条 8GB 以搭建双通道。

2. 方案二

方案二采用英特尔 CPU，主要定位是视频剪辑，可以轻松应对主流视频的后期处理工作，具体配置如表 4-6 所示。

表 4-6　英特尔方案

CPU	英特尔 CORE i9 9900K
散热器	酷冷至尊海魔 120
主板	华硕 ROG CROSSHAIR VIII FORMULA
内存	海盗船复仇者 RGB Pro 64GB DDR4 3200
固态硬盘	三星 970 EVO Plus NVMe M.2（1TB）
机械硬盘	希捷 BarraCuda 2TB 7200 转 256MB
显卡	华硕 ROG-STRIX-RTX2060S-O8G-GAMING OC
显示器	明基 PD2700U
声卡	华硕 Xonar Essence STX II 7.1
机箱	金河田 21+ 峥嵘 Z22
电源	航嘉 WD600K
键盘	罗技 Craft
鼠标	罗技 MX ERGO

◎ 配置优势：CPU、内存和显卡的搭配，使计算机制图性能强大，建模细节运行非常流畅，VRay 置换贴图的渲染速度很快。

◎ 配置劣势：散热和电源是短板，可以考虑更换为水冷设备和更大功率电源；另外，显示器尺寸较小，可以考虑更换为更大尺寸屏幕。

4.1.6 顶级性能型计算机配置方案

顶级性能型计算机的主要功能是探寻计算机硬件的性能极限，享受极致体验，主要针对资金充足的计算机玩家，下面分别介绍两款配置方案。

1. 方案一

方案一采用超威CPU，完全采用顶级硬件，并使用散热性最好的分体水冷设备，具体配置如表4-7所示。

表4-7 超威方案

CPU	超威 Ryzen Threadripper 3970X
散热器	分体式水冷
主板	华硕 ROG ZENITH II EXTREME ALPHA
内存	海盗船复仇者 LED 64GB DDR4 3200
固态硬盘	三星 960 PRO NVMe M.2（2TB）×2
机械硬盘	希捷银河 Exos X16 16TB SAS 接口
显卡	英伟达 TITAN RTX ×4
显示器	华硕 ROG PG35VQ
声卡	主板集成
音箱	Razer 利维坦巨兽
机箱	海盗船 Obisidian 1000D
电源	海盗船 AX1500i
键盘	海盗船 K95 RGB PLATINUM XT 茶轴
鼠标	海盗船 IRONCLAW RGB

◎ 配置优势：4路 SLI TITAN RTX 显卡芯片，让任何大型游戏都能全特效运行；CPU 并不是顶级，但仍然性能优良；内存也是 4 路 16GB，恰到好处；机械硬盘用于存储，双固态硬盘可以制作双系统盘，读写速度很快。

◎ 配置劣势：没有独立的声卡，音频效果稍差。

2. 方案二

方案二是采用英特尔CPU的计算机配置，几乎使用了目前顶级的硬件，具体配置如表4-8所示。

表4-8 英特尔方案

CPU	英特尔 CORE i9 10980XE
散热器	COOLLION BMR 波浪 A-1
主板	技嘉X299X AORUS XTREME WATERFORCE
内存	芝奇 TridentX 32GB DDR3 2800×2
固态硬盘	FengLei F9316 PCI-E（4TB）
机械硬盘	希捷 BarraCuda Pro 14TB 7200 转 256MB
显卡	丽台 Quadro RTX 8000×2
显示器	苹果 Pro Display XDR×3
声卡	华硕 Essence III
音箱	JBL ARRAY 1400 旗舰级号
机箱	IN WIN Z-Tower 限量款概念机
电源	海盗船 AX1600i
键盘	狼蛛 F2010 机械键盘混光版
鼠标	Mad Catz R.A.T. Pro X

◎ 配置优势：使用目前价格较高的硬件配置，总体价格可以媲美一辆轿车。

◎ 配置劣势：只是顶级硬件的简单组合，实际性能还需实践检验。

4.2 组装计算机前的准备工作

在组装计算机之前，进行适当的准备十分必要，充分的准备工作可确保组装过程的顺利，并能在一定程度上提高组装的效率与质量。用户首先需要将组装计算机的所有硬件都整齐地摆放在一张桌子上，并准备好所需的各种工具，然后了解组装的步骤和流程，最后再了解相关的注意事项。

4.2.1 组装计算机的常用工具

组装计算机时需要用到一些工具来完成硬件的安装和检测，如螺丝刀、尖嘴钳和镊子。对初学者来说，有些工具在组装过程中可能不会涉及，但在维护计算机的过程中则可能用到，如万用表、清洁剂、吹气球、小毛刷和毛巾等。

◎ 螺丝刀：螺丝刀是计算机组装与维护过程中使用最频繁的工具之一，其主要功能是用来安装或拆卸各计算机部件之间的固定螺丝。由于计算机中的固定螺丝都是十字接头的，因此常用的螺丝刀是十字螺丝刀，如图 4-8 所示。

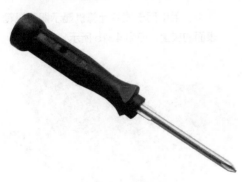

图4-8 十字螺丝刀

多学一招

使用磁性螺丝刀

计算机机箱内空间狭小，因此应尽量选用带磁性的螺丝刀，这样可降低安装的难度。但螺丝刀上的磁性也不宜过大，否则可能会对部分硬件造成损坏，磁性的强度以能吸住螺丝钉且不脱离为宜。

◎ 尖嘴钳：尖嘴钳的作用是拆卸一些半固定的计算机部件，如机箱中的主板支撑架和挡板等，如图 4-9 所示。

图4-9 尖嘴钳

◎ 镊子：由于计算机机箱内的空间较小，在安装各种硬件后，一旦需要进行调整，或有东西掉入其中，就需要使用镊子进行操作，如图 4-10 所示。

图4-10 镊子

◎ **万用表：**万用表用于检查计算机部件的电压是否正常以及数据线的通断等电气线路问题，现在比较常用的是数字式万用表，如图 4-11 所示。

图4-11 万用表

◎ **清洁剂：**清洁剂用于清洁一些重要硬件（如显示器屏幕等）上的顽固污垢，如图 4-12 所示。

图4-12 清洁剂

◎ **吹气球：**吹气球用于清洁机箱内部各硬件之间的较小空间或各硬件上不宜清除的灰尘，如图 4-13 所示。

图4-13 吹气球

◎ **小毛刷：**小毛刷用于清洁硬件表面的灰尘，如图 4-14 所示。

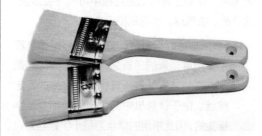

图4-14 小毛刷

◎ **毛巾：**毛巾用于擦除计算机显示器和机箱表面的灰尘，如图 4-15 所示。

图4-15 毛巾

4.2.2 计算机的组装流程

组装计算机之前还应该梳理组装的流程，做到胸有成竹，一鼓作气将整个组装操作完成。虽然组装计算机的流程并不固定，但通常可按以下流程进行。

STEP 1 **安装机箱内部的各种硬件**

❶安装电源；❷安装 CPU 和散热风扇；❸安装内存；❹安装主板；❺安装显卡；❻安装其他硬件卡，如声卡、网卡；❼安装硬盘（固态

硬盘或普通硬盘）；❽安装光驱（可以不安装）。

STEP 2 **连接机箱内的各种线缆**

❶连接主板电源线；❷连接硬盘数据线和电源线；❸连接光驱数据线和电源线（可以不安装）；

❹连接内部控制线和信号线。

STEP 3 **连接主要的外部设备**

❶连接显示器；❷连接键盘和鼠标；❸连接音箱（可以不安装）；❹连接主机电源。

4.2.3 组装计算机的注意事项

在开始组装计算机前，用户需要对一些注意事项有所了解，包括以下 5 点。

◎ 通过洗手或触摸接地金属物体的方式释放身上所带的静电，防止静电对计算机硬件产生损害。部分人认为在装机时，只需释放一次静电即可，其实这种观点是错误的，因为在组装计算机的过程中，手会和各部件不断地摩擦，产生静电，因此建议多次释放。

◎ 在拧各种螺丝时，不能拧得太紧，拧紧后应往反方向拧半圈。

◎ 各种硬件要轻拿轻放，特别是硬盘。

◎ 插卡时一定要对准插槽均衡向下用力，并且要插紧；拔卡时不能左右晃动，要均衡用力地垂直拔出，更不能盲目用力，以免

损坏主板或各种卡。

◎ 安装主板、显卡和声卡等部件时应安装平稳，并将其固定牢靠，对于主板，应尽量安装绝缘垫片。

多学一招

注意装机环境

组装计算机需要有一个干净整洁的平台，要有良好的供电系统，并远离电场和磁场。将各种硬件从包装盒中取出后，应放置在平台上，将硬件中的各种螺丝钉、支架和连接线也放置在平台上。

4.3 组装一台多核计算机

在购买了所有计算机硬件，并做好一切准备工作后，就可以开始组装计算机了。本节的组装只涉及硬件设备的安装，不包括软件安装。

4.3.1 拆卸机箱并安装电源

组装计算机并没有一个固定的步骤，通常由个人习惯和硬件类型决定，这里按照专业装机人员最常用的装机步骤进行操作。首先需要打开机箱侧面板，然后将电源安装到机箱中，具体操作步骤如下。

微课：拆卸机箱并安装电源

STEP 1 **拆卸机箱盖固定螺丝**

将机箱平放在工作台上，用手或十字螺丝刀拧

下机箱后部的固定螺丝（通常是 4 颗，每侧两颗），如图 4-16 所示。

图4-16　拆卸固定螺丝

STEP 2　拆卸机箱侧面板和显卡挡片

❶在拧下机箱盖一侧的两颗螺丝后，按住该机箱侧面板向机箱后部滑动，拆卸掉侧面板；❷使用尖嘴钳取下机箱后部的显卡挡片，如图4-17所示。

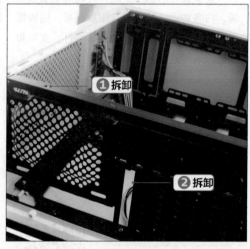

图4-17　拆卸机箱侧面板和显卡挡片

多学一招

拆卸板卡挡片

通常机箱后部的板卡条形挡片都是点焊在机箱上的（有些是通过螺丝固定），可以使用尖嘴钳直接将其拆下。

STEP 3　安装主板外部接口挡板

主板的外部接口各不相同，因此需要安装主板附带的挡板。这里将主板包装盒中附带的主板专用挡板扣在对应位置（这一步也可以在安装主板时进行，通常由个人习惯决定），如图4-18所示。

图4-18　安装主板外部接口挡板

STEP 4　拆卸机箱另外一个侧面板

在安装硬盘或电源时，通常需要将其固定在机箱的支架上，且两侧都要使用螺丝固定，所以最好将机箱两侧的面板都拆卸掉，可以使用STEP 1中的方法拆卸机箱另外一个侧面板，如图4-19所示。

图4-19　拆卸机箱另外一个侧面板

STEP 5　放入电源

将电源有风扇的一面朝向机箱上的预留孔，然后将其放置在机箱的电源固定架上，如图4-20所示。

图4-20　放入电源

 知识提示

电源的安装位置

　　过去的电源固定架通常在机箱的上部，现在有很多机箱将电源固定架设置在机箱底部，安装起来更加方便。

STEP 6　**固定电源**

将电源上的螺丝孔与机箱上的孔位对齐，然后使用机箱附带的螺丝将电源固定在电源固定架上，最后用手上下晃动电源观察其是否稳固，

如图 4-21 所示。

图4-21　固定电源

4.3.2　安装 CPU 与散热风扇

　　安装完电源后，通常先安装主板，再安装 CPU，但由于机箱内的空间比较小，对于初次组装计算机的用户来说，操作比较麻烦。为了保证安装顺利进行，可以先将 CPU、散热风扇和内存安装到主板上，再将主板固定到机箱中。下面介绍安装 CPU 和散热风扇的方法，具体操作步骤如下。

微课：安装 CPU 与散热风扇

STEP 1　**放置主板**

将主板从包装盒中取出，放置在附带的防静电绝缘垫上，如图 4-22 所示。

STEP 2　**拉开 CPU 固定杆**

拉开主板上的 CPU 插槽固定杆，如图 4-23 所示。

STEP 3　**打开 CPU 固定罩**

打开 CPU 插槽上的 CPU 固定罩，如图 4-24 所示。

图4-22　放置主板

图4-23　拉开CPU固定杆

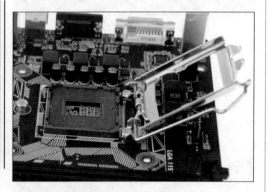

图4-24　打开CPU固定罩

STEP 4 放入 CPU

使 CPU 两侧的缺口对准插槽凸起，将其垂直放入 CPU 插槽中，如图 4-25 所示。

图4-25　放入CPU

多学一招

安装CPU

　　若没有绝缘垫，可以使用包装盒内的矩形泡沫垫代替，将其放置在包装盒上就可以安装CPU。另外，有些CPU的一角上有防误插标记，如图4-26所示，将其对准主板CPU插槽上的标记即可正确安装。

图4-26　CPU插槽挡板上的防误插标记

STEP 5 固定 CPU

此时不可用力按压，应使 CPU 自由滑入插槽内，然后盖好 CPU 固定罩并压下固定杆，完成 CPU 的安装，如图 4-27 所示。

图4-27　固定CPU

STEP 6 涂抹导热硅脂

在 CPU 背面涂抹导热硅脂，方法是使用购买硅脂时赠送的注射针筒，挤出少许硅脂到 CPU 中心，如图 4-28 所示。

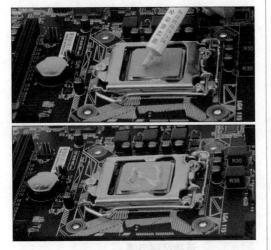

图4-28 涂抹导热硅脂

多学一招

涂抹导热硅脂

　　涂抹导热硅脂后，用户可以给手指戴上胶套（防杂质，胶套多为附送），将硅脂涂抹均匀。另外，盒装正品CPU自带散热风扇，其与CPU的接触面已经预先涂抹了导热硅脂，如图4-29所示，用户直接安装即可。

图4-29 已经涂抹了硅脂的CPU散热风扇

STEP 7 安装散热风扇支架

❶将 CPU 风扇的 4 个膨胀扣对齐主板上的风扇孔位；❷向下用力按，使膨胀扣卡槽进入孔位中，如图 4-30 所示。

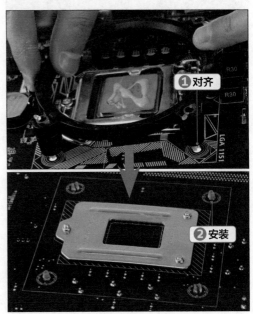

图4-30 安装散热风扇支架

STEP 8 安装支架螺帽

将风扇支架螺帽插入膨胀扣中，如图 4-31 所示。

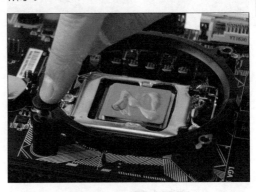

图4-31 安装支架螺帽

STEP 9 固定散热风扇支架

用同样的方法将其他螺帽插入膨胀扣中，固定风扇支架，如图 4-32 所示。

图4-32　固定散热风扇支架

STEP 10 安装风扇

将散热风扇一边的卡扣安装到支架同侧的扣具上，如图 4-33 所示。

图4-33　安装风扇

STEP 11 固定散热风扇

将散热风扇另一边的卡扣安装到支架另一侧的扣具上，固定好风扇，如图 4-34 所示。

图4-34　固定散热风扇

STEP 12 连接风扇电源

将散热风扇的电源插头插入主板的 CPU_FAN 插槽，如图 4-35 所示。

图4-35　连接风扇电源

4.3.3　安装内存

内存也可以预先安装在主板上，内存的安装方法比较简单，具体操作步骤如下。

微课：安装内存

STEP 1 打开内存插槽的卡扣

轻微用力，将内存插槽上的固定卡座向外扳开，
打开内存插槽的卡扣，如图 4-36 所示。

图4-36　打开内存插槽的卡扣

STEP 2 安装内存

将内存条上的缺口与插槽中的防误插凸起对齐，
向下均匀用力，将内存垂直插入插槽中，直到内
存的金手指和内存插槽完全接触，再将内存卡座
扳回，使其卡入内存卡槽中，如图 4-37 所示。

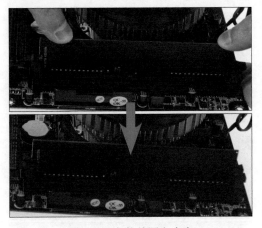

图4-37　安装并固定内存

知识提示

内存插槽的颜色

内存插槽一般用两种颜色来表示不同的
通道，如果需要安装两根内存条来组成双通
道，则需要将两根内存条插入相同颜色的插
槽。如果是三通道，则需要将3根内存条插入
相同颜色的插槽，如图4-38所示。

图4-38　安装三通道内存对比

4.3.4　安装主板

安装主板就是将安装了 CPU 和内存的主板固定到机箱的主板支架上，具
体操作步骤如下。

微课：安装主板

STEP 1 整理电源线缆

由于现在的主板都采用框架式的结构，可以通
过不同的框架进行线缆的走位和固定，以方便
硬件的安装，所以这里需要将电源的各种插头
预先摆放到位，方便在安装主板后将插头插入
对应的插槽，如图 4-39 所示。

知识提示

安装六角螺栓

如果机箱内没有固定主板的螺栓，那么用户
需要观察主板螺丝孔的位置，然后根据该位置将
六角螺栓安装在机箱内，如图4-40所示。

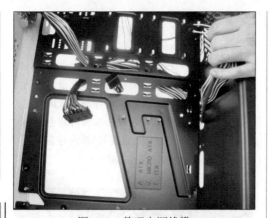

图4-39　整理电源线缆

图4-40　安装固定主板的六角螺栓

STEP 2　放入主板

将主板平稳地放入机箱内，使主板上的螺丝孔与机箱上的六角螺栓对齐，然后使主板的外部接口与机箱背面安装好的主板专用挡板孔位对齐，如图 4-41 所示。

图4-41　放入主板

图4-41　放入主板（续）

STEP 3　固定主板

此时，主板的螺丝孔与六角螺栓也相应对齐，然后用螺丝将主板固定在机箱的主板架上，如图 4-42 所示。

图4-42　固定主板

第 2 部分

4.3.5 安装硬盘

硬盘的类型主要有固态硬盘和机械硬盘，本小节介绍两种硬盘的安装方法，具体操作步骤如下。

微课：安装硬盘

STEP 1 **放入固态硬盘**
首先将固态硬盘放置到机箱内 3.5in（约 9cm）的驱动器支架上，将固态硬盘的螺丝口与驱动器的螺丝口对齐，如图 4-43 所示。

图4-43　放入固态硬盘

STEP 2 **固定固态硬盘**
用细牙螺丝将固态硬盘固定在驱动器支架上，如图 4-44 所示。

 知识提示

对角固定硬盘

通常为了保证硬盘的稳定，需要用4颗螺丝固定。有时为了方便拆卸，可以采用两颗螺丝对角安装的方式固定。

图4-44　固定固态硬盘

STEP 3 **安装机械硬盘**
用同样的方法将机械硬盘固定到机箱的另一个驱动器支架上，如图 4-45 所示。

图4-45　安装机械硬盘

第 4 章

4.3.6 安装显卡、声卡和网卡

现在很多主板都集成了显卡、声卡和网卡，用户也可以根据需要安装独立的显卡、声卡和网卡，其操作方法相差不大。下面以安装独立显卡为例进行介绍，具体操作步骤如下。

微课：安装显卡、声卡和网卡

STEP 1 拆卸板卡挡板

先拆卸掉机箱后侧的板卡挡板（有些机箱不需要进行本步骤），如图 4-46 所示。

图4-46　拆卸板卡挡板

STEP 2 打开卡扣

通常主板上的 PCI-E 显卡插槽上都设计有卡扣，需要向下按压卡扣将其打开，如图 4-47 所示。

图4-47　打开卡扣

STEP 3 安装显卡

将显卡的金手指对准主板上的 PCI-E 插槽，轻轻按下显卡，如图 4-48 所示。

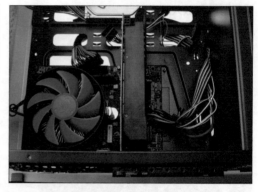

图4-48　安装显卡

STEP 4 固定显卡

衔接完全后用螺丝将其固定在机箱上，完成显卡的安装，如图 4-49 所示。

图4-49　固定显卡

 知识提示

安装显卡的注意事项

在听到"咔哒"一声后，即可检查显卡的金手指是否全部进入插槽，从而确定是否安装成功。另外，显卡的卡扣类型有几种，除了有向下按开的卡扣，还有向侧面拖开的卡扣等。

4.3.7 连接机箱中各种内部线缆

在安装了机箱内部的硬件后，用户还需要连接机箱内的各种线缆，主要包括各种电源线、信号线和控制线，具体操作步骤如下。

微课：连接机箱中各种内部线缆

STEP 1 **连接硬盘电源**

❶现在常用 SATA 接口的硬盘，其电源线的一端为"L"形，在主机电源的连线中找到该电源线插头，将其插入硬盘对应的接口中，这里先连接固态硬盘的电源；❷连接机械硬盘的电源，如图 4-50 所示。

图4-50 连接硬盘电源

STEP 2 **连接主板电源**

将 20pin 主板电源线对准主板上的电源插槽插入，如图 4-51 所示。

图4-51 连接主板电源

STEP 3 **连接主板辅助电源**

将 4pin 的主板辅助电源线对准主板上的辅助电源插槽插入，如图 4-52 所示。

图4-52 连接主板辅助电源

STEP 4 **连接机箱外置面板控制线**

❶在机箱的前面板连接线中找到 USB 3.0 的插头，将其插入主板相应的插槽；❷在机箱的前面板连接线中找到音频连线的插头，将其插入主板相应的插槽；❸在机箱的前面板连接线中找到前置 USB 的插头，将其插入主板相应的插槽，如图 4-53 所示。

图4-53 连接机箱外置面板控制线

STEP 5 **连接机箱信号线和控制线**

❶从机箱信号线中找到主机开关电源工作状态

指示灯信号线（是独立的两芯插头），将其和主板上的POWER LED 插槽相连；❷找到机箱的电源开关控制线插头，该插头为一个两芯的插头，将其和主板上的POWER SW（QS）或 PWR SW 插槽相连；❸找到硬盘工作状态指示灯信号线插头，其为两芯插头，一根线为红色，另一根线为白色，将该插头和主板上的 H.D.D LED 插槽相连；❹找到机箱上的重启键控制线插头，并将其和主板上的 RESET SW（QS）插槽相连，如图 4-54 所示。

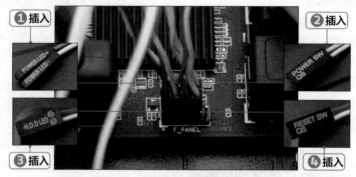

图4-54　连接机箱信号线和控制线

STEP 6　连接硬盘的数据线插头

❶ SATA 硬盘的数据线两端接口都为"L"形（该数据线属于硬盘的附件，在硬盘包装盒中），按正确的方向将一条数据线的插头插入固态硬盘的 SATA 插槽中；❷将另一条数据线的插头插入机械硬盘的 SATA 插槽中，如图 4-55 所示。

图4-56　将数据线连接到主板

图4-55　连接硬盘的数据线插头

STEP 7　将数据线连接到主板

❶将对应的固态硬盘的数据线的另一个插头插入主板的 SATA 插槽中；❷将机械硬盘的数据线的插头插入主板的 SATA 插槽中，如图 4-56 所示。

知识提示

主板上的信号线和控制线

　　主板上的信号线和控制线的接口都有文字标识，用户也可通过主板说明书查看对应的位置。其中，H.D.D LED信号线连接硬盘信号灯，RESET SW（QS）控制线连接重新启动按钮，POWER LED信号线连接主机电源灯，SPEAKER信号线连接主机扬声器，POWER SW（QS）控制线连接开机按钮，USB控制线和AUDIO控制线分别连接机箱前面板中的USB接口和音频接口。

知识提示

信号线和控制线的正负极

　　有些信号线或控制线的插头需要区分正负极。通常白色线为负极，主板上的标记为⊖；红色线为正极，主板上的标记为⊕。

STEP 8　**整理线缆**

将机箱内部的信号线放在一起，将光驱、硬盘的数据线和电源线理顺后用扎带捆绑固定起来，并将所有电源线捆扎起来，如图 4-57 所示。

图4-57　整理线缆

4.3.8　连接周边设备

微课：连接周边设备

　　连接周边设备是组装计算机硬件的最后一步，需要安装机箱侧面板，然后连接显示器和键盘、鼠标，并将计算机通电，具体操作步骤如下。

STEP 1　**安装侧面板**

将拆除的两个侧面板装上，然后用螺丝固定，如图 4-58 所示。

图4-58　安装侧面板

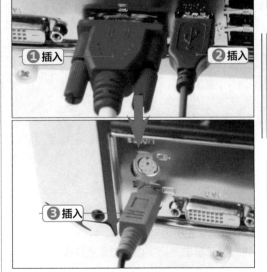

图4-59　连接显示器、键盘和鼠标

STEP 2　**连接显示器、键盘和鼠标**

❶首先将显示器包装箱中配置的数据线的VGA插头插入显卡的 VGA 接口中（如果显示器的数据线是 DVI 或 HDMI 插头，插入机箱后的对应接口即可），然后拧紧插头上的两颗固定螺丝；❷将 USB 鼠标连接线插头对准主机后的USB 接口并插入；❸将 PS/2 键盘连接线插头对准主机后的紫色键盘接口并插入，如图 4-59 所示。

STEP 3　**连接电源线**

检查前面安装的各种连线，确认连接无误后，将主机电源线连接到主机后的电源接口，如图 4-60 所示。

图4-60　连接电源线

机电源线插头插入电源插线板，完成计算机整机的组装操作，如图 4-62 所示。

STEP 4 连接显示器

❶将显示器包装箱中配置的电源线一头插入显示器电源接口中；❷将显示器数据线的另外一个插头插入显示器后面的 VGA 接口，并拧紧插头上的两颗固定螺丝，如图 4-61 所示。

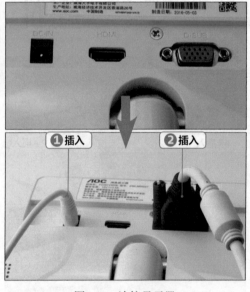

图4-61　连接显示器

STEP 5 主机通电

先将显示器电源插头插入电源插线板，再将主

图4-62　主机通电

知识提示

组装后的通电检测

　　计算机全部配件组装完成后，通常需检测计算机是否安装成功。用户需要启动计算机，若能正常开机并显示自检画面，则说明整个计算机已组装成功，否则会发出报警声。出错的地方不同，报警声也不相同。最易出现的错误是显卡和内存条未插好，通常将其拔下重新插入即可解决问题。

前沿知识与流行技巧

1. 组装计算机的常用技巧

　　对新手来说，组装计算机的时候，不能只是按照前面介绍的流程进行，因为每台计算机的主板、机箱、电源等都不一样，对于疑惑的地方，不妨查阅一下说明书。下面就介绍一些组装计算机的常用技巧。

◎ 选择PCI-E插槽：对于有多个PCI-E插槽的主板，靠近CPU的PCI-E插槽能给显卡提供更完整的性能，用户通常应该选择该插槽安装显卡。但在一些计算机中，由于CPU散热器体积过于庞大（如水冷设备），与显卡散热器的位置会发生冲突，此时为了给CPU和显卡更大的散热空间，需要将显卡安装在第二个PCI-E插槽上。

◎ 注意固定主板螺丝的顺序：主板螺丝的安装有着一定顺序，先将主板螺丝孔位与背板螺钉对齐，安装主板对角线位置的两颗螺丝，这样可以避免在安装之后主板发生位移。但这两颗螺丝不必拧紧，然后再安装其余4颗螺丝，同样不必拧紧，6颗螺丝都安装完毕之后，再依次拧紧，避免因受力不均导致主板变形。

◎ 选择安装硬件的顺序：对于组装计算机的顺序，不同的人有不同的看法，按照自己的习惯进行即可。对组装计算机的新手而言，最好先将硬盘、电源安装到机箱，再将安装好CPU、显卡、内存的主板安装到机箱中，这样可以避免在安装电源和硬盘时失手，撞坏主板。

2. 水冷散热器的安装注意事项

由于在散热效率和静音等方面的优势，计算机水冷散热器现在已经开始流行。为了使元件充分发挥其额定性能并加强使用中的可靠性，用户除必须科学地选择散热器外，还需正确安装。由于水冷散热器的安装比较复杂，因此在安装元件与散热器时，应注意以下事项。

◎ 水冷散热器的接触面必须与硬件接触面尺寸相匹配，防止压扁、压歪损坏硬件。

◎ 水冷散热器的接触面必须具有较高的平整度和光洁度。建议选购接触面粗糙度小于或等于1.6μm，平整度小于或等于30μm的水冷散热器。安装时硬件接触面与散热器接触面应保持清洁，无油污等脏物。

◎ 安装时要保证硬件接触面与水冷散热器的接触面完全平行、同心。安装过程中，要求用户通过硬件中心线施加压力，以使压力均匀分布在整个接触区域。用户手工安装时，建议使用扭矩扳手，对所有紧固螺母交替均匀用力，压力的大小要达到数据表中的要求。

◎ 在重复使用水冷散热器时，应特别注意检查其接触面是否光洁、平整，水腔内是否有水垢或堵塞现象，尤其要注意其接触面是否出现下陷的情况，若出现了上述情况应予以更换。

3. 组装笔记本计算机准系统

笔记本计算机通常不能组装，因为所有笔记本计算机都是有散热专利的，每一款笔记本的硬件都有自己独特的规格型号，不易进行组装。但现在有一种笔记本准系统 Barebone，它是一款只提供了笔记本最主要框架部分的产品，如基座、液晶显示屏、主板等，其他部分诸如 CPU、硬盘、光驱等则需要用户自己选购并且安装。目前华硕、微星、精英等厂商都已发布了多款这样的产品。

下面以微星 MSI MS-1029 笔记本准系统为组装对象进行介绍，该对象的主板使用了 ATI 芯片组，并提供了 ATI Mobility Radeon X700 显卡、双层 DVD 刻录机和 15.4in（约 39cm）WXGA 宽屏 LCD，接下来为该笔记本准系统选择安装 CPU、硬盘、无线网卡和内存，具体操作步骤如下。

❶ 拆卸挡板。首先将笔记本计算机反置，找好合适的螺丝刀（笔记本螺丝比台式机的更小，应该选择小一号的十字螺丝刀），使用螺丝刀将笔记本计算机背部能够拆卸的挡板全部卸下来。

❷ 安装 CPU。首先将 CPU 插座右侧的固定杆拉起上推到垂直的位置，然后把 CPU 上的针脚缺口与插槽上的缺口对准进行安装，再将右侧的固定杆放回原位，CPU 即可安全地安装在 CPU 插槽上。

❸ 安装 CPU 散热管。将热管散热器对准 CPU，先将热管散热片用于 CPU 核心散热的部分与 CPU 对齐之后，再固定螺丝。将 CPU 散热部分的 4 颗螺丝固定好，再将 CPU 核心散热部分的螺丝固定好。

❹ 安装 CPU 散热风扇。先把风扇电源与主板上的电源接口连接好，接着将风扇放进凹槽，将 3 颗螺丝旋紧，即可固定好风扇。

❺ 安装内存。将内存以大约 40° 的角度斜插入内存插槽，然后小心地向下轻轻一按，内存即可插入合适位置。

❻ 安装无线网卡。其安装方法与内存的安装方法基本一致，先按一定角度把网卡与插槽对好，然后再轻轻地往里向下按压即可安装到位。接着再将 Mini PCI 无线网卡上的天线装好，注意接口要安装正确。

❼ 安装硬盘。先将硬盘与保护盒结合在一起，将硬盘的数据接口与笔记本主板上的硬盘接口对接好，再将硬盘放入硬盘仓，接着将硬盘四周的 4 个螺丝固定好，完成硬盘的安装。

❽ 安装电源。先将电池仓两侧的锁扣松开，然后拿好电池，对准接口轻轻地推进去，电池装好后再将两侧的锁扣锁上。

❾ 安装光驱和挡板。只需要轻轻往光驱仓里面一插即可安装好光驱，然后再安装挡板，整个硬件的组装就完成了。

4. 怎么拆开散热器和 CPU

有些情况下，散热硅脂将 CPU 和散热器紧密粘在一起，无法拆卸。这时用户可以启动计算机，运行一些比较占用 CPU 资源的程序，使 CPU 的发热量增加，十几分钟之后再关闭计算机，此时即可拆卸散热器。

第 5 章

设置全新 UEFI BIOS

/ 本章导读

BIOS 是计算机启动和操作的基础，若计算机系统中没有 BIOS，则所有硬件设备都不能正常使用。UEFI 是新一代的 BIOS 类型，以后会逐渐取代传统的 BIOS。本章讲解 BIOS 的基础知识，并介绍设置 UEFI BIOS 和传统 BIOS 的相关操作。

5.1 认识 BIOS

BIOS（Basic Input/Output System，基本输入/输出系统）是被固化在只读存储器（Read Only Memory，ROM）中的程序，因此又称为ROM BIOS或BIOS ROM。BIOS程序在开机时即运行，执行了BIOS后才能使硬件上的程序正常工作。由于BIOS是存储在只读存储器（即BIOS芯片）中的，因此它只能读取而不能写入，且断电后能保持数据不丢失。

5.1.1 了解 BIOS 的基本功能

BIOS 的功能主要包括中断服务程序、系统设置程序、开机自检程序和系统启动自举程序 4 项，但日常用到的只有后面 3 项。

◎ 中断服务程序：BIOS 实质上是计算机系统中软件与硬件之间的一个接口，操作系统中对硬盘、光驱、键盘和显示器等外围设备的管理，都建立在 BIOS 的基础上，因此通过 BIOS 就能中断服务程序。

◎ 系统设置程序：计算机在对硬件进行操作前必须先知道硬件的配置信息，这些配置信息存放在一块可读写的 RAM 芯片中，而 BIOS 中的系统设置程序主要用来设置 RAM 芯片中的各项硬件参数，这个设置参数的过程就称为 BIOS 设置。

◎ 开机自检程序：在按下计算机电源开关后，POST（Power On Self Test，自检）程序将检查各个硬件设备是否工作正常，自检包括对 CPU、640kB 基本内存、1MB 以上的扩展内存、ROM、主板、CMOS 存储器、串并口、显卡、软 / 硬盘子系统及键盘的测试，一旦在自检过程中发现问题，系统将发出提示信息或警告。

◎ 系统启动自举程序：在完成 POST 程序后，BIOS 将先按照 RAM 中保存的启动顺序来搜寻软 / 硬盘、光盘驱动器和网络服务器等有效的启动驱动器，然后读入操作系统引导记录，再将系统控制权交给引导记录，最后由引导记录完成系统的启动。

5.1.2 认识 UEFI BIOS 和传统 BIOS

UEFI BIOS 只有一种类型，传统的 BIOS 则分为 AMI 和 Phoenix-Award 两种类型。

1. UEFI BIOS

UEFI（Unified Extensible Firmware Interface，统一的可扩展固件接口）是一种详细描述全新类型接口的标准，旨在代替 BIOS 并提高软件互操作性和突破 BIOS 的局限性，现在通常把具备 UEFI 标准的 BIOS 设置称为 UEFI BIOS。作为传统 BIOS 的继任者，UEFI BIOS 拥有前辈所不具备的诸多功能，例如图形化界面、多样的操作方式、允许植入硬件驱动等。这些特性让 UEFI BIOS 相比于传统 BIOS 更

加易用、更加实用、更加方便。而 Windows 8 操作系统在发布之初就对外宣称全面支持 UEFI BIOS，这也促使众多主板厂商纷纷转投 UEFI BIOS，并将此作为主板的标准配置之一。

UEFI BIOS 具有以下几个特点。

◎ 通过保护预启动或预引导进程，抵御 bootkit 攻击，从而提高安全性。

◎ 缩短了计算机启动时间和从休眠状态恢复的时间。

◎ 支持容量超过 2.2TB 的驱动器。

◎ 支持 64 位的现代固件设备驱动程序，系统在启动过程中可以使用它们来对超过 172×10^8GB 的内存进行寻址。

◎ UEFI 硬件可与 BIOS 结合使用。

图 5-1 所示为 UEFI BIOS 芯片和 UEFI BIOS 开机自检画面。

图5-1　UEFI BIOS

2. 传统 BIOS

传统BIOS可以按照品牌划分为以下两种。

◎ AMI BIOS：AMI BIOS是AMI公司生产的 BIOS，最早开发于20世纪80年代中期，占据了早期台式机的市场，286和386时期的计算机大多采用该BIOS，它具有即插即用、绿色节能和PCI总线管理等功能。图5-2所示为一块AMI BIOS芯片和AMI BIOS开机自检画面。

◎ Phoenix-Award BIOS：目前新配置的计算机大多使用Phoenix-Award BIOS，

其功能和界面与最初的BIOS相同，只是标识的名称代表了不同的生产厂商，因此可以将Phoenix-Award BIOS当作是新版本的Award BIOS。图5-3所示为一块Phoenix-Award BIOS芯片和Phoenix-Award BIOS开机自检画面。

图5-2　AMI BIOS

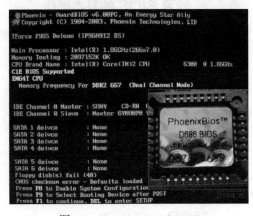

图5-3　Phoenix-Award BIOS

5.1.3　如何进入 BIOS 设置程序

不同的 BIOS，其进入方法也有所不同，下面就根据上一小节的分类进行具体介绍。

◎ UEFI BIOS：不同品牌的主板，其 UEFI BIOS 的设置程序可能有一些不同，但普遍都是中文界面，比较好操作，且进入设置程序的方法是相同的，在启动计算机时按 "Delete" 或 "F2" 键即可出现屏幕提示。图 5-4 所示为微星主板的 UEFI BIOS 设置主界面。

图5-4　UEFI BIOS设置主界面

◎ AMI BIOS：启动计算机，按"Delete"或"Esc"键，即可出现屏幕提示，图5-5所示为 AMI BIOS 设置主界面。

◎ Phoenix-Award BIOS：启动计算机，按"Delete"键，即可出现屏幕提示，图5-6所示为 Phoenix-Award BIOS 设置主界面。

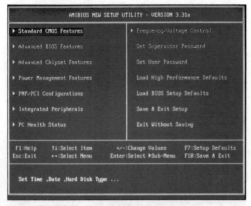

图5-5　AMI BIOS设置主界面

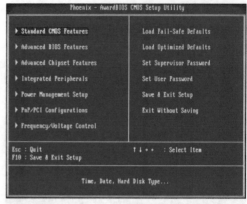

图5-6　Phoenix-Award BIOS设置主界面

5.1.4　学习 BIOS 的基本操作

UEFI BIOS 可以直接通过鼠标操作，而传统 BIOS 进入设置主界面后，只能通过快捷键进行操作，这些快捷键同样在 UEFI BIOS 中适用。

◎ "←" "→" "↑"和"↓"键：用于在各设置选项间切换和移动。

◎ "+"或"Page Up"键：用于切换选项设置递增值。

◎ "-"或"Page Down"键：用于切换选项设置递减值。

◎ "Enter"键：确认执行和显示选项的所有设置值并进入选项子菜单。

◎ "F1"键或"Alt + H"组合键：弹出帮助（help）窗口，并显示说明所有功能键。

◎ "F5"键：用于载入选项修改前的设置值。

◎ "F6"键：用于载入选项的默认值。

◎ "F7"键：用于载入选项的最优化默认值。

◎ "F10"键：用于保存并退出 BIOS 设置。

◎ "Esc"键：回到前一级界面或主界面，或从主界面中结束设置程序。按此键也可不保存设置直接退出 BIOS 程序。

5.2 设置 UEFI BIOS

UEFI BIOS 通常是中文界面，通过鼠标可以直接设置，通常包括系统设置、高级设置、硬件设置、固件升级、安全设置、启动设置和保存退出等选项。本节以微星主板的 **UEFI BIOS** 设置为例，讲解具体的操作方法。

5.2.1　认识 UEFI BIOS 中的主要设置项

UEFI BIOS 中的主要设置项包括以下 7 种。

◎ 系统状态：主要用于显示和设置系统的各种状态信息，包括系统日期、时间、各种硬件信息等，如图 5-7 所示。

图5-7 "系统状态"界面

◎ 高级：主要用于显示和设置计算机系统的高级选项，包括 PCI 子系统、主板中的各种芯片组、电源管理、计算机硬件监控及外部运行的设备控制等，如图 5-8 所示。

图5-8 "高级"界面

◎ Overclocking：主要用于显示和设置硬件频率和电压，包括 CPU 频率、内存频率、CPU 电压、内存电压、PCI 电压等，如图 5-9 所示。

◎ M-Flash：主要用于 UEFI BIOS 的固件升级，如图 5-10 所示。

图5-9 "Overclocking"界面

图5-10 "M-Flash"界面

◎ 安全：主要用于设置系统安全密码，包括管理员密码、用户密码和机箱入侵设置等，如图 5-11 所示。

图5-11 "安全"界面

第 5 章

◎ 启动：主要用于显示和设置系统的启动信息，包括启动配置、启动模式和设置启动顺序等，如图 5-12 所示。

◎ 保存并退出：主要用于显示和设置 UEFI BIOS 的操作更改，包括保存选项和更改的操作等，如图 5-13 所示。

图5-12　"启动"界面

图5-13　"保存并退出"界面

5.2.2　设置计算机启动顺序

启动顺序是指系统启动时将按设置的驱动器顺序查找并加载操作系统，可以在"启动"界面中进行设置。下面在"启动"界面中设置计算机通过光驱和 U 盘启动，具体操作步骤如下。

微课：设置计算机启动顺序

STEP 1　选择启动选项

❶启动计算机，当出现自检画面时按"Delete"键，进入 UEFI BIOS 设置主界面，单击上面的"启动"按钮；❷在"设定启动顺序优先级"选项组中选择"启动选项 #1"选项，如图 5-14 所示。

图5-14　选择启动选项

STEP 2　设置光驱启动

在弹出的"启动选项 #1"对话框中选择"UEFI CD/DVD"选项，如图 5-15 所示。

图5-15　设置光驱启动

STEP 3　选择第二启动选项

返回"启动"界面，在"设定启动顺序优先级"选项组中选择"启动选项 #2"选项，如图 5-16 所示。

图5-16　选择第二启动选项

STEP 4　设置 U 盘启动

在弹出的"启动选项 #2"对话框中选择"USB Hard Disk"选项，如图 5-17 所示。

图5-17　设置U盘启动

STEP 5　保存并退出

❶返回"启动"界面，单击上面的"保存并退出"按钮；❷在"保存并退出"选项组中选择"储

存变更并重新启动"选项，如图 5-18 所示。

图5-18　保存并退出

STEP 6　确认设置

此时会打开一个提示框，要求用户确认是否保存重新启动，单击"是"按钮，如图 5-19 所示，完成计算机启动顺序的设置。

图5-19　确认设置

5.2.3　设置 BIOS 管理员密码

　　通常在 BIOS 设置中有两种密码形式，一种是管理员密码，设置这种密码后，计算机开机时需要输入该密码，否则无法开机登录；另一种是用户密码，设置这种密码后，计算机可以正常开机使用，但进入 BIOS 时需要输入该密码。下面就以设置管理员密码为例进行讲解，具体操作步骤如下。

STEP 1　选择安全选项

❶进入 UEFI BIOS 设置主界面，单击上面的

"安全"按钮；❷在"安全"选项组中选择"管理员密码"选项，如图 5-20 所示。

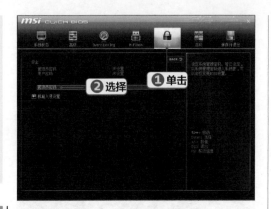

图5-20　选择安全选项

STEP 2　**输入密码**

在弹出的"建立新密码"对话框中输入密码后
按"Enter"键，如图5-21所示。

图5-21　输入密码

STEP 3　**确认密码**

在弹出的"确认新密码"对话框中再次输入相
同的密码后按"Enter"键，如图5-22所示。

图5-22　确认密码

STEP 4　**完成密码设置**

返回"安全"界面，界面显示管理员密码已设置，
如图5-23所示。保存变更并重新启动计算机，
此时会自动打开需要输入密码登录的界面，输
入刚才设置的管理员密码即可启动计算机。

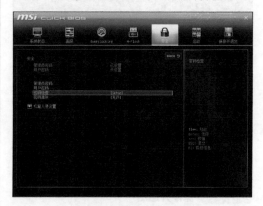

图5-23　完成密码设置

5.2.4　设置意外断电后恢复状态

　　通常在计算机意外断电后，用户需要手动重新启动计算机，但用户在 BIOS
中可以对断电恢复进行设置，如设置为一旦电源恢复，计算机将自动启动。下
面就在 UEFI BIOS 中设置计算机的自动断电后重启，具体操作步骤如下。

微课：设置意外断电后
恢复状态

STEP 1　**选择高级选项**

❶进入 UEFI BIOS 设置主界面，单击上面的
"高级"按钮；❷在"高级"选项组中选择"电
源管理设置"选项，如图5-24所示。

STEP 2　**设置电源管理**

在"高级\电源管理设置"选项组中选择"AC
电源掉电再来电的状态"选项，如图 5-25
所示。

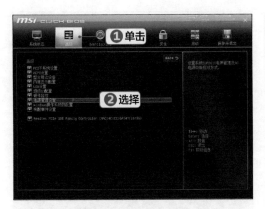

图5-24 选择高级选项

图5-25 设置电源管理

5.2.5 | 升级 BIOS 来兼容最新硬件

UEFI BIOS 可以通过升级的方式来兼容最新的计算机硬件，具体操作步骤如下。

STEP 1 选择 M-Flash 选项

❶进入 UEFI BIOS 设置主界面，单击上面的"M-Flash"按钮；❷在"M-Flash"选项组中选择"选择一个用于更新 BIOS 和 ME 的文件"选项，如图 5-27 所示。

STEP 2 选择升级的文件

在弹出的"选择 UEFI 文件"对话框中选择一个要升级的文件，如图 5-28 所示，系统将自动升级 BIOS 并自动重新启动计算机。

STEP 3 设置断电恢复的选项

在弹出的"AC 电源掉电再来电的状态"对话框中选择"开机"选项，如图 5-26 所示，然后保存变更并重新启动计算机，设置生效。

图5-26 设置断电恢复的选项

多学一招

断电恢复的状态选项

系统默认为"关机"选项，如果用户选择"掉电前的最后状态"选项，那么系统将恢复到掉电前计算机的状态。

微课：升级 BIOS 来兼容最新硬件

图5-27 选择M-Flash选项

第 5 章

图5-28　选择升级的文件

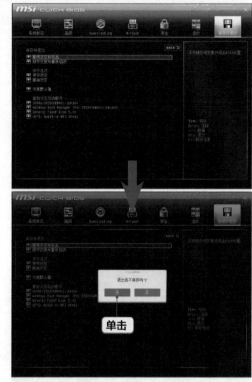

图5-29　不保存设置退出

不保存设置退出

　　如果用户对设置不满意，需要直接退出BIOS，则可以在BIOS设置主界面中单击上面的"保存并退出"按钮，打开"保存并退出"界面。在"保存并退出"选项组中选择"撤销改变并退出"选项，在弹出的提示框中单击"是"按钮确认退出而不保存，如图5-29所示。

5.3 设置传统的 BIOS

　　和 **UEFI BIOS** 不同，传统的 **BIOS** 通常是英文界面，只能通过键盘的按键进行设置。传统 **BIOS** 虽然有两种类型，但 **Phoenix-Award BIOS** 的应用更加广泛，下面就以 **Phoenix-Award BIOS** 为例，讲解设置传统 **BIOS** 的相关操作。

5.3.1 │ 认识传统 BIOS 的主要设置项

　　传统 BIOS 中的主要设置项包括标准 CMOS 特性、高级 BIOS 特性、高级芯片组特性、整合外部设备、电源管理设置、PnP/PCI 配置、频率 / 电压控制、载入最安全默认值、载入最优化默认值和退出 BIOS 等。

◎ Standard CMOS Features（标准 CMOS 特性）：通过该设置项界面可以对日期和时间、硬盘和光驱以及启动检查等选项进行设置，具体设置界面如图 5-30 所示。

◎ Advanced BIOS Features（高级 BIOS 特性）：通过该设置项界面可以对 CPU 的运行频率、病毒报警功能、磁盘引导顺序以及密码检查方式等选项进行设置，具体设置界面如图 5-31 所示。

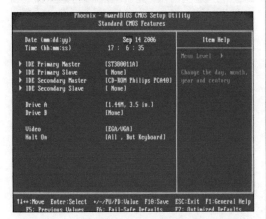

图5-30　"Standard CMOS Features"界面

图5-31　"Advanced BIOS Features"界面

知识提示

传统 BIOS 常见参数

通常"Enabled"表示该功能正在运行；"Disabled"表示该功能不能运行；"On"表示该功能处于启动状态；"Off"表示该功能处于未启动状态。

◎ Advanced Chipset Features（高级芯片组特性）：该设置项主要针对主板采用的芯片组运行参数，通过其中各个选项的设置可更好地发挥主板芯片的功能。但其设

置内容非常复杂，稍有不慎就将导致整机无法开机或出现宕机现象，所以不建议用户更改其中的任何参数，具体设置界面如图 5-32 所示。

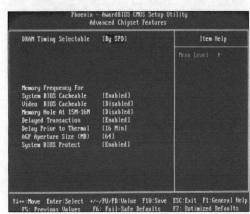

图5-32　"Advanced Chipset Features"界面

◎ Integrated Peripherals（整合外部设备）：通过该设置项可以对外部设备运行的相关参数进行设置，主要包括芯片组内建第一和第二个通道的 PCI IDE 界面、第一和第二个 IDE 主控制器下的 PIO 模式、USB 控制器、USB 键盘支持以及 AC97 音效等，具体设置界面如图 5-33 所示。

图5-33　"Integrated Peripherals"界面

◎ Power Management Setup（电源管理设置）：该设置项用于配置计算机的电源管

理功能，降低系统的耗电量。计算机可以根据设置的条件自动进入不同阶段的省电模式。具体设置界面如图 5-34 所示。

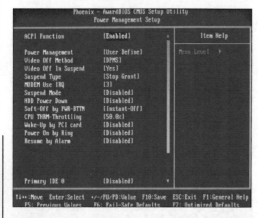

图5-34 "Power Management Setup" 界面

◎ PnP/PCI Configurations（PnP/PCI 配置）：该设置项主要用于对 PCI 总线部分进行设置，其设置内容技术性较强，通常采用系统默认值即可，具体设置界面如图 5-35 所示。

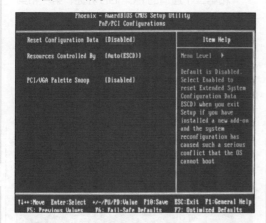

图5-35 "PnP/PCI Configurations" 界面

◎ Frequency/Voltage Control（频率 / 电压控制）：该设置项主要用来调整 CPU 的工作电压和核心频率，帮助 CPU 进行超频，具体设置界面如图 5-36 所示。

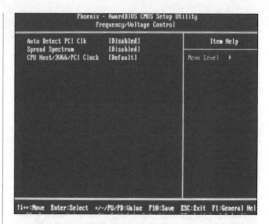

图5-36 "Frequency/Voltage Control" 界面

◎ Load Fail-Safe Defaults（载入最安全默认值）：最安全默认值是 BIOS 为用户提供的保守设置，它以牺牲一定的性能为代价，最大限度地保证计算机中硬件运行的稳定性。用户可在 BIOS 设置主界面中选择 "Load Fail-Safe Defaults" 选项将其载入，如图 5-37 所示。

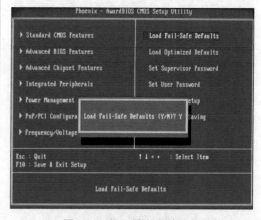

图5-37 载入最安全默认值

◎ Load Optimized Defaults（载入最优化默认值）：最优化默认值是指将各项参数更改为针对该主板的最优化方案。用户可在 BIOS 设置主界面中选择 "Load Optimized Defaults" 选项将其载入，如图 5-38 所示。

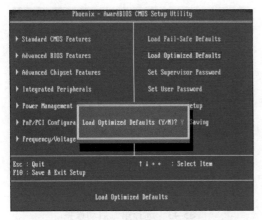

图5-38 载入最优化默认值

◎ 退出 BIOS：用户在 BIOS 设置主界面中选择"Save & Exit Setup"（保存并退出）选项可保存更改并退出 BIOS 系统；若选

择"Exit Without Saving"（不保存并退出）选项，将不保存更改并退出 BIOS 系统，如图 5-39 所示。

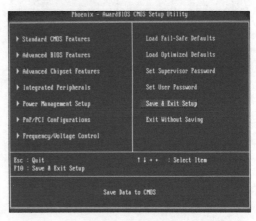

图5-39 退出BIOS

5.3.2 设置计算机启动顺序

传统 BIOS 设置计算机启动顺序是在高级 BIOS 特性设置界面中进行的，本小节将设置光驱启动为第一启动设备，第一主硬盘为第二启动设备，具体操作步骤如下。

微课：设置计算机启动顺序

STEP 1 选择高级 BIOS 特性

在BIOS设置主界面中，按"↓"键选择"Advanced BIOS Features"（高级 BIOS 特性）选项，如图 5-40 所示。

图5-40 选择高级BIOS特性

STEP 2 选择设置启动顺序的选项

按"Enter"键进入高级 BIOS 特性设置界面，

按"↓"键选择"First Boot Device"选项，如图 5-41 所示。

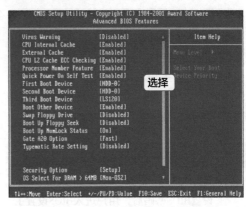

图5-41 选择设置启动顺序的选项

STEP 3 选择第一启动设备

按"Enter"键打开"First Boot Device"对话框。按"↓"键选择"CDROM"选项，即设置光驱为第一启动设备，设置完成后按

"Enter"键，返回高级 BIOS 特性设置界面，如图 5-42 所示。

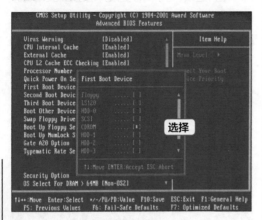

图5-42　选择第一启动设备

STEP 4 选择第二启动设备

选择"Second Boot Device"选项，以同样的方法设置"HDD-0"（第一主硬盘）为第二启动设备，如图 5-43 所示。设置完成后按"Esc"键，返回 BIOS 设置主界面。

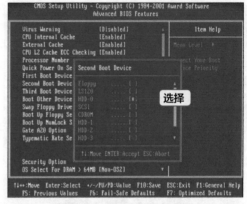

图5-43　选择第二启动设备

知识提示

启动设备的参数

在打开的提示框中，"Floppy"选项表示软盘驱动器；"LS120"选项表示LS120软盘驱动器；"HDD-0""HDD-1""HDD-2"…选项表示硬盘；"SCSI"选项表示SCSI设备；"USB"选项表示USB设备。

5.3.3 设置超级用户密码

传统 BIOS 也能设置两种密码，分别是超级用户密码和用户密码，超级用户密码功能与 UEFI BIOS 的管理员密码相同。本小节将设置超级用户密码，具体操作步骤如下。

微课：设置超级用户密码

STEP 1 选择选项

在 BIOS 设置主界面中按方向键选择"Set Supervisor Password"（设置超级用户密码）选项，然后按"Enter"键，如图 5-44 所示。

多学一招

删除或更改BIOS密码

设置BIOS密码后，用户进入BIOS设置主界面，在"Set Supervisor Password"或"Set User Password"选项上连续按3次"Enter"键，即可删除密码。更改密码的操作与设置密码的操作相同。

图5-44　选择选项

STEP 2 输入密码

在弹出的"Enter Password"文本框中输入
要设置的超级用户密码，然后按"Enter"键，
如图 5-45 所示。

STEP 3 确认密码

在弹出的"Confirm Password"文本框中再
次输入要设置的密码，然后按"Enter"键，即
可完成设置，如图 5-46 所示。

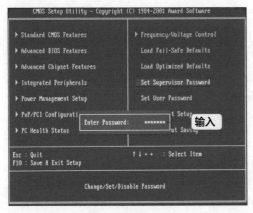

图5-45 输入密码

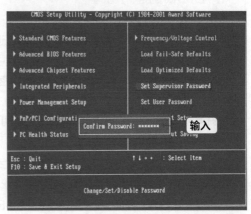

图5-46 确认密码

5.3.4 保存并退出 BIOS

　　用户对 BIOS 进行设置后，需要保存设置并重新启动计算机，相关设置才
会生效。本小节介绍退出 BIOS 的方法，具体操作步骤如下。

微课：保存并退出 BIOS

STEP 1 保存后退出

在 BIOS 设置主界面中按方向键选择"Save &
Exit Setup"选项并按"Enter"键打开提示对
话框，按"Y"键，再按"Enter"键，即可保
存并退出 BIOS，如图 5-47 所示。

STEP 2 不保存退出

如果需要不保存设置并退出 BIOS，则选择"Exit
Without Saving"选项并按"Enter"键打开
提示对话框，按"Y"键，再按"Enter"键，
直接退出 BIOS，如图 5-48 所示。

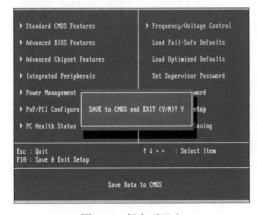

图5-47 保存后退出

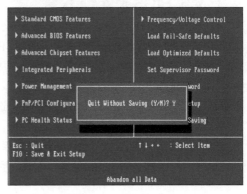

图5-48 不保存退出

第 5 章

前沿知识与流行技巧

1. BIOS 的通用密码

若用户忘记了已设置的密码，无法进入 BIOS，可试试 BIOS 厂商的通用密码。为方便工程人员使用，厂商一般会设置一个 BIOS 通用密码，即无论用户设置了什么密码，用户使用该通用密码都能进入 BIOS 进行设置。其中 AMI BIOS 的通用密码是"AMI"（仅适用于1992 年以前的版本），Award BIOS 的通用密码是"Award""H996""WANTGIRL""Syxz"等（注意区分大小写）。此外，用户还可对主板进行放电处理，将主板中的 CMOS 电池取下并等待 5min 以上，再将电池放回原位即可。

2. 传统 BIOS 设置 U 盘启动

不同类型的 BIOS，设置 U 盘启动的方式有差别。

◎ Phoenix-Award BIOS主板（适合2010年之前的主流主板）：启动计算机，进入BIOS设置主界面，选择"Advanced BIOS Features"选项，在打开的"Advanced BIOS Features"界面中选择"Hard Disk Boot Priority"选项，进入BIOS开机启动项优先级选择界面，选择"USB-FDD"或者"USB-HDD"之类的选项（计算机会自动识别插入计算机中的U盘）。

◎ Phoenix-Award BIOS主板（适合2010年之后的主流主板）：启动计算机，进入BIOS设置主界面，选择"Advanced BIOS Features"选项，在打开的"Advanced BIOS Features"界面中选择"First Boot Device"选项，在弹出的对话框中选择"USB-FDD"选项。

◎ 其他的一些BIOS：启动计算机，进入BIOS设置主界面，选择"Boot"选项，在打开的"Boot"界面中选择"Boot Device Priority"选项，然后选择"1st Boot Device"选项，再选择插入计算机的U盘为第一启动设备。

3. 传统 BIOS 设置温度报警

CPU过热可能会导致计算机出现重启或宕机等故障，严重时甚至会烧毁CPU，因此，用户可以在BIOS中设置温度报警，即当CPU达到设定的温度时发出报警声，以提醒用户及时发现并解决问题。方法如下：启动计算机，按"Delete"键进入BIOS设置主界面，按"↓"键选择"PC Health Status"选项，然后按"Enter"键；在计算机健康状况设置界面中选择"CPU Warning Temperature"选项，然后按"Enter"键；在打开的对话框中选择"70℃/158℉"选项，再按"Enter"键；按"↓"键选择"Shutdown Temperature"选项，然后按"Enter"键；进入设置系统重启温度的界面，将系统重启温度设置为75℃/167℉，即当CPU温度达到75℃时，系统将自动重新启动。

第2部分

第6章

超大容量硬盘分区与格式化

/ 本章导读

在设置完 BIOS 后，用户就需要启动计算机并对硬盘进行分区和格式化。分区的目的是更好地管理数据，格式化则是在硬盘中存储数据的基础操作。本章详细介绍在 TB 级大容量硬盘中进行分区和格式化的相关操作。

6.1 认识 TB 级大容量硬盘分区

硬盘分区是指在一块物理硬盘上创建多个独立的逻辑单元，以提高硬盘利用率，并实现数据的有效管理。这些逻辑单元即通常所说的 **C** 盘、**D** 盘和 **E** 盘等。随着硬盘容量的不断提升，过去的硬盘分区方式已经不能兼容 **2TB** 以上容量的硬盘，下面就介绍现在 **TB** 级大容量硬盘分区的相关知识。

6.1.1 硬盘分区的原因、原则和类型

要了解硬盘分区，用户首先需要了解硬盘分区的原因、原则和类型等基础知识。

1. 硬盘分区的原因

硬盘进行分区的原因主要有以下两个方面。

◎ 引导硬盘启动：新出厂的硬盘并没有进行分区激活，这使计算机无法对硬盘进行读写操作。用户在进行硬盘分区时可为其设置好各项物理参数，并指定硬盘的主引导记录及引导记录备份的存放位置。只有主分区中存在主引导记录，系统才可以正常引导硬盘启动，从而实现操作系统的安装及数据的读写。

◎ 方便管理：未进行分区的新硬盘只具有一个原始分区，但现在硬盘容量普遍很大，一个分区不仅会使硬盘中的数据变得没有条理性，而且不利于计算机性能的发挥，因此，用户有必要对硬盘空间进行合理分配，将其划分为几个容量较小的分区。

2. 硬盘分区的原则

用户在对硬盘进行分区时不可盲目分配，需按照一定的原则来完成分区操作。分区的原则一般包括合理分区、实用为主、根据操作系统的特性分区等。

◎ 合理分区：合理分区是指分区数量要合理，不可太多。分区数量过多会减慢系统启动及读写数据的速度，并且也不方便硬盘管理。

◎ 实用为主：实用是指根据实际需要来决定每个分区的容量大小，每个分区都有专门的用途。这种做法可以使各个分区之间的数据相互独立，不产生混淆。

◎ 根据操作系统的特性分区：一种操作系统不能支持所有类型的分区格式，因此，用户在分区时就应考虑将要安装何种操作系统。通常情况下，用户可将硬盘分为系统、程序、数据和备份 4 个区，除系统分区要考虑操作系统容量外，其余分区可平均进行分配。

3. 硬盘分区的类型

分区类型最早在 DOS 操作系统中出现，其作用是描述各个分区之间的关系。分区类型主要包括主分区、扩展分区与逻辑分区。

◎ 主分区：主分区是硬盘上最重要的分区。一个硬盘上最多能有 4 个主分区，但只能有一个主分区被激活。主分区被系统默认分配为 C 盘。

◎ 扩展分区：主分区外的其他分区统称扩展分区。

◎ 逻辑分区：逻辑分区从扩展分区中分配，只有逻辑分区的文件格式与操作系统兼容，操作系统才能访问它。逻辑分区的盘符默认从 D 盘开始（前提条件是硬盘上只存在一个主分区）。

6.1.2　传统的 MBR 分区标准

MBR（Master Boot Record）是在磁盘上存储分区信息的一种方式，这些分区信息包含了分区的起止位置，这样操作系统就知道硬盘的哪个扇区是属于哪个分区的以及哪个分区是可以启动的。

MBR 的意思是"主引导记录"，它存在于硬盘开始部分的一个特殊的启动扇区里。这个扇区包含了已安装的操作系统的启动加载器和硬盘的逻辑分区信息。如果计算机安装了 Windows 操作系统，Windows 启动加载器的初始信息就放在这个扇区里。如果 MBR 的信息被覆盖导致 Windows 不能启动，计算机就需要使用 Windows 的 MBR 修复功能来使其恢复正常。MBR 支持最大 2TB 硬盘，无法处理大于 2TB 容量的硬盘。MBR 只支持最多 4 个主分区，如果需要更多分区，用户只能创建"扩展分区"，并在其中创建逻辑分区。

传统的 MBR 分区文件格式有 FAT32 与 NTFS（New Technology File System，新技术文件系统）两种。NTFS 文件格式的硬盘分区占用的簇更小，支持的分区容量更大，并且引入了一种文件恢复机制，可最大限度地保证数据安全，Windows 系列操作系统通常都使用这种文件格式的硬盘分区。

6.1.3　2TB 以上容量的硬盘使用 GPT 分区标准

GPT（GUID Partition Table）也称 GUID（Globally Unique Identifier，全局唯一标识符）分区表，是一个正逐渐取代 MBR 的新分区标准，它和 UEFI 相辅相成——UEFI 用于取代老旧的 BIOS，而 GPT 则取代老旧的 MBR。

驱动器上的每个分区都有一个全局唯一的标识符，这是一个随机生成的字符串，可以保证为地球上的每一个 GPT 分区都分配一个唯一的标识符。

GPT 分区标准没有 MBR 的那些限制，硬盘驱动器容量可以相当大，甚至大到操作系统和文件系统都无法支持。它同时还支持几乎无限个分区数量，限制只在于操作系统——Windows 支持最多 128 个 GPT 分区，而且不需要创建扩展分区。

当采用 MBR 分区标准时，分区和启动信息是保存在一起的。如果这部分数据被覆盖或被破坏，硬盘通常很难恢复。而 GPT 分区标准会在整个硬盘上保存多个这部分信息的副本，因此它更为安全，并可以恢复被破坏的这部分信息。GPT 分区标准还为这些信息保存了循环冗余校验码（Cyclic Redundancy Check，CRC），以保证其完整性和正确性——如果数据被破坏，GPT 分区标准会发觉被破坏的部分，并通过硬盘的其他地方进行恢复。而 MBR 分区标准则对这些问题无能为力——只有在问题出现后，用户才会发现计算机已无法启动，或者硬盘分区都"不翼而飞"。

6.2　制作 U 盘启动盘

现在很多计算机都没有安装光驱，所以用户需要通过 U 盘来启动计算机并进行系统的分区、格式化和软件安装。下面介绍如何制作 U 盘启动盘来启动计算机。

6.2.1　制作 U 盘 Windows PE 启动盘

Windows PE 是最常用的 U 盘启动盘操作系统，下面就以制作大白菜 U 盘启动盘为例介绍相关知识，具体操作步骤如下。

微课：制作 U 盘 Windows PE 启动盘

第 6 章

STEP 1 下载并安装软件

打开大白菜官网，下载并安装 U 盘启动盘的制作软件（安装软件的具体操作将在第 8 章详细讲解），如图 6-1 所示。

图6-1 下载并安装软件

STEP 2 插入 U 盘

将一个 U 盘插入计算机的 USB 接口，如图 6-2 所示。

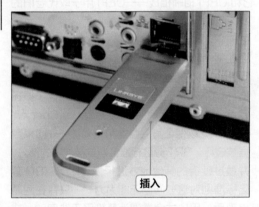

插入

图6-2 插入U盘

知识提示

制作模式的选择

大白菜U盘启动盘制作工具软件一般有3种制作模式，普通用户可以直接选择"默认模式"进行安装。如果安装不成功（通常是U盘原因造成的），用户可再选择ISO模式或者本地模式进行安装。

STEP 3 选择制作模式

❶启动U盘启动盘制作工具软件，在主界面"默认模式"选项卡的"请选择"下拉列表中选择U盘对应的选项；❷其他保持默认设置，单击"一键制作成USB启动盘"按钮，如图6-3所示。

图6-3 选择制作模式

STEP 4 确认操作

此时会弹出一个提示对话框，要求用户确认是否开始制作，单击"确定"按钮，如图 6-4 所示。

图6-4 确认操作

STEP 5 开始制作启动盘

制作软件开始为 U 盘写入数据,将其制作成启动盘,并在软件主界面窗口下面显示制作的进度,如图 6-5 所示。

图6-5 开始制作启动盘

STEP 6 完成制作

制作完成后弹出提示对话框,提示用户启动 U 盘制作成功,单击"确定"按钮即可,如图 6-6 所示。

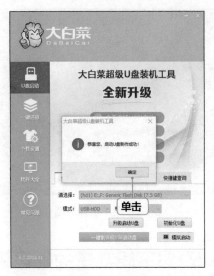

图6-6 完成制作

知识提示

ISO 模式

通过ISO模式制作的U盘启动盘,其原理类似于Windows操作系统的安装盘,就是将启动程序打包成一个ISO文件,然后计算机通过读取该ISO文件进行启动。

6.2.2 使用 U 盘启动计算机

Windows PE 是作为独立的预安装环境以及其他安装程序和恢复技术的完整组件使用的,通过 U 盘启动的 Windows PE 是利用 Windows PE 定义制作的操作系统,用户可直接使用。下面就使用 U 盘启动计算机并进入 Windows PE 操作系统,具体操作步骤如下。

微课: 使用 U 盘启动计算机

STEP 1 进入菜单选择界面

首先启动计算机,在 BIOS 中设置 U 盘为第一启动驱动器(相关操作参见第 5 章,这里不赘述),然后插入制作好的 U 盘启动盘,重新启动计算机。计算机将通过 U 盘中的启动程序启动,进入启动程序的菜单选择界面。按方向键选择"【1】启动 Win10 X64 PE(2G 以上内存)"选项,按"Enter"键,如图 6-7 所示。

STEP 2 进入 Windows PE

计算机将自动进入 Windows PE 操作系统,如图 6-8 所示,在其中可对计算机进行硬盘分区、格式化,以及安装操作系统、系统备份等操作。在计算机的操作系统被破坏的情况下,用户也可以通过 U 盘启动计算机,对操作系统进行恢复和优化。

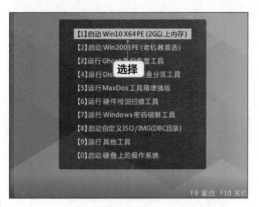

图6-7　菜单选择界面

图6-8　进入Windows PE

6.3 对不同容量的硬盘进行分区

对硬盘分区来说，**2TB** 是个分水岭，容量高于 **2TB** 与低于 **2TB** 的硬盘，其分区操作有所不同。**DiskGenius** 是 **Windows PE** 自带的专业硬盘分区软件，可以对目前所有容量的硬盘进行分区。下面就以该软件为例，介绍不同容量硬盘的分区方法。

6.3.1　使用 DiskGenius 为 80GB 硬盘分区

80GB 低于 2TB，因此，用户对 80GB 硬盘进行分区可以使用 MBR 分区标准。下面使用 DiskGenius 为 80GB 的硬盘进行分区，具体操作步骤如下。

微课：使用 DiskGenius 为 80GB 硬盘分区

STEP 1　启动 DiskGenius

使用 U 盘启动计算机，进入 Windows PE 操作系统界面，双击"分区工具"软件图标，如图 6-9 所示。

图6-9　启动DiskGenius

STEP 2　选择需要进行分区的硬盘

❶打开 DiskGenius 工作界面，在左侧的列表中选择需要分区的硬盘；❷单击硬盘对应的区域；❸单击"新建分区"按钮，如图 6-10 所示。

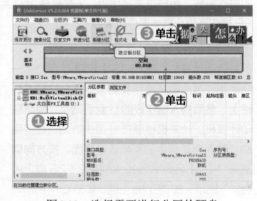

图6-10　选择需要进行分区的硬盘

STEP 3 建立主磁盘分区

❶在弹出的"建立新分区"对话框的"请选择分区类型"选项组中选择"主磁盘分区"单选项；❷在"请选择文件系统类型"下拉列表中选择"NTFS"选项；❸在"新分区大小"数值框中输入"20"；❹在数值框右侧的下拉列表中选择"GB"选项；❺单击"确定"按钮，如图 6-11 所示。

图6-11　建立主磁盘分区

STEP 4 选择空闲硬盘空间

❶返回 DiskGenius 工作界面，即可看到已经划分好的硬盘主分区，单击空闲的硬盘空间；❷单击"新建分区"按钮，如图 6-12 所示。

图6-12　选择空闲硬盘空间

STEP 5 建立扩展分区

❶在弹出的"建立新分区"对话框的"请选择分区类型"选项组中选择"扩展磁盘分区"单

选项；❷在"请选择文件系统类型"下拉列表中选择"Extend"选项；❸在"新分区大小"数值框中输入"60"；❹在数值框右侧的下拉列表中选择"GB"选项；❺单击"确定"按钮，如图 6-13 所示。

图6-13　建立扩展分区

STEP 6 继续进行硬盘分区

❶返回 DiskGenius 工作界面，即可看到刚才选择的空闲硬盘空间已经被划分为硬盘扩展分区，继续单击空闲的硬盘空间；❷单击"新建分区"按钮，如图 6-14 所示。

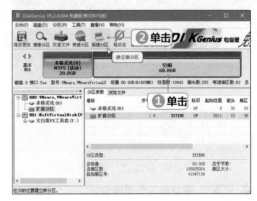

图6-14　继续进行硬盘分区

STEP 7 建立第一个逻辑分区

❶在弹出的"建立新分区"对话框的"请选择分区类型"选项组中选择"逻辑分区"单选项；❷在"请选择文件系统类型"下拉列表中选择"NTFS"选项；❸在"新分区大小"数值框

中输入"10"；④在数值框右侧的下拉列表中选
择"GB"选项；⑤单击"确定"按钮，如图6-15
所示。

图6-15　建立第一个逻辑分区

STEP 8　**继续进行硬盘分区**

①返回 DiskGenius 工作界面，即可看到刚才
选择的空闲硬盘空间已经被划分出一个逻辑分
区，继续单击剩余的空闲硬盘空间；②单击"新
建分区"按钮，如图 6-16 所示。

图6-16　继续进行硬盘分区

STEP 9　**建立第二个逻辑分区**

①在弹出的"建立新分区"对话框的"请选择
分区类型"选项组中选择"逻辑分区"单选项；
②在"请选择文件系统类型"下拉列表中选择
"NTFS"选项；③在"新分区大小"数值框中
输入"50"；④在数值框右侧的下拉列表中选择
"GB"选项；⑤单击"确定"按钮，如图6-17
所示。

图6-17　建立第二个逻辑分区

STEP 10　**保存更改**

返回 DiskGenius 工作界面，即可看到硬盘已
经被划分为 3 个分区，单击"保存更改"按钮，
如图 6-18 所示。

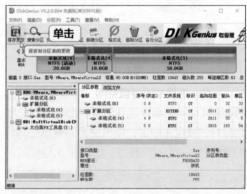

图6-18　保存更改

STEP 11　**确认更改**

系统弹出提示对话框，要求用户确认是否保存分
区的更改，单击"是"按钮即可，如图6-19所示。

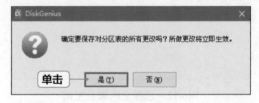

图6-19　确认更改

STEP 12　**是否格式化分区**

此时会再弹出一个提示对话框，询问用户是否
对新建立的硬盘分区进行格式化，单击"否"

按钮即可，如图 6-20 所示。

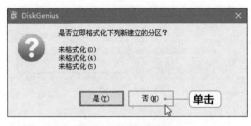

图6-20　是否格式化分区

STEP 13 完成硬盘分区

返回 DiskGenius 工作界面，即可看到硬盘分区的最终效果，如图 6-21 所示。

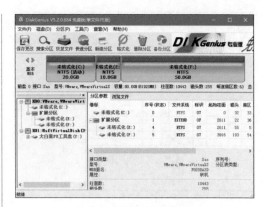

图6-21　查看分区的效果

6.3.2 使用 DiskGenius 为 8TB 硬盘分区

对 8TB 的硬盘进行分区需要使用 GPT 分区标准，下面就使用 DiskGenius 为 8TB 的硬盘进行分区。为了区别于上一种分区方式，这里采用自动快速分区的方法，将硬盘分为两个区，具体操作步骤如下。

STEP 1 选择要分区的硬盘

❶使用 U 盘启动计算机并进入 Windows PE 操作系统，启动 DiskGenius 软件并进入其工作界面，在左侧的列表中选择需要分区的硬盘；❷单击硬盘对应的区域；❸单击"快速分区"按钮，如图 6-22 所示。

图6-22　选择要分区的硬盘

STEP 2 设置快速分区

❶在弹出的"快速分区"对话框左侧的"分区表类型"选项组中选择"GUID"单选项；❷在"分区数目"选项组中选择"自定"单选项；

❸在"自定"右侧的下拉列表中选择"2"选项；❹在"高级设置"选项组的第一行的文本框中输入"3000"；❺在右侧"卷标"下拉列表中选择"系统"选项；❻在"高级设置"选项组第二行的文本框中输入"5000"；❼在右侧的"卷标"下拉列表中选择"数据"选项；❽选中"对齐分区到此扇区数的整数倍"复选框；❾单击"确定"按钮，如图 6-23 所示。

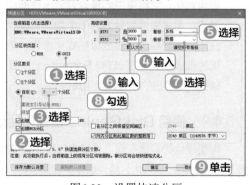

图6-23　设置快速分区

STEP 3 开始分区

DiskGenius 开始按照设置对硬盘进行快速分区，并在分区完成后自动对分区进行格式化操作，如图 6-24 所示。

图6-24　开始分区

区的最终效果，如图 6-25 所示。

图6-25　完成硬盘分区

STEP 4 完成硬盘分区

返回 DiskGenius 工作界面，即可看到硬盘分

6.4 格式化硬盘

　　格式化硬盘是指对创建的分区进行初始化，并确定数据的写入区。只有经过格式化的硬盘分区才可以安装软件及存储数据。执行格式化操作后，已存储数据的分区中的所有内容将被删除。

6.4.1 格式化硬盘的类型

　　格式化硬盘通常有两种类型，即平时所说的低级格式化和高级格式化。

◎ 低级格式化（低格）：低级格式化又叫物理格式化，它将空白的硬盘划分出柱面和磁道，再将磁道划分为若干个扇区。硬盘在出厂时已经进行过低级格式化操作，常见的低级格式化工具有 LFormat、DM 及硬盘厂商推出的各种硬盘工具等。

◎ 高级格式化（高格）：高级格式化只是重置硬盘分区表，并清除硬盘上的数据，而不对硬盘的柱面、磁道与扇区做改动。通常所说的格式化都是指高级格式化，常见的高级格式化工具有 DiskGenius、Fdisk 和 Windows 操作系统自带的格式化工具等。

6.4.2 使用 DiskGenius 格式化硬盘

　　即使硬盘的容量不同，其格式化操作也基本相同。下面对前面已经分区的 80GB 硬盘进行格式化，具体操作步骤如下。

微课：使用 DiskGenius
格式化硬盘

STEP 1 选择格式化分区

❶启动 DiskGenius 软件，进入其工作界面，选择需要分区的硬盘，然后单击硬盘主分区对应的区域；❷单击"格式化"按钮，如图 6-26 所示。

STEP 2 设置格式化分区选项

在弹出的"格式化分区"对话框中设置格式化分区的各种选项，这里保持默认设置，单击"格式化"按钮，如图 6-27 所示。

图6-26　选择格式化分区

图6-27　设置格式化分区选项

STEP 3 **确认格式化**

系统弹出提示对话框，要求用户确认是否格式化分区，单击"是"按钮即可，如图 6-28 所示。

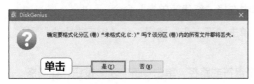

图6-28　确认格式化

STEP 4 **开始格式化**

DiskGenius 开始格式化分区，并显示进度，如图 6-29 所示。

STEP 5 **查看格式化效果**

格式化完成后系统会自动返回 DiskGenius 工作界面，在该界面中可以查看格式化效果，如图 6-30 所示。

图6-29　开始格式化

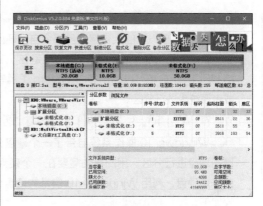

图6-30　查看格式化效果

STEP 6 **完成格式化操作**

按照相同的方法继续进行其他两个硬盘分区的格式化操作。完成格式化操作后的最终效果如图 6-31 所示。

图6-31　最终效果

213

前沿知识与流行技巧

1. 2TB 以上大容量硬盘分区的注意事项

对 2TB 以上的大容量硬盘进行分区时必须使用 GPT 分区标准。如果系统盘使用 GPT 分区标准，则对计算机的硬件有以下要求。

◎ 必须使用采用UEFI BIOS的主板。

◎ 主板的南桥驱动要求兼容Long LBA。

◎ 必须安装64位操作系统。

2. 利用硬盘自带软件对 2TB 以上大容量硬盘分区

很多 2TB 以上的大容量硬盘都会自带硬盘分区工具软件，例如希捷硬盘的 DiscWizard 工具软件，无论是在 Windows XP 还是在 Windows 7 操作系统中，无论主板 BIOS 是否支持 UEFI，用户都可以利用 DiscWizard 工具软件将希捷 2TB 以上的大容量硬盘作为数据盘或者系统盘进行分区。

3. 在 Windows 10 操作系统中给硬盘分区

Windows 10 操作系统自带了一个硬盘分区工具，该硬盘分区工具可以对目前各种容量的硬盘进行分区。用户首先需要在一个硬盘中安装好 Windows 10 操作系统，然后再安装一块硬盘，利用 Windows 10 自带的硬盘分区工具对第二块硬盘进行分区，具体操作步骤如下。

❶ 单击"开始"按钮，单击"开始"菜单中的"Windows 管理工具"选项，在下拉菜单中选择"计算机管理"命令。

❷ 在"计算机管理"窗口左边导航栏中展开"存储"选项，选择"磁盘管理"选项，这时右边的窗格中会加载磁盘管理工具。

❸ 双击磁盘管理工具，在磁盘 1（若是第二块硬盘，则是磁盘 0，以此类推）中的"未分配"选项上单击鼠标右键，在弹出的快捷菜单中选择"新建简单卷"命令。

❹ 在弹出的"新建简单卷向导"对话框中单击"下一步"按钮，在"指定卷大小"界面设定分区大小，单击"下一步"按钮。

❺ 在"分配驱动器号和路径"界面设置一个盘符或路径，单击"下一步"按钮，在"格式化分区"界面设置格式化分区，单击"下一步"按钮。

❻ 在"新建简单卷向导"的完成界面，单击"完成"按钮。

第 7 章

安装 32/64 位 Windows 10 操作系统

/ 本章导读

完成了硬盘的分区和格式化操作后，接下来用户就可以为计算机安装操作系统和硬件的驱动程序。本章主要介绍通过光盘或 U 盘安装 Windows 10 操作系统、通过虚拟机安装 Windows 10 操作系统，以及安装硬件驱动程序的方法。

7.1 全新安装 32/64 位 Windows 10 操作系统

操作系统是计算机能正常运行的基础，没有操作系统，计算机将无法完成任何工作。同时，其他应用软件也只能在安装了操作系统后再进行安装，因为没有操作系统的支持，应用软件不能发挥作用。Windows 系列操作系统是目前主流的操作系统，其中使用较多的版本是 Windows XP、Windows 7 和 Windows 10。

7.1.1 操作系统的安装方式

操作系统的安装方式通常有两种，分别是升级安装和全新安装，其中全新安装又分为使用光盘安装和使用 U 盘安装。

1. 升级安装

升级安装是指在计算机中已安装有操作系统的情况下，将其升级为更高版本的操作系统。但是升级安装会保留已安装系统的部分文件，为避免旧系统中的问题遗留到新的系统中，建议用户删除旧系统，使用全新安装的方式。

2. 全新安装

全新安装是在计算机中没有安装任何操作系统的情况下安装一个全新的操作系统。

◎ 光盘安装：光盘安装是指用户购买正版的操作系统安装光盘，将其放入光驱，通过该安装光盘启动计算机，然后将光盘中的操作系统安装到计算机硬盘的系统分区中。这是过去很长时间内常用的操作系统安装方式，图 7-1 所示为 Windows 10 操作系统的安装光盘。

图7-1　Windows 10操作系统安装光盘

◎ U 盘安装：U 盘安装是一种现在非常流行的操作系统安装方式，用户首先从网上下载正版的操作系统安装文件，将其放置到 U 盘中，然后通过 U 盘启动计算机，计算机就会在 U 盘中找到安装文件，并通过该安装文件安装操作系统。

7.1.2 Windows 10 操作系统对硬件配置的要求

Windows 10操作系统对计算机硬件的最低配置要求如下。

◎ CPU：主频 1GHz 或更高的 32 位（x86）或 64 位（x64）CPU。
◎ 内存：1GB RAM（32 位）以上或 2GB RAM（64 位）以上的内存。
◎ 硬盘：至少 16GB 可用硬盘空间（32 位）或 20GB 可用硬盘空间（64 位）。从

Windows 10 的 1903 版本开始，以后的版本至少应该有 32 GB（32 位）可用硬盘空间甚至更大（64 位）。

◎ 显卡：支持 800px×600px 屏幕分辨率或更高，具有 WDDM（Windows Display Driver Model）驱动程序的 DirectX 9 图形处理器。

7.1.3 通过光盘全新安装 32/64 位 Windows 10 操作系统

微课：通过光盘全新安装 32/64 位 Windows 10 操作系统

操作系统的位数与 CPU 的位数是同一概念，在 64 位 CPU 的计算机中需要安装 64 位的操作系统，CPU 才能发挥最佳性能（也可以安装 32 位操作系统，但 CPU 功能就会大打折扣）；而在 32 位 CPU 的计算机中则只能安装 32 位的操作系统。32/64 位操作系统的安装操作基本一致，在计算机中通过光盘安装 64 位 Windows 10 操作系统的具体操作步骤如下。

STEP 1 载入光盘文件

将 Windows 10 操作系统的安装光盘放入光驱，计算机启动后将自动运行光盘中的安装程序。计算机将对光盘进行检测，屏幕中将显示安装程序正在加载安装需要的文件，如图 7-2 所示。

图7-2 载入光盘文件

STEP 2 设置系统语言

❶文件复制完成后将运行 Windows 安装程序，在打开的对话框中进行设置，这里保持默认设置；❷单击"下一步"按钮，如图 7-3 所示。

图7-3 设置系统语言

STEP 3 开始安装

在打开的界面中单击"现在安装"按钮，如图 7-4 所示。

图7-4 开始安装

STEP 4 选择操作系统版本

❶在"选择要安装的操作系统"界面的列表中选择要安装的操作系统的版本；❷单击"下一步"按钮，如图 7-5 所示。

图7-5 选择操作系统版本

STEP 5 接受许可条款

❶在"适用的声明和许可条款"界面，选中"我接受许可条款"复选框；❷单击"下一步"按钮，如图 7-6 所示。

图7-6　接受许可条款

STEP 6 选择安装的类型

在"你想执行哪种类型的安装？"界面，单击相应的选项，如图 7-7 所示。

图7-7　选择安装的类型

STEP 7 选择硬盘分区

❶在打开的"你想将 Windows 安装在哪里？"界面中选择安装 Windows 10 的硬盘分区；❷单击"下一步"按钮，如图 7-8 所示。

STEP 8 正在安装

此时会打开"正在安装 Windows"界面，界面中显示安装状态，并用百分比的形式显示安装进度，如图 7-9 所示。

图7-8　选择硬盘分区

图7-9　正在安装

STEP 9 重启计算机

在安装过程中会要求重启计算机，约 10 秒后会自动重启，而单击"立即重启"按钮可直接重新启动计算机，如图 7-10 所示。

图7-10　重启计算机

第 7 章

STEP 10 准备设备

计算机重新启动后，Windows 10 操作系统将
对系统进行设置，并进行设备准备，如图 7-11
所示。

图7-11 准备设备

STEP 11 设置区域

❶设备准备完成后将自动重启计算机，计算机
重启完成将打开区域设置界面，这里选择默认的
选项；❷单击"是"按钮，如图 7-12 所示。

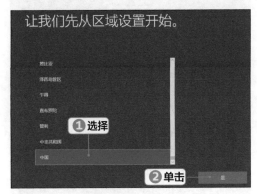

图7-12 设置区域

STEP 12 设置输入法

❶在输入法设置界面选择合适的输入法；❷单
击"是"按钮，如图 7-13 所示。

STEP 13 继续设置输入法

接下来系统会询问是否添加第二种键盘布局，
通常可以直接单击"跳过"按钮，如图 7-14 所示。

STEP 14 设置账户名称

❶在账户设置页面中设置系统账户，在文本框
中输入账户名称；❷单击"下一步"按钮，如

图 7-15 所示。

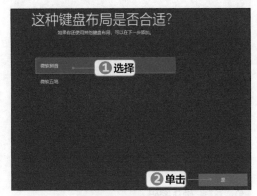

图7-13 设置输入法

图7-14 继续设置输入法

图7-15 设置账户名称

STEP 15 设置密码

❶在密码设置界面设置账户密码，在文本框中
输入用户密码；❷单击"下一步"按钮，如
图 7-16 所示。

219

图7-16 设置密码

STEP 16 确认密码

❶在确认密码界面的文本框中再次输入用户密码；❷单击"下一步"按钮，如图7-17所示。

图7-17 确认密码

STEP 17 创建安全问题

❶在"为此账户创建安全问题"界面的下拉列表中选择一个安全问题；❷在文本框中输入安全问题的答案；❸单击"下一步"按钮，如图7-18所示。

STEP 18 继续创建两个安全问题

用同样的方法继续选择另外一个安全问题，然后输入该安全问题的答案，单击"下一步"按钮。再按同样的方法操作一次，用户总共需要创建3个安全问题和答案。

图7-18 创建安全问题

STEP 19 发送活动记录

可以设置向Microsoft发送活动记录，单击"是"按钮，如图7-19所示。

图7-19 发送活动记录

STEP 20 隐私设置

❶在隐私设置界面，设置各种隐私选项；❷单击"接受"按钮，如图7-20所示。

图7-20 隐私设置

STEP 21 **显示桌面**

继续进行系统安装，安装完成后，将显示
Windows 10 操作系统的系统桌面，如图 7-21
所示。

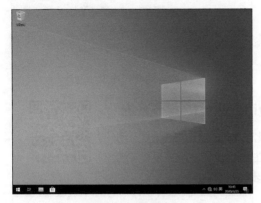

图7-21 显示桌面

STEP 22 **选择操作**

❶单击"开始"按钮；❷在打开的菜单中选择
"Windows 系统"选项；❸在下拉菜单的"此
电脑"选项上右击；❹在弹出的快捷菜单中选
择"更多"命令；❺在弹出的子菜单中选择"属
性"命令，如图 7-22 所示。

图7-22 选择操作

STEP 23 **激活 Windows**

在"系统"窗口"Windows 激活"选项组中单
击"激活 Windows"超链接，如图 7-23 所示。

STEP 24 **更改产品密钥**

在"激活"窗口中单击"更改产品密钥"超链接，
如图 7-24 所示。

图7-23 激活Windows

图7-24 更改产品密钥

STEP 25 **输入产品密钥**

❶在弹出的"输入产品密钥"对话框的"产品
密钥"文本框中输入产品密钥；❷单击"下一步"
按钮，如图 7-25 所示。

图7-25 输入产品密钥

STEP 26 **激活系统**

在弹出的"激活 Windows"对话框中单击"激
活"按钮，如图 7-26 所示。

STEP 27 **完成操作系统激活**

Windows 操作系统将连接到互联网中进行系统

激活，完成后将返回"系统"窗口，在"Windows 激活"栏中显示"Windows 已激活"，如图 7-27 所示。

图7-26　激活系统

图7-27　完成操作系统激活

7.1.4　通过 U 盘全新安装 32/64 位 Windows 10 操作系统

通过 U 盘安装 Windows 10 操作系统是目前比较流行的系统安装方式。用户需要准备一个 8GB 以上容量的空白 U 盘，通过在 Microsoft 的官方网站下载专门的软件将其制作为启动和安装 U 盘，具体操作步骤如下。

微课：通过 U 盘全新安装 32/64 位 Windows 10 操作系统

STEP 1　**打开官方下载网页**

在 Microsoft 的官方网站中，打开 Windows 10 的下载网页，单击"立即下载工具"按钮，如图 7-28 所示。

图7-28　打开官方下载网页

知识提示

下载软件

用户在Microsoft官方网站中下载的程序和软件，通常会自动保存到Windows操作系统的"下载"文件夹中。

STEP 2　**运行启动软件**

等启动软件下载完成后，双击启动软件，如图 7-29 所示。

图7-29　运行启动软件

STEP 3　**接受许可条款**

在"Windows 10 安装程序"窗口中，用户需要查看软件的许可条款，然后单击"接受"按钮，如图 7-30 所示。

图7-30　接受许可条款

STEP 4　选择操作

❶在选择操作的界面中选择"为另一台电脑创建安装介质（U 盘、DVD 或 ISO 文件）"单选项；❷单击"下一步"按钮，如图 7-31 所示。

图7-31　选择操作

STEP 5　操作系统设置

❶在"选择语言、体系结构和版本"界面，取消选中"对这台电脑使用推荐的选项"复选框；❷在"语言""版本""体系结构"下拉列表中选择所需选项；❸单击"下一步"按钮，如图 7-32 所示。

图7-32　操作系统设置

STEP 6　选择启动盘介质

❶在"选择要使用的介质"界面，选择"U 盘"单选项；❷单击"下一步"按钮，如图 7-33 所示。

STEP 7　选择 U 盘

❶在"选择 U 盘"界面中选择 U 盘对应的盘符；❷单击"下一步"按钮，如图 7-34 所示。

图7-33　选择启动盘介质

图7-34　选择U盘

STEP 8　创建 U 盘启动盘

启动软件开始从网上下载 Windows 10 的安装程序，并将其储存到 U 盘中，将 U 盘创建为启动盘。

STEP 9　完成 U 盘制作

启动盘制作完成后，在打开的界面中会显示 U 盘准备就绪，单击"完成"按钮，如图 7-35 所示。

图7-35　完成U盘制作

STEP 10 使用 U 盘安装 Windows 10 操作系统

在需要安装操作系统的计算机中设置 U 盘启动，然后通过制作好操作系统的 U 盘启动计算机，将其中的 Windows 10 操作系统安装到该计算机中，安装的具体操作步骤与使用光盘安装 Windows 10 操作系统一致，这里不再赘述。

7.2 使用 VM 安装 32/64 位 Windows 10 操作系统

　　VMware Workstation（简称 **VM**）是一款比较专业的虚拟机软件，当用户需要在计算机中进行一些没有进行过的操作时，如重装系统、安装多系统或 **BIOS** 升级等操作，用户就可以使用 **VM** 模拟这些操作。**VM** 可以同时运行多个虚拟的操作系统，在软件测试等专业领域使用较多，该软件属于商业软件，普通用户需要付费购买。

7.2.1 VM 的基本概念

　　VM 的功能相当强大，应用也非常广泛，只要是涉及使用计算机的工作，VM 都能派上用场。用户在使用 VM 之前需要先了解一些相关的专用名词，下面对这些专用名词进行讲解。

◎ 虚拟机：虚拟机是指通过软件模拟实现，具有完整硬件系统功能，且运行在一个完全隔离环境中的完整计算机系统。通过虚拟机软件，可以在一台物理计算机上模拟出一台或多台虚拟的计算机，这些虚拟的计算机（简称虚拟机）可以像真正的计算机一样进行工作，可以安装操作系统和应用程序。虚拟机只是运行在计算机上的一个应用程序，但对虚拟机中运行的应用程序而言，其可以得到与在真正的计算机中运行一致的结果。

◎ 主机：主机是指运行虚拟机软件的物理计算机，即用户所使用的计算机。

◎ 客户机系统：客户机系统是指虚拟机中安装的操作系统，也称"客户操作系统"。

◎ 虚拟机硬盘：虚拟机硬盘是虚拟机在主机上创建的一个文件，其容量大小受主机硬盘的限制，即存放在虚拟机硬盘中的文件，其大小不能超过主机硬盘大小。

◎ 虚拟机内存：虚拟机运行所需内存是由主机提供的一段物理内存，其容量大小不能超过主机的内存容量。

 知识提示

虚拟软件的优点

　　使用虚拟机软件，用户可以同时运行 Linux 各种发行版、Windows 各种版本、DOS 和 UNIX 等各种操作系统，甚至可以在同一台计算机中安装多个 Linux 发行版或多个 Windows 操作系统版本。在虚拟机的窗口上有多个按键，分别代表打开虚拟机电源、关闭虚拟机电源和 Reset 键等。这些按键的功能和计算机真实的按键一样，使用起来非常方便。

7.2.2 VM 对系统和主机硬件的基本要求

　　虚拟机在主机中运行时，需要占用部分系统资源，特别是对 CPU 和内存资源的占用较多。所以，运行虚拟机需要主机的操作系统和硬件配置达到一定的要求，这样才不会因运行虚拟机而影响系统的运行速度。

1. 能够安装 VM 的操作系统

VM 支持的操作系统如下。

◎ Microsoft Windows：从 Windows 3.1 到最新的 Windows 7/8/10。

◎ Linux：各种 Linux 版本，从 Linux 2.2.x 核心到 Linux 2.6.x 核心。

◎ 其他操作系统：Novell NetWare、Solaris、VMware ESX/ESXi、MS-DOS、FreeBSD、eComStation 等。

2. VM 对主机硬件的要求

在 VM 中安装不同的操作系统对主机的硬件要求也不同，表 7-1 列出了在 VM 中安装常见操作系统时的硬件配置要求。

表 7-1　VM 对主机硬件的要求

操作系统版本	主机硬盘剩余空间	主机内存容量
Windows XP	至少 40GB	至少 512MB
Windows Vista	至少 40GB	至少 1GB
Windows 7/8/10	至少 60GB	

7.2.3　VM 的常用快捷键

快捷键是指自身或与其他按键组合能够起到特殊作用的按键，VM 中的快捷键默认为"Ctrl"键。在虚拟机运行过程中，"Ctrl"键与其他键组合所能实现的功能如下。

◎ "Ctrl+B"组合键：开机。

◎ "Ctrl+E"组合键：关机。

◎ "Ctrl+R"组合键：重启。

◎ "Ctrl+Z"组合键：挂起。

◎ "Ctrl+N"组合键：新建一个虚拟机。

◎ "Ctrl+O"组合键：打开一个虚拟机。

◎ "Ctrl+F4"组合键：关闭所选择虚拟机的概要或控制视图。如果打开了虚拟机，将出现一个确认对话框。

◎ "Ctrl+D"组合键：编辑虚拟机配置。

◎ "Ctrl+G"组合键：为虚拟机捕获鼠标和键盘焦点。

◎ "Ctrl+P"组合键：编辑参数。

◎ "Ctrl+Alt+Enter"组合键：进入全屏模式。

◎ "Ctrl+Alt"组合键：返回正常（窗口）模式。

◎ "Ctrl+Alt+Tab"组合键：（当鼠标和键盘焦点在虚拟机中时）在打开的虚拟机中切换。

◎ "Ctrl+Shift+Tab"组合键：（当鼠标和键盘焦点不在虚拟机中时）在打开的虚拟机中切换。前提是 VMware Workstation 应用程序在活动应用状态上。

7.2.4　创建一个安装 Windows 10 操作系统的虚拟机

在 VMware Workstation 官方网站下载最新版本的软件，将其安装到计算机中，就可以创建和使用虚拟机了。下面以创建一个 Windows 10 操作系统的虚拟机为例进行讲解，具体操作步骤如下。

微课：创建一个安装 Windows 10 操作系统的虚拟机

STEP 1 启动软件

启动 VMware Workstation，打开主界面，单击"创建新的虚拟机"按钮，如图 7-36 所示。

图7-36 启动软件

STEP 2 选择配置类型

❶在弹出的"新建虚拟机向导"对话框中选择配置的类型，选择"典型"单选项；❷单击"下一步"按钮，如图 7-37 所示。

图7-37 选择配置类型

STEP 3 选择安装方式

❶在"安装客户机操作系统"界面中选择"安装程序光盘映像文件（ISO）"单选项；❷单击"浏览"按钮，如图 7-38 所示。

STEP 4 选择安装文件

❶在弹出的"浏览 ISO 映像"对话框中选择操作系统的安装文件，这里选择一个从网上下载的 Windows 10 操作系统的安装映像文件；❷单击"打开"按钮，如图 7-39 所示。

图7-38 选择安装方式

图7-39 选择安装文件

STEP 5 确认安装

返回"安装客户机操作系统"界面，单击"下一步"按钮，如图 7-40 所示。

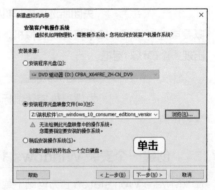

图7-40 确认安装

STEP 6 设置虚拟机系统

❶在"选择客户机操作系统"界面的"客户机操作系统"选项组中选择需要创建虚拟机的操

226

作系统对应的单选项；❷在"版本"下拉列表中选择该操作系统的版本；❸单击"下一步"按钮，如图 7-41 所示。

图7-41　设置虚拟机系统

STEP 7　设置保存位置

❶在"命名虚拟机"界面的"虚拟机名称"和"位置"文本框中分别输入新建虚拟机的名称和保存位置；❷单击"下一步"按钮，如图 7-42 所示。

图7-42　设置保存位置

STEP 8　指定磁盘容量

❶在"指定磁盘容量"界面的"最大磁盘大小"数值框中输入创建虚拟机的磁盘大小；❷选择"将虚拟磁盘存储为单个文件"单选项；❸单击"下一步"按钮，如图 7-43 所示。

STEP 9　准备创建

在"已准备好创建虚拟机"界面单击"完成"按钮，如图 7-44 所示。

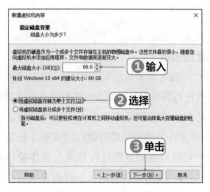

图7-43　指定磁盘容量

图7-44　准备创建

STEP 10　新建虚拟机

VM 开始创建虚拟机。创建完成后，在 VM 主界面窗口左侧的"库"任务窗格中可以看到创建好的虚拟机，在中间窗格的"设备"信息组中可查看该虚拟机的相关信息，在右侧窗格中则可以查看虚拟机的详细信息，如图 7-45 所示。

图7-45　新建虚拟机

多学一招

设置虚拟机

　　一般在虚拟机创建完成后，用户还需要对其进行简单配置，如新建虚拟硬盘、设置内存的大小及设置显卡和声卡等虚拟设备。但VM通常在创建虚拟机时就已经完成了设置，用户可以对这些设置进行修改，具体操作如下：打开VM主界面窗口，选择需要设置的虚拟机，单击"编辑虚拟机设置"超链接，打开"虚拟机设置"对话框，用户在其中便可对虚拟机进行相关的设置，如图7-46所示。

图7-46　设置虚拟机

7.2.5　使用 VM 安装 32/64 位 Windows 10 操作系统

　　在 VM 中安装操作系统与在计算机中安装操作系统基本相同，不同之处是用户可以通过 ISO 文件直接启动虚拟机并进行安装。用户只需要在图 7-45 所示的 VM 主界面窗口左侧的"库"任务窗格中选择需要安装操作系统的已创建好的虚拟机，在中间窗格中单击"开启此虚拟机"超链接，即可在该虚拟机中安装 Windows 10 操作系统，具体操作步骤这里不赘述。

7.3 安装硬件的驱动程序

　　硬件的驱动程序即设备驱动程序（**Device Driver**），它是添加到操作系统中的一小段代码，作用是向操作系统解释如何使用该硬件设备，其中包含有关硬件设备的信息。如果没有驱动程序，计算机中的硬件就无法正常工作。

7.3.1　从光盘或网上获取驱动程序

　　获取硬件驱动程序主要有两种方法：一是从购买硬件时附带的安装光盘中获取；二是从网上下载。

1. 从安装光盘获取驱动程序

　　用户所购买的硬件设备的包装盒内通常会附带一张安装光盘，用户通过该光盘便可进行硬件设备的驱动安装。用户需妥善保管驱动程序的安装光盘，方便以后重装系统时再次安装驱动程序。图 7-47 所示为显卡盒中的驱动安装光盘和说明书。

图7-47　显卡的驱动安装光盘和说明书

2. 从网上获取驱动程序

用户从网上可以很方便地获取各种资源，驱动程序也不例外，用户可以从网上查找和下载各种硬件设备的驱动程序。用户从网上获取驱动程序的方式主要有以下两种。

◎ 访问硬件厂商的官方网站：当硬件的驱动程序有新版本发布时，硬件厂商都会在其官方网站进行更新。

◎ 访问专业的驱动程序下载网站：如专业驱动程序下载网站"驱动之家"，用户在该网站中几乎能找到所有硬件设备的驱动程序，并且有多个版本可供选择，如图 7-48 所示。

图7-48 驱动程序下载网站

多学一招

驱动程序的版本

同一个硬件设备的驱动程序在网上会有很多版本，如公版、非公版、加速版、测试版和WHQL版等，用户可以根据需要及硬件的具体情况下载不同的版本进行安装，各种版本介绍如下。

◎ 公版：公版是指由硬件厂商开发的驱动程序，其具有最大的兼容性，适合使用该硬件的所有产品。如在英伟达官方网站下载的所有显卡驱动都属于公版。

◎ 非公版：非公版是指由硬件厂商为其生产的产品量身定做的驱动程序，这类驱动程序会根据具体硬件产品的功能进行改进，并加入一些调节硬件属性的工具，可以最大限度地提升硬件产品的性能。只有微星和华硕等知名厂商才具有开发这类驱动程序的实力。

◎ 加速版：加速版是由硬件爱好者对公版驱动程序进行改进后产生的版本，其开发目的是使硬件设备的性能达到最佳，不过其兼容性和稳定性要低于公版和非公版驱动程序。

◎ 测试版：测试版是指硬件厂商在发布正式版驱动程序前提供的供用户测试的测试版驱动程序，这类驱动分为Alpha版和Beta版，其中Alpha版是厂商内部人员自行测试版本，Beta版是公开测试版本，此类驱动程序的稳定性未知。

◎ WHQL版：WHQL（Windows Hard-ware Quality Labs，Windows硬件质量实验室）版主要负责测试硬件驱动程序的兼容性和稳定性，验证其是否能在Windows系列操作系统中稳定运行。该版本的特点是通过了WHQL认证，可以最大限度地保证操作系统和硬件的稳定运行。

7.3.2 安装驱动程序

Windows 10 操作系统自带了大部分硬件的驱动程序，普通用户安装 Windows 10 操作系统后，可以通过专门的驱动安装升级软件来安装和升级计算机的驱动程序。下面以 360 驱动大师为例，介绍安装驱动程序的具体操作步骤。

微课：安装驱动程序

STEP 1 启动软件

启动在计算机中已安装的 360 驱动大师，该软件将自动检测计算机硬件，找到需要安装和可以升级的驱动程序，并直接向用户给出提示。

这里选择需要升级的声卡驱动程序，在其选项右侧单击"升级"按钮，如图 7-49 所示。

图7-49　启动软件

STEP 2　安装驱动程序

360 驱动大师开始备份已经安装的声卡驱动程序，然后下载最新的驱动程序进行安装，如图 7-50 所示。

图7-50　安装驱动程序

多学一招

安装从网上下载的驱动程序

　　从网上下载的安装文件通常会被压缩，用户在安装时需找到启动安装文件的可执行文件，其名称一般为"setup.exe"或"install.exe"，有的则以软件名称命名。

STEP 3　完成安装

安装完成后，360 驱动大师会提示用户重新启动计算机以使驱动生效。单击"重新启动"按钮，如图 7-51 所示，重新启动计算机后，即可完成声卡驱动程序的升级安装。

图7-51　完成安装

前沿知识与流行技巧

1. 安装双操作系统

　　安装多操作系统的目的是根据各操作系统的特点，充分发挥操作系统的作用。例如，家庭和企业常常使用 Windows 10 或 Windows XP 操作系统；平板电脑等移动设备用户则可能使用 Windows 8 或 Windows 10 操作系统。由于 Windows 系列的操作系统各具优点，因此安装多操作系统不仅可以让用户体验不同操作系统的特点，还可方便用户在不同的场合下选用最适合的操作系统。下面在一台计算机中同时安装 Windows XP 和 Windows 10 两种操作系统，具体操作步骤如下。

　　❶ 按照前面介绍的方法安装 Windows XP 操作系统，进入 Windows XP 操作系统，

打开"我的计算机"窗口，单击选择各个硬盘，在左侧下方可以查看硬盘的文件格式和可用空间大小，准备将 Windows 10 操作系统安装到最后一个分区。

❷ 将 Windows 10 操作系统的安装光盘放入光驱，在打开的安装对话框中单击"现在安装"按钮，在"获取安装的重要更新"界面单击"不获取最新安装更新"选项。

❸ 在"请阅读许可条款"界面选中"我接受许可条款"复选框，单击"下一步"按钮。

❹ 在"您想进行何种类型的安装"界面选择"自定义（高级）"选项，进入选择安装分区的界面，选择 Windows 10 操作系统要安装到的逻辑分区 5，即最后一个硬盘分区，单击"下一步"按钮。

❺ 在"正在安装 Windows"界面中将显示安装进度，接下来开始正式安装 Windows 10 操作系统，需要设置用户名、时间和密码等，用户只需要按照安装向导提示操作即可。

❻ 完成双系统的安装后重启计算机，在启动过程中将显示启动菜单，用户可以选择启动"早期版本的 Windows"，即 Windows XP 操作系统，或选择启动 Windows 10 操作系统。

2. 在 VM 中设置 U 盘启动

下面以设置 U 盘启动虚拟机为例，讲解在 VM 中设置 U 盘启动的方法，具体操作步骤如下。

❶ 先将 U 盘连接到计算机，启动 VMware Workstation，单击已创建的虚拟机的选项卡"Windows 10"，单击"编辑虚拟机设置"超链接。

❷ 在弹出的"虚拟机设置"对话框中单击"添加"按钮，在添加硬件向导的"硬件类型"选项组中选择"硬盘"选项，单击"下一步"按钮。

❸ 在"选择磁盘类型"界面的"虚拟磁盘类型"选项组中选择"IDE"单选项，单击"下一步"按钮。

❹ 在"选择磁盘"界面的"磁盘"选项组中选择"使用物理磁盘"单选项，单击"下一步"按钮。

❺ 在"选择物理磁盘"界面的"设备"下拉列表中选择 U 盘对应的选项（通常 PhysicalDrive0 代表虚拟硬盘，U 盘通常是最下面的一个选项），单击"下一步"按钮。

❻ 在"指定磁盘文件"界面中设置磁盘文件的保存位置，通常保持默认设置，单击"完成"按钮。

❼ 返回"虚拟机设置"对话框，即可看到新建的设备"新硬盘（IDE）"，单击"确定"按钮，返回该 Windows 10 虚拟机的主界面，在左侧的"设备"任务窗格中可以看到创建好的硬盘设备。

❽ 单击左上角的"开启此虚拟机"超链接，VM 将自动启动虚拟机，并按照启动顺序启动 U 盘（本例中 U 盘是第二启动设备，第一启动设备是虚拟硬盘）。

3. 其他虚拟软件

目前流行的虚拟机软件除 VMware Workstation 外，还有 Oracle VM VirtualBox 和 Microsoft Virtual PC 等，它们都能在 Windows 系列操作系统中虚拟出多个计算机。

◎ Oracle VM VirtualBox：Oracle VM VirtualBox 软件是一款功能强大的虚拟机软件，具备虚拟机的所有功能，且操作简单、完全免费、升级速度快，非常适合普通用户使用。

231

◎ Microsoft Virtual PC：Microsoft Virtual PC 软件是一款由 Microsoft 公司开发，支持多个操作系统的虚拟机软件，具有功能强大、使用方便的特点，主要应用于重装系统、安装多系统和 BIOS 升级等；该软件的缺点是升级较慢，无法跟上操作系统的更新步伐。

4. VM 的上网方式

VM 有 6 种上网方式：主机拨号上网，虚拟机拨号上网；主机拨号上网，虚拟机通过主机共享上网；主机拨号上网，虚拟机使用 VMware 内置的 NAT 服务共享上网；主机直接上网，虚拟机直接上网；主机直接上网，虚拟机通过主机共享上网；主机直接上网，虚拟机使用 VMware 内置的 NAT 服务共享上网。通常安装好虚拟机后，VM 会自动连接到主机的网络共享上网，如果不能上网，则需要用户自己选择一种上网方式。此时用户只需要在 VM 主界面窗口中选择需要上网的虚拟机，单击"编辑虚拟机设置"超链接，打开"虚拟机设置"对话框，在左侧的列表中选择"网络适配器"选项，在右侧的"网络连接"选项组中选择一种上网方式即可，目前常用的是 NAT 模式和自定义的 VMnet 模式，如图 7-52 所示。

图7-52 VM共享上网方式

5. 在 VM 中使用物理计算机的文件夹

根据需要，用户可以将物理计算机中的文件夹共享给虚拟机使用，具体操作如下：在虚拟机中打开"虚拟机设置"对话框，单击"选项"选项卡，在左侧的列表中选择"共享文件夹"选项，在右侧的"文件夹共享"选项组中选择"总是启用"单选项，单击"添加"按钮，在打开的"添加共享文件夹向导"对话框的提示下，选择需要共享的文件夹，完成向导中的操作。

第 8 章

安装常用软件并测试计算机性能

/ 本章导读

在计算机中安装各种应用软件，能帮助人们解决生活和工作中的各种问题。对于自己组装计算机的用户，在完成计算机的组装后，还需利用各种软件来测试计算机的性能。本章就主要介绍这两个方面的操作。

8.1 在多核计算机中安装常用软件

安装常用软件是组装计算机的最后一步。只有安装了软件，计算机才能进行各种操作，如安装 **Office** 软件进行文档制作和数据计算、安装 **Photoshop** 软件进行图形绘制和图像处理、安装 **360** 安全卫士软件进行系统维护和安全防范等。

8.1.1 获取和安装软件的方式

在安装应用软件前，用户首先需要获取软件安装程序，然后通过不同的方式来安装。

1. 软件的获取途径

获取软件的途径主要有两种，分别是从网上下载软件安装文件和购买软件安装光盘。

◎ 从网上下载：许多软件开发商会在网上公布一些共享软件和免费软件的安装文件，用户只需要到软件下载网站查找并下载这些安装文件即可。

◎ 购买安装光盘：用户可以到正规的软件商店或从网上购买正版的安装光盘。购买正版安装光盘不但软件质量有保证，用户还能享受升级服务和技术支持，这对维护计算机的正常运行很有帮助。

2. 软件的安装方式

软件安装主要是指将软件安装到计算机的过程，由于软件的获取途径主要有两种，所以其安装方式也主要有两种，即解压安装和向导安装。

◎ 解压安装：网上提供的软件，考虑到网络传输速率方面的原因，一般会被制作成压缩文件。用户从网上下载好安装文件后，一般需要使用解压缩软件进行解压。解压后，有些软件需要通过安装向导进行安装，有些软件（如绿色软件）则直接运行主程序就可启动。

◎ 向导安装：使用安装光盘安装软件，均采用向导安装的方式进行。运行相应的可执行文件即可启动安装向导，然后在安装向导的提示下进行安装即可。

8.1.2 应该选择哪个版本

了解软件的版本有助于选择适合的软件，常见的软件版本主要包括以下 4 种。

◎ 测试版：软件的测试版表示软件还在开发中，其各项功能并不完善，也不稳定。开发者会根据使用测试版用户反馈的信息对软件进行修改，通常这类软件会在软件名称后面注明是测试版或 Beta 版。

◎ 试用版：试用版是软件开发者将正式版软件有限制地提供给用户使用的版本，如果用户觉得软件符合使用要求，可以通过付费的方法解除限制。试用版又分为全功能限时版和功能限制版。

◎ 正式版：正式版是正式上市的、用户通过购买即可使用的版本，它经过开发者测试，已经能稳定运行。对普通用户来说，应该尽量选用正式版的软件。

◎ 升级版：升级版是软件上市一段时间后，软件开发者在其原有功能基础上增加部分功能，并修复已经发现的错误和漏洞，然后推出的更新版本。安装升级版需要用户先安装软件的正式版，然后在其基础上安装更新或补丁程序。

8.1.3　安装常用软件

　　软件的类型虽然很多，但其安装过程却大致相似，下面就以安装从网上下载的驱动人生软件为例，讲解安装软件的基本方法，具体操作步骤如下。

微课：安装常用软件

STEP 1　**开始安装**

❶双击安装程序，打开程序的安装界面，选中"已阅读并同意许可协议"复选框；❷单击"自定义安装"超链接展开界面；❸在"安装目录"文本框中设置程序的安装位置；❹单击"立即安装"按钮，如图8-1所示。

图8-1　开始安装

STEP 2　**显示安装进度**

系统开始安装驱动人生软件，并显示进度，如图8-2所示。

图8-2　显示安装进度

STEP 3　**完成安装**

安装完成后系统将给出提示，单击"立即启动"按钮即可，如图8-3所示。

图8-3　完成安装

STEP 4　**进入软件的操作界面**

此时将直接启动该软件，进入其操作界面，如图8-4所示。

图8-4　进入软件的操作界面

知识提示

安装软件的注意事项

　　对应用软件而言，用户最好将其安装在非系统盘，并统一安装在某一个文件夹中。另外，现在很多从网上下载的软件都捆绑了其他软件，用户在安装时应注意通过设置取消这些附带软件的安装。

8.1.4 卸载不需要的软件

用户在使用了安装的应用软件后，若对其不满意或不需要再使用该应用软件，可以将其从计算机中卸载，以释放硬盘空间。卸载软件的操作通常都在"控制面板"窗口中进行。下面以卸载驱动人生软件为例，介绍卸载软件的方法，具体操作步骤如下。

微课：卸载不需要的软件

STEP 1 打开"开始"菜单

❶在操作系统界面中单击"开始"按钮；❷在打开的"开始"菜单中选择"Windows 系统"子菜单；❸在下拉菜单中选择"控制面板"命令，如图 8-5 所示。

图8-5　打开"开始"菜单

STEP 2 选择操作

在"控制面板"窗口的"程序"选项组中单击"卸载程序"超链接，如图 8-6 所示。

图8-6　选择操作

STEP 3 选择要卸载的程序

❶在"卸载或更改程序"界面右下角的列表中

选择"驱动人生"选项；❷单击"卸载"按钮，如图 8-7 所示。

图8-7　选择要卸载的程序

STEP 4 进入卸载程序

在弹出的对话框中单击"是"按钮，确认卸载操作；打开"驱动人生 - 卸载"对话框，单击"卸载"按钮，如图 8-8 所示。

图8-8　进入卸载程序

STEP 5 设置卸载选项

❶在打开的对话框中选择卸载的原因并设置卸载选项；❷单击"卸载"按钮，如图 8-9 所示。

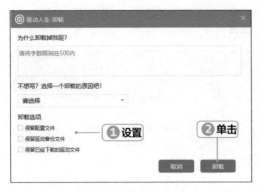

图8-9 设置卸载选项

操作，如图 8-10 所示。

图8-10 完成卸载

STEP 6 **完成卸载**

单击"有缘再见"按钮，完成驱动人生的卸载

8.2 利用软件测试计算机性能

　　计算机跑分是指用户利用软件对计算机的硬件进行测试，然后根据测试结果来了解硬件的性能高低，尤其是 **CPU**、显卡这些计算机核心硬件。跑分似乎已经成了所有购买新产品的用户必做的一项操作，甚至是每一款新产品上市之前必须经过的一个环节。

8.2.1 | 使用鲁大师跑分

　　鲁大师是一款专业的硬件检测软件，很多人都会使用鲁大师对计算机硬件性能进行检测，下面就使用鲁大师对计算机进行检测跑分，具体操作步骤如下。

微课：使用鲁大师跑分

STEP 1 **启动鲁大师**

在计算机中启动鲁大师，在其工作界面中单击"性能测试"选项卡，如图 8-11 所示。

知识提示

软件测试的权威性

　　不同的计算机硬件测试软件，其测试方法和测试标准不同。用户使用软件得出的硬件测试评分只能作为选购硬件的参考因素之一，所以在选择测试软件时，用户最好选择使用人数较多的，其结果更具代表性。

图8-11 启动鲁大师

STEP 2 开始检测

进入鲁大师的计算机性能测试界面，单击"开始评测"按钮，如图 8-12 所示。

图8-12 开始检测

STEP 3 检测跑分

鲁大师开始对计算机的主要硬件进行检测，主要包括处理器、显卡、内存和硬盘，如图 8-13 所示。这个过程需要较长的时间，且在检测过程中显示器可能出现黑屏、闪烁或停顿的现象。

图8-13 检测跑分

STEP 4 显示跑分结果

检测完成后鲁大师将显示计算机的跑分结果，并

会单独显示各主要硬件的得分情况，如图 8-14 所示。

图8-14 显示跑分结果

 知识提示

硬件排行榜

鲁大师还会对所有参与了测评的计算机、手机和硬件进行排名，用户单击对应的选项卡，即可查看最高排名和自己的排名，如图8-15所示。

图8-15 硬件排行榜

8.2.2　使用 3DMark 跑分

微课：使用 3DMark 跑分

　　3DMark 是业内公认的专业图形性能测试软件，是所有硬件网站的测试标准，也是衡量市场上所有显卡和计算机平台性能的标准型测试软件。下面就使用 3DMark 11 对显卡进行检测跑分，具体操作步骤如下。

STEP 1　启动 3DMark

启动 3DMark，进入基础测试界面，单击"Advanced"选项卡，如图 8-16 所示。

图8-16　启动3DMark

知识提示

基础测试选项

Entry、Performance和Extreme这3个选项分别对应入门、主流和极致3种计算机配置。

STEP 2　设置高级选项

进入 3DMark 的高级选项设置界面，保持默认设置，单击"运行 Performance"按钮，如图 8-17 所示。

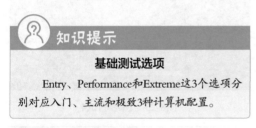

图8-17　设置高级选项

STEP 3　场景演示 1

3DMark 开始按照前面的选项演示不同的场景 Demo 测试显卡，首先是"DEEP SEA"（深海），如图 8-18 所示。

图8-18　场景演示1

STEP 4　场景演示 2

然后是"HIGH TEMPLE"（高阶神庙），这一场景 Demo 着重演示了光影及特效，如图 8-19 所示。

图8-19　场景演示2

STEP 5　图形测试 1

接着开始正式的显卡测试。首先是 GRAPHICS TEST 1，基于"DEEP SEA"场景运行，主要测试计算机的阴影及体积光照处理能力，未加入曲面细分功能，如图 8-20 所示。

图8-20　图形测试1

STEP 6　图形测试 2

然后是 GRAPHICS TEST 2，基于"DEEP SEA"场景运行，阴影及体积光照的等级有所提升，要求 GPU 有较强的处理能力，还加入了中等等级的曲面细分，如图 8-21 所示。

图8-21　图形测试2

STEP 7　图形测试 3

接着是 GRAPHICS TEST 3，基于"HIGH TEMPLE"场景运行，加入中等等级曲面细分，用定向光源形成比较真实的阴影，还应用了较高等级的体积光照技术，可根据不同的媒介材质实现不同的光影效果，如图 8-22 所示。

STEP 8　图形测试 4

再接着是 GRAPHICS TEST 4，基于"HIGH TEMPLE"场景运行，采用了高级曲面细分、体积光照及后处理特效技术，对 GPU 的性能要求比前一场景更高，如图 8-23 所示。

STEP 9　物理测试

下面开始物理测试（PHYSICS TEST）。物

理测试场景不再支持 PhysX 物理技术，而是转向对 CPU 的物理计算性能提出了要求，更高的主频和更多的线程会对这一项测试有利，如图 8-24 所示。

图8-22　图形测试3

图8-23　图形测试4

图8-24　物理测试

STEP 10　综合测试

最后进行综合测试（COMBINED TEST）。这里将对 CPU 和 GPU 同时进行测试，其中物体的下落和倒塌将完全由 CPU 进行物理计

算，而植物、旗帜等物体将由 DirectCompute 技术计算，GPU 则负责进行画面渲染工作以及完成曲面细分等 DirectX 11 特有的画面技术，如图 8-25 所示。

图8-25　综合测试

STEP 11　**显示跑分**

返回 3DMark 主界面，界面显示最终的测试结果，如图 8-26 所示。

图8-26　显示跑分

前沿知识与流行技巧

1.　ADSL 连接上网

　　单击"开始"按钮，在打开的菜单中选择"Windows 系统"子菜单，在下拉菜单中选择"控制面板"命令，打开"控制面板"窗口。在"网络和 Internet"选项组中单击"查看网络状态和任务"超链接，打开"网络和共享中心"窗口。在"更改网络设置"选项组中单击"设置新的连接或网络"超链接，打开"设置连接或网络"对话框。在"选择一个连接选项"界面中选择"连接到 Internet"选项，单击"下一步"按钮，打开"您想如何连接"界面。选择"宽带（PPPoE）"选项，进入"键入你的 Internet 服务提供商（ISP）提供的信息"界面，在"用户名"和"密码"文本框中输入 ADSL 宽带的对应信息，单击"连接"按钮，如图 8-27 所示，即可通过 ADSL 将计算机连接到互联网。

图8-27　ADSL连接上网

2. 无线上网

要设置计算机无线上网，用户需要在计算机中安装无线网卡，且计算机要处于无线网络的信号范围之内（也就是通常所说的有 Wi-Fi）。单击"开始"按钮，在打开的菜单中选择"Windows 系统"子菜单，在下拉菜单中选择"控制面板"命令，打开"控制面板"窗口。在"网络和 Internet"选项中单击"查看网络状态和任务"超链接，打开"网络和共享中心"窗口。在"更改网络设置"选项组中单击"设置新的连接或网络"超链接，打开"设置连接或网络"对话框。在"选择一个连接选项"界面中选择"连接到 Internet"选项，单击"下一步"按钮，打开"您想如何连接"界面。选择"无线"选项，计算机开始搜索无线网络。单击操作系统桌面右下角通知栏中的无线网络图标，在打开的下拉列表中将显示搜索到的无线网络，选择需要连接的无线网络，单击"连接"按钮即可连接到互联网。如果该无线网络设置了密码，则打开"键入网络安全密钥"对话框，在"安全密钥"文本框中输入密码后单击"确定"按钮即可连接到互联网。

3. 使用软件安装、升级和卸载计算机中的软件

现在有一些专门管理软件的软件，用户可以通过这种软件进行软件的安装、升级和卸载等操作，例如图 8-28 所示的 360 软件管家。在该软件中，用户可以搜索并下载各种类型的软件，然后直接安装，也可以自动检测可以升级的软件并进行一键升级，对于需要卸载的软件也可以一键卸载。在安装完操作系统和驱动程序后，用户可以直接安装 360 软件管家，从中安装计算机需要的软件。

图8-28　360软件管家

第3部分

第9章

对操作系统进行
备份与优化

/ 本章导读

在完成了计算机操作系统和各种驱动程序、软件的安装后，用户还有一项非常重要的操作需要进行，那就是对计算机的操作系统进行备份和优化。这项操作是计算机维护的重要组成部分之一。一方面，当系统出现故障时，用户可以利用备份将操作系统快速恢复到备份时的正常状态；另一方面，对操作系统进行优化可以降低系统出现故障的概率。

9.1 操作系统的备份与还原

备份系统最好在安装完驱动程序后进行，这时的系统最"干净"，最不容易出现问题。用户也可在安装完各种软件后才进行备份，这样在还原系统时可省略重装驱动程序、重装应用软件等很多操作。**Ghost** 是一款专业的系统备份和还原软件，它可以将某个硬盘分区或整个硬盘上的内容完全镜像复制到另外的硬盘分区和硬盘上，并将其压缩为一个镜像文件。

9.1.1 利用 Ghost 备份系统

Ghost 功能强大、使用方便，但多数版本只能在 DOS 环境下运行，Windows PE 操作系统也自带了 Ghost 软件。在通过 U 盘启动计算机后，用户即可利用 Ghost 备份系统，具体操作步骤如下。

微课：利用 Ghost 备份系统

STEP 1 利用 U 盘启动计算机
使用 U 盘启动计算机，在菜单界面中按"↓"键选择"【3】运行 Ghost 备份恢复工具"选项，按"Enter"键，如图 9-1 所示。

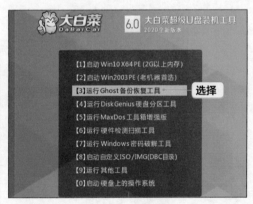

图9-1 选择操作

STEP 2 选择 Ghost 版本
在打开的选择 Ghost 版本的界面中保持默认设置，按"Enter"键，如图 9-2 所示。

图9-2 选择Ghost版本

STEP 3 进入 Ghost 主界面
在打开的 Ghost 主界面中显示了软件的基本信息，单击"OK"按钮，如图 9-3 所示。

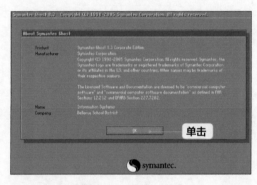

图9-3 Ghost主界面

STEP 4 选择操作
在打开的 Ghost 界面中选择"Local/Partition/To Image"命令，如图 9-4 所示。

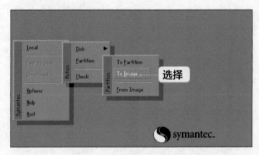

图9-4 选择"Local/Partition/To Image"命令

STEP 5 选择备份的硬盘

在弹出的对话框中选择硬盘（在有多个硬盘的情况下需慎重选择），这里直接单击"OK"按钮，如图 9-5 所示。

图9-5 选择备份的硬盘

STEP 6 选择备份的分区

❶在弹出的对话框中选择要备份的分区，通常选择第 1 分区；❷单击"OK"按钮，如图 9-6 所示。

图9-6 选择备份的分区

STEP 7 选择保存位置

在弹出的对话框的"Look in"下拉列表中选择 E 盘对应的选项，如图 9-7 所示。

图9-7 选择保存位置

STEP 8 输入镜像文件名称

❶在"File name"文本框中输入镜像文件的名称"WIN7"；❷单击"Save"按钮，如图 9-8 所示。

图9-8 输入镜像文件名称

STEP 9 选择压缩方式

在弹出的对话框中选择压缩方式，这里单击"High"按钮，如图 9-9 所示。

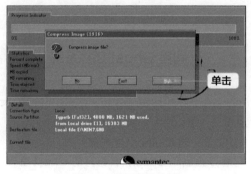

图9-9 选择压缩方式

STEP 10 确认操作

弹出对话框询问是否确认要创建镜像文件，单击"Yes"按钮，如图 9-10 所示。

STEP 11 开始备份

Ghost 开始备份第 1 分区，并显示备份进度等相关信息，如图 9-11 所示。

STEP 12 完成备份

备份完成后，将弹出一个对话框提示备份成功，单击"Continue"按钮返回 Ghost 主界面，即可完成系统备份，如图 9-12 所示。

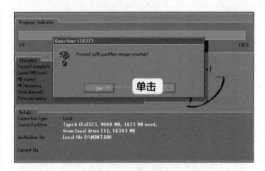

图9-10　确认操作

图9-12　完成备份

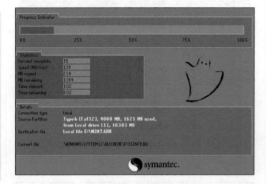

图9-11　开始备份

 知识提示

使用键盘操作 Ghost

　　Ghost也可以使用键盘进行操作。其中，"Tab"键主要用于在界面中的各个项目间进行切换。按"Tab"键激活某个项目后，该项目将呈高亮显示状态，按"Enter"键即可确认进行该项目对应的操作。

9.1.2 　利用 Ghost 还原系统

　　当系统感染了恶性病毒或遭受到严重损坏时，用户就可使用 Ghost 软件从备份的镜像文件中快速恢复系统，具体操作步骤如下。

微课：利用 Ghost 还原系统

STEP 1 　进入 Ghost 主界面

利用 U 盘启动 Ghost，在打开的 Ghost 主界面中单击"OK"按钮，如图 9-13 所示。

STEP 2 　选择操作

选择"Local/Partition/From Image"命令，如图 9-14 所示。

图9-13　Ghost主界面

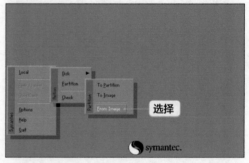

图9-14　选择"Local/Partition/From Image"命令

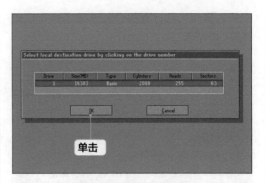

STEP 3 选择还原的镜像文件

①在弹出的对话框中选择备份的镜像文件 "WIN7"；②单击"Open"按钮，如图9-15 所示。

图9-15 选择还原的镜像文件

STEP 4 查看文件信息

在弹出的对话框中显示了该镜像文件的大小及 类型等相关信息，单击"OK"按钮，如图9-16 所示。

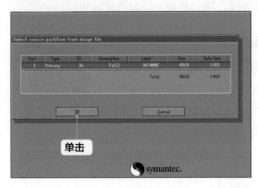

图9-16 查看文件信息

STEP 5 选择还原的硬盘

在弹出的对话框中选择需要恢复到的硬盘，这 里只有一个硬盘，单击"OK"按钮，如图9-17 所示。

STEP 6 选择还原的分区

①在弹出的对话框中选择需要恢复到的硬盘分 区，这里选择恢复到第1分区；②单击"OK" 按钮，如图9-18所示。

图9-17 选择还原的硬盘

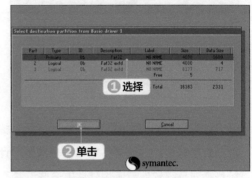

图9-18 选择还原的分区

STEP 7 确认还原

弹出对话框询问是否确定恢复，单击"Yes" 按钮，如图9-19所示。

图9-19 确认还原

STEP 8 完成还原

此时Ghost开始恢复该镜像文件到系统盘，并 显示恢复速度、进度和时间等信息。恢复完毕后， 在弹出的对话框中单击"Reset Computer"

按钮，重新启动计算机，完成还原操作，如图 9-20 所示。

图9-20　完成还原

Windows 10 操作系统的备份和还原功能

　　Windows 10操作系统也提供了系统备份和还原功能，用户利用该功能可以直接将各硬盘分区中的数据备份到一个隐藏的文件夹中作为还原点，以便在计算机出现问题时快速将各硬盘分区还原至备份前的状态。但这个功能有一个缺陷，就是在Windows操作系统无法启动时无法还原系统。同时，该功能需要占用大量的硬盘空间，所以建议硬盘空间有限的用户关闭该功能。

9.2 优化操作系统

　　计算机虽然"聪明"，但也达不到人脑的水平，它只能按照设计的程序运行，并不能分辨这些程序的好坏，所以用户需要对计算机进行优化，以提升其性能。优化操作系统是指对系统软件与应用软件中一些设置不当的项目进行修改，以加快计算机运行速度。

9.2.1 使用 Windows 优化大师优化系统

　　Windows 操作系统的许多默认设置并不是最优设置，在使用一段时间后难免会出现系统性能下降、频繁出现故障等情况，这时用户就需要使用专业的操作系统优化软件对系统进行优化与维护，如 Windows 优化大师。下面使用 Windows 优化大师中的自动优化功能优化操作系统，具体操作步骤如下。

微课：使用 Windows 优化
大师优化系统

STEP 1　打开 Windows 优化大师主界面
启动 Windows 优化大师，软件自动进入一键优化窗口，单击"一键优化"按钮，如图 9-21 所示。

STEP 2　自动优化系统
Windows 优化大师开始自动优化系统，并在窗口下方显示优化进度，如图 9-22 所示。

STEP 3　启动一键清理
优化完成后，窗口下方的进度条中会显示"完成'一键优化'操作"，单击"一键清理"按钮，如图 9-23 所示。

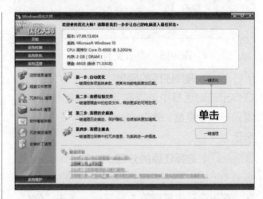

图9-21　打开Windows优化大师主界面

图9-22　自动优化系统

图9-23　启动一键清理

　扫描系统垃圾

Windows 优化大师开始扫描系统垃圾，准备待分析的目录，如图 9-24 所示。

图9-24　扫描系统垃圾

STEP 5　删除系统垃圾

扫描系统垃圾后，Windows 优化大师开始删除

垃圾文件，并弹出提示对话框要求用户确认是否删除这些垃圾文件，单击"确定"按钮，如图 9-25 所示。

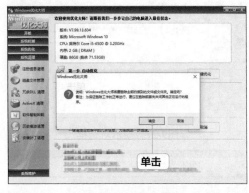

图9-25　删除系统垃圾

STEP 6　删除历史记录痕迹

Windows 优化大师开始清理历史痕迹，并弹出提示对话框，要求用户确认是否删除历史记录痕迹，单击"确定"按钮，如图 9-26 所示。

图9-26　删除历史记录痕迹

STEP 7　清理注册表

Windows 优化大师开始清理注册表，并弹出提示对话框，询问用户是否对注册表进行备份，这里单击"否"按钮，如图 9-27 所示。关于注册表备份的操作，在后文将进行专门讲解。

STEP 8　确认操作

Windows 优化大师弹出询问对话框，询问用户是否确认删除扫描到的注册表信息，单击"确定"按钮，如图 9-28 所示。

图9-27　提示对话框

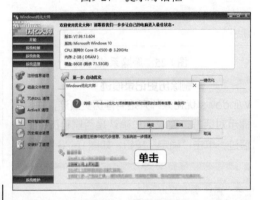

图9-28　确认操作

STEP 9　完成优化

❶ Windows 优化大师完成计算机所有的优化操作后，将在操作界面下方显示"完成'一键清理'操作"，单击"关闭"按钮；❷弹出提示对话框，要求用户重新启动计算机使设置生效，单击"确定"按钮即可，如图 9-29 所示。

图9-29　完成优化

知识提示

Windows 优化大师的其他功能

　　Windows优化大师除了具备系统清理功能，还具备系统检测、系统优化和系统维护等功能，可以进行硬件设备检测、开机程序设置、系统安全优化、系统个性化设置、硬盘碎片整理、驱动程序备份等操作，是一个功能较齐全的操作系统优化和维护软件。类似的软件还有360安全卫士和Windows 10优化大师等。

9.2.2　减少系统启动加载项

　　用户在使用计算机的过程中，会不断安装各种应用程序，而其中一些程序会默认加入系统启动项，如一些播放器程序、聊天工具等，这对部分用户来说也许并非必要，反而会使计算机开机速度变慢。在操作系统中，用户可以通过设置关闭这些自动运行的程序，来加快操作系统启动的速度，具体操作步骤如下。

微课：减少系统启动加载项

STEP 1　选择操作

❶单击"开始"按钮；❷在打开的菜单中选择"Windows 系统"子菜单；❸在下拉菜单中选择"任务管理器"命令，如图 9-30 所示。

STEP 2　设置启动项

❶在"任务管理器"窗口中单击"启动"选项卡；❷在列表中列出了随系统启动而自动运行的程序，选择不需要启动的程序对应的选项；❸单击"禁用"按钮，如图 9-31 所示。

图9-30　选择操作

图9-31　设置启动项

9.2.3 备份注册表

注册表是 Windows 操作系统中的一个核心数据库，其中存放着控制系统启动、硬件驱动程序加载以及一些应用程序运行的参数，在整个系统中起着核心作用。下面介绍备份注册表的方法，具体操作步骤如下。

微课：备份注册表

STEP 1 选择操作

❶单击"开始"按钮；❷在打开的菜单中选择"Windows 系统"子菜单；❸在下拉菜单中选择"运行"命令，如图 9-32 所示。

图9-32　选择操作

STEP 2 输入命令

❶在"运行"对话框的"打开"文本框中输入"regedit"；❷单击"确定"按钮，如图 9-33 所示。

图9-33　输入命令

STEP 3 选择备份项

在"注册表编辑器"窗口左侧的任务窗格中选择需要备份的注册表项，如图 9-34 所示。

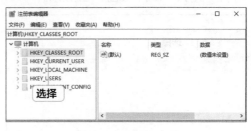

图9-34　选择备份项

STEP 4 选择备份操作

选择"文件"菜单中的"导出"命令，如图 9-35 所示。

图9-35　选择备份操作

第 9 章

STEP 5 设置保存

❶在弹出的"导出注册表文件"对话框中设置注册表备份文件的保存位置；❷在"文件名"文本框中输入备份文件的名称；❸单击"保存"按钮，如图 9-36 所示。

STEP 6 完成备份

Windows 10 操作系统将按照前面的设置对注册表的"HKEY_CLASSES_ROOT"项进行备份，并将其保存为"root.reg"文件，在设置的保存文件夹中即可看到该文件。

图9-36 设置保存

9.2.4 还原注册表

进行注册表备份后，如果操作系统出现问题，用户可以尝试通过还原注册表的方法排除故障。还原注册表的具体操作步骤如下。

微课：还原注册表

STEP 1 选择操作

打开"注册表编辑器"窗口，选择"文件"菜单中的"导入"命令，如图 9-37 所示。

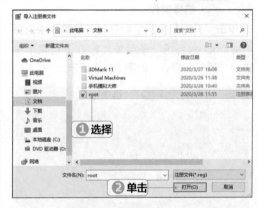

图9-38 选择注册表文件

图9-37 选择操作

STEP 2 选择注册表文件

❶在弹出的"导入注册表文件"对话框中选择已经备份的注册表文件；❷单击"打开"按钮，如图 9-38 所示。

STEP 3 还原注册表

操作系统开始还原注册表文件，并显示进度，如图 9-39 所示。

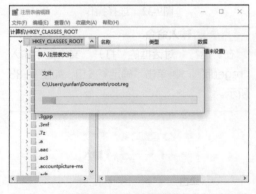

图9-39 还原注册表

9.2.5　优化系统服务

微课：优化系统服务

　　Windows 操作系统启动时，系统会自动加载很多在系统和网络中发挥着很大作用的服务，但这些服务并不都适合用户，因此，用户有必要将一些不需要的服务关闭以节约内存资源，加快计算机的启动速度。下面以关闭系统搜索索引服务（Windows Search）为例，介绍优化系统服务的方法，具体操作步骤如下。

STEP 1　选择菜单命令

❶单击"开始"按钮；❷在打开的菜单中选择"Windows 管理工具"子菜单；❸在下拉菜单中选择"服务"命令，如图 9-40 所示。

图9-40　选择菜单命令

STEP 2　选择操作

❶在"服务"窗口右侧的"服务"列表中选择"Windows Search"选项；❷单击"停止"超链接，如图 9-41 所示。

图9-41　选择操作

STEP 3　停止服务

Windows 操作系统开始停止该项服务，并显示进度，如图 9-42 所示。

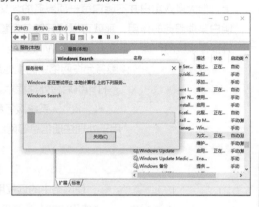

图9-42　停止服务

STEP 4　完成优化

停止服务完成后，单击"启动"超链接可以重新启动该服务，如图 9-43 所示。

图9-43　完成优化

多学一招

优化系统服务

　　优化系统服务需要根据个人实际使用情况来决定，优化前最好对系统进行备份，并充分了解系统服务的具体内容，以免停用服务后对操作系统产生不良影响。

前沿知识与流行技巧

1. Windows 10 操作系统中常见的可以关闭的服务

Windows 10 操作系统中提供的大量服务占据了许多系统内存，且部分服务用户也用不上，但大多数用户并不明白每一项服务的含义，所以不敢随便停用服务。如果用户能够完全明白某项服务的作用，那就可以打开服务项管理窗口逐项检查，通过关闭其中一些服务来提升操作系统的性能。下面介绍一些 Windows 10 操作系统中常见的可以关闭的服务项。

- ClipBook：该服务允许网络中的其他用户浏览本机的文件夹。
- Print Spooler：打印机后台处理程序。
- Error Reporting Service：系统服务和程序在非正常环境下运行时发送错误报告。
- Net Logon：用于处理注册信息等网络安全功能。
- NT LM Security Support Provider：为网络提供安全保护。
- Remote Desktop Help Session Manager：用于网络中的远程通信。
- Remote Registry：使网络中的远程用户能修改本地计算机中的注册表设置。
- Task Scheduler：使用户能在计算机中配置和制订自动任务的日程。
- Uninterruptible Power Supply：用于管理用户的 UPS。

2. 加快计算机关机速度

虽然 Windows 10 操作系统的关机速度已经比之前版本的 Windows 操作系统快了很多，但用户仍可以使用以下两种方法加快关机速度。

方法一

❶ 单击"开始"按钮，在打开的菜单中选择"Windows 系统"子菜单，在下拉菜单中选择"运行"命令。

❷ 在"运行"对话框的"打开"文本框中输入"msconfig"，单击"确定"按钮。

❸ 在"系统配置"对话框中单击"引导"选项卡，在"引导选项"选项组中选中"无 GUI 引导"复选框，单击"确定"按钮。

方法二

❶ 单击"开始"按钮，在打开的菜单中选择"Windows 系统"子菜单，在下拉菜单中选择"运行"命令。

❷ 在"运行"对话框的"打开"文本框中输入"gpedit.msc"，单击"确定"按钮。

❸ 在"本地组策略编辑器"窗口左侧的任务窗格中选择"计算机配置 / 管理模板 / 系统 / 关机选项"选项，在右侧的列表中选择"关闭会阻止或取消关机的应用程序的自动终止功能"选项，在中间的列表中单击"策略设置"超链接。

❹ 在弹出的对话框中选择"已启用"单选项，单击"确定"按钮。

第 3 部分

第 10 章

对多核计算机进行日常维护

/ 本章导读

　　用户在使用计算机的过程中，还需要对计算机进行日常维护，只有做好了日常维护，计算机才能更好地工作。本章主要讲解多核计算机日常维护的相关知识，如保持良好的工作环境、注意安放位置、软件和硬件的维护，以及家庭无线局域网和 NAS 的组建与维护等。

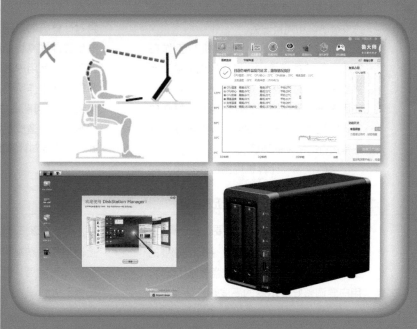

10.1 多核计算机的日常维护事项

现今计算机已成为人们生活工作中不可缺少的工具，随着信息技术的发展，用户在实际使用计算机的过程中开始面临越来越多的系统维护和管理问题，如硬件故障、软件故障、病毒防范和系统升级等。如果用户不能及时有效地处理这些问题，将给工作和生活带来不良的影响。为此，用户需要针对计算机进行全面的维护，以较低的成本保证计算机较为稳定的性能，保证计算机正常运行。

10.1.1 保持良好的工作环境

计算机对工作环境有较高的要求，长期在恶劣环境中工作很容易出现故障。计算机对工作环境主要有以下 6 点要求。

◎ **做好防静电工作**：静电有可能造成计算机中各种芯片损坏，为防止静电造成的损害发生，用户在打开机箱前应当用手接触暖气管或水管等可以放电的物体，将身体的静电放掉。另外，在安装计算机时将机壳用导线接地，也可起到很好的防静电效果。

◎ **预防震动和噪声**：震动和噪声会造成计算机内的部件损坏（如硬盘损坏或数据丢失等），因此，计算机不能工作在震动和噪声很大的环境中。如确实需要将计算机放置在震动和噪声大的环境中，则用户应考虑安装防震和隔音设备。

◎ **避免过高的工作温度**：计算机应工作在 20℃ ~25℃ 的环境中，过高的温度会使计算机在工作时散热困难，轻则缩短计算机使用寿命，重则烧毁芯片。用户最好在放置计算机的房间安装空调，以保证计算机正常运行时所需的环境温度。

◎ **湿度不能过高**：计算机周围应保持良好的

通风，以降低机箱内的湿度，否则主机内的线路板容易被腐蚀，进而导致板卡过早老化。

◎ **防止灰尘过多**：计算机各部件非常精密，如果工作环境中灰尘较多，就可能堵塞计算机的各种接口，使其不能正常工作，因此，用户不可将计算机置于灰尘过多的环境中，如果不能避免，应做好防尘工作。另外，用户最好每月清理一次机箱内部的灰尘，做好计算机的清洁工作，以保证其正常运行。

◎ **保证计算机的工作电源稳定**：电压不稳容易对计算机的电路或部件造成损害，由于电供应存在高峰期和低谷期，电压会经常波动，因此用户最好配备稳压器以保证计算机正常工作所需的稳定电源。如果突然停电，则有可能造成计算机内部数据丢失，严重时还会造成系统不能启动等故障，因此，用户要对计算机进行电源保护。

10.1.2 注意计算机的安放位置

计算机的安放位置也比较重要，在计算机的日常维护中，用户应该注意以下 4 点。

◎ 计算机主机的安放应当平稳，并保留必要的工作空间，用于放置硬盘和光盘等常用配件。

◎ 用户要调整好显示器的高度，应使显示器

上边与视线基本平行，太高或太低都容易使操作者疲劳。图 10-1 为显示器的摆放位置示意图。

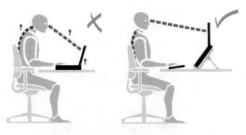

图10-1　显示器的摆放位置示意

◎ 当计算机停止工作时最好能盖上防尘罩，防止灰尘对计算机的侵袭；在计算机正常使用的情况下，用户一定要将防尘罩拿下来以保证散热。

◎ 在北方较冷的地区，计算机最好放在有暖

气的房间；在南方较热的地区，则最好放在有空调的房间。

 多学一招

温度和湿度对计算机的影响

　　温度过高或过低、湿度较大都容易使计算机的板卡变形而产生接触不良等故障。尤其是南方的梅雨季节更应该注意，用户应保证计算机每个月通电一两次，每次通电时间应不少于2h，以避免潮湿的天气使板卡变形，导致计算机不能正常工作。

10.1.3　软件维护的主要项目

　　软件故障是常见的计算机故障，特别是频繁地安装和卸载软件，会产生大量垃圾文件，降低计算机的运行速度，因此软件也需进行维护。操作系统的优化也可以看作计算机软件维护的一个方面，软件维护主要包括以下几个方面的内容。

◎ 注意系统盘问题：安装系统时系统盘分区不要太小，否则用户需要经常对 C 盘进行清理。除了必要的程序以外，其他软件尽量不要安装在系统盘上，系统盘的文件格式尽可能选择 NTFS 格式。

◎ 注意杀毒软件和播放器：很多计算机出现故障都是因为软件冲突，特别是杀毒软件和播放器。一个系统装两个以上的杀毒软件便有可能会造成系统运行缓慢甚至宕机、蓝屏等问题；大部分播放器装好后会在后台形成加速进程，两个或两个以上播放器会互抢宽带，造成网速过慢等问题，配置不高的计算机还有可能宕机。

◎ 设置好自动更新：自动更新可以为计算机的许多漏洞打上补丁，也可以避免病毒利用系统漏洞攻击计算机，所以用户应该设置好系统的自动更新。

◎ 阅读说明书中关于维护的内容：很多计算机常见问题和维护方法在硬件或软件的说

明书中都有说明，用户组装完计算机后应该仔细阅读一下说明书。

◎ 安装防病毒软件：安装防病毒软件可有效地预防病毒的入侵。

◎ 辨别无用插件：网络共享软件很多都捆绑了一些无用插件，初学者在安装这类软件时应注意选择和辨别。

◎ 保存好所有驱动程序安装文件：原装驱动程序可能不是最好的，但它一般是最适用的；最新的驱动不一定能更好地发挥老硬件的性能，用户不宜过分追求最新的驱动。

◎ 每周维护：清除垃圾文件、整理硬盘里的文件、用杀毒软件深入查杀一次病毒，都是计算机日常维护中的主要工作。此外，用户还需每月进行一次硬盘碎片整理，进行硬盘查错。

◎ 定期清理回收站中的垃圾文件：定期清空回收站释放系统空间，或对不需要的文件

直接按"Shift+Delete"组合键完全删除。

◎ 注意清理系统桌面：桌面上不宜存放太多东西，以避免影响计算机的运行和启动速度。

◎ 更改默认文档的存放地址：很多人（特别是初学者）习惯将文件保存在系统默认的文档里，这里建议用户将默认文档的存放路径转移到非系统盘。打开"文件资源管理器"窗口，在其右侧列表的"文档"文件夹上右击，在弹出的快捷菜单中选择"属性"命令，打开"文档 属性"对话框，单击"位置"选项卡，单击"移动"按钮，打开"选择一个目标"对话框，在其中设置新的存放路径，然后单击"选择文件夹"按钮，如图10-2所示，即可完成文件夹的转移操作。

图10-2 更改默认文档的存放位置

10.2 多核计算机硬件的日常维护

很多计算机专业人士明确指出，计算机硬件需要进行日常维护，因为用户在使用计算机的过程中，由于操作不当等人为因素，很可能会造成硬件故障。由于各种硬件有不同的结构，所以不同硬件的维护方法也不同。

10.2.1 维护多核 CPU

CPU 的运行状态会对计算机的稳定性产生直接影响，对 CPU 的维护主要在于用好硅脂、正确安装以及保证良好的散热，具体维护方法如下。

◎ 用好硅脂：将硅脂涂于 CPU 表面内核上，薄薄的一层即可，若过量使用，则有可能会渗漏到 CPU 表面接口处；硅脂在使用一段时间后会变干燥，这时用户可以除净后再重新涂上硅脂。

◎ 正确安装：如果 CPU 和散热风扇安装得过紧，则可能导致 CPU 的针脚或触点被压损，因此，用户在安装 CPU 和散热风扇时要注意用力均匀，压力要适中。

◎ 保证良好的散热：CPU 的正常工作温度为 50℃ 以下，具体工作温度根据不同 CPU 的主频而定；CPU 风扇散热片质量要好，最好带有测速功能，这样可与主板监控功能配合监测风扇工作情况，图 10-3 所示为鲁大师软件监控计算机各种硬件温度的情况，包括 CPU 温度和风扇转速等。另外，散热片的底层以厚为佳，这样有利于主动散热。

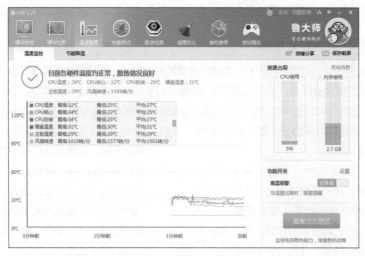

图10-3　硬件温度监测

10.2.2　维护主板

主板是计算机的核心部件,计算机的部分故障是由主板与其他部件接触不良或主板损坏所造成的。做好主板的维护可以保证计算机的正常运行,延长计算机的使用寿命。主板维护主要包括以下 3 点。

◎ **防范高压**: 停电后用户应拔掉主机电源,避免突然来电时产生的瞬间高压烧毁主板。

◎ **防范灰尘**: 清理灰尘是主板最重要的日常维护工作,清理时用户可以使用比较柔软的毛刷清除主板上的灰尘;平时,用户尽量不要将机箱盖打开,以避免造成灰尘积聚。

◎ **最好不要带电插拔**: 除支持即插即用的设备外(即使是这种设备,也要减少带电插拔的次数),在计算机运行时,禁止带电插拔各种控制板卡和连接电缆,因为在插拔瞬间产生的静电放电和信号电压的不匹配等情况容易损坏芯片。

10.2.3　维护硬盘

硬盘是计算机中主要的数据存储设备,其日常维护应该注意以下 5 点。

◎ **正确开关计算机电源**: 硬盘处于工作状态时(读取或写入时),尽量不要强行关闭主机电源,因为在读写过程中突然断电容易造成硬盘物理性损伤或丢失各种数据等,尤其是正在进行高级格式化时一定不能断电。

◎ **工作时一定要防震**: 必须将计算机放置在平稳、无震动的工作平台上,尤其是在硬盘处于工作状态时要尽量避免移动。此外,在硬盘启动或关机过程中也不要移动计算机。

◎ **保证硬盘的散热**: 硬盘温度直接影响其工

作的稳定性和使用寿命,硬盘在工作中的温度以 20℃ ~ 25℃为宜。

◎ **不能私自拆卸硬盘**: 拆卸硬盘需要在无尘的环境中进行,因为如果灰尘进入硬盘内部,磁头组件在高速旋转时就可能带动灰尘将盘片划伤或损坏磁头自身,这势必会导致数据的丢失,硬盘也极有可能被损坏。

◎ **最好不要压缩硬盘**: 不要使用 Windows 操作系统自带的"磁盘空间管理"功能进行硬盘压缩,因为压缩之后硬盘读写数据的速度会大大减慢,而且读盘次数也会因此变得频繁，这会对硬盘的发热量和稳定性 产生影响，还有可能缩短硬盘的使用寿命。

10.2.4 维护显卡和显示器

显卡的发热量较大，因此，用户在日常使用计算机的过程中，要注意散热风扇是否正常转动、散热片与显示芯片是否接触良好等。显卡温度过高，容易引起系统运行不稳定、蓝屏或宕机等现象。用户还需要注意显卡驱动程序和设备中断两方面的问题，重新安装正确的驱动程序一般可以解决这类问题。

目前的显示器多为液晶显示器，其日常维护应该注意以下两项。

◎ 保持工作环境的干燥：水分会腐蚀显示器的液晶电极，用户最好准备一些干燥剂（药店有售）或干净的软布，保持显示器的干燥；如果水分已经进入显示器内部，最好将其放置到干燥位置，让水分慢慢蒸发。

◎ 避免一些挥发性化学药剂的危害：无论是何种显示器，液体对其都有一定的危害，特别是化学药剂，其中又以具有挥发性的化学药剂对液晶显示器的侵害最大。如日常中经常使用的发胶、夏天频繁使用的灭蚊剂等，都会对液晶分子乃至整个显示器造成损坏，从而导致显示器使用寿命缩短。

10.2.5 维护机箱和电源

机箱是计算机主机的保护罩，其本身就有很强的自我保护能力。用户在使用时需注意摆放平稳，同时还需要保持其表面与内部的清洁。机箱和电源的维护主要包括以下3点。

◎ 保证机箱散热：不要在机箱附近堆放杂物，保证空气的流通，使主机工作时产生的热量能够及时散出。

◎ 保证电源散热：如发现电源的风扇停止工作，用户必须切断电源，防止电源烧毁甚至造成更大损坏。另外，用户要定期检查电源风扇是否正常工作，一般应3~6个月检查一次。

◎ 注意电源除尘：电源在长时间工作中会积累很多灰尘，降低散热效率，如果灰尘过多，在潮湿的环境中也易造成电路短路的现象，因此，为了系统能正常稳定地工作，用户应定期给电源除尘。计算机在使用一年后，用户最好打开电源，用毛刷清除其内部的灰尘，同时为电源风扇添加润滑油。

10.2.6 维护鼠标和键盘

键盘和鼠标是计算机最重要、使用最频繁的输入设备，掌握正确使用及维护键盘、鼠标的方法，能够让键盘和鼠标使用起来更加得心应手。

1. 维护鼠标

鼠标要预防灰尘入侵、强光照射以及拉拽等操作，内部沾上灰尘会使鼠标机械部件运作不灵，强光会干扰光电管接收信号。鼠标的日常维护主要有以下4点。

◎ 注意灰尘：鼠标的底部长期和桌面接触，最容易被污染，尤其是机械式和光学机械式鼠标的滚动球极易将灰尘、毛发、细纤维等异物带入鼠标中。使用鼠标垫不但能

使鼠标移动更顺滑，而且可降低污垢进入鼠标的可能性。

◎ 小心插拔：尽量不要对PS/2键盘和鼠标进行热插拔（USB接口的鼠标不用担心）。

◎ 保证感光性：用户在使用光电鼠标时，要注意保持鼠标垫的清洁，使鼠标处于良好的感光状态，避免污垢遮挡光线接收；光电鼠标勿在强光条件下使用，也不要在反光率高的鼠标垫上使用。

◎ 正确操作：操作时不要过分用力，避免鼠标按键的弹性降低，导致操作失灵。

2. 维护键盘

键盘使用频率较高、按键用力过大、茶水等液体溅入键盘内，都可能造成键盘内部微型开关弹片变形或锈蚀，出现按键不灵等现象。键盘的日常维护主要有以下 3 点。

◎ 经常清洁：用户在日常维护或更换键盘时，应切断计算机电源。另外，用户还应定期清洁键盘表面的污垢，对于一般清洁，可以用柔软干净的湿布擦拭键盘；对于顽固的污渍，可用中性的清洁剂擦除，最后再用干布擦拭一遍。

◎ 保证干燥：当有液体溅入键盘时，应尽快关机，将键盘接口拔下，打开键盘用干净吸水的软布或纸巾擦干内部的积水，最后在通风处自然晾干即可。

◎ 正确操作：用户在按键时要注意力度适中，动作轻柔，强烈的敲击会缩短键盘的寿命，尤其在玩游戏时更应该注意，不要使劲按键，以免损坏键帽。

10.3 以多核计算机为核心的家庭网络维护

网络时代，人们希望可以通过以多核计算机为核心的家庭小型网络，将手机、平板电脑等设备进行互联，实现数据的保存、传输和共享。目前主流的家庭小型网络系统有无线局域网和 **NAS** 两种。

10.3.1 维护家庭无线局域网

随着网络技术的飞速发展，家庭无线局域网已成为普通家庭和小型企业最常用的联网方式，而对其进行维护也被划分到计算机维护的范畴中。

1. 了解家庭无线局域网的基本结构

家庭无线局域网主要是由 ADSL Modem、无线路由器两个重要的网络设备与计算机、手机等终端设备组成的。其中，ADSL Modem 用于连接互联网，无线路由器的 WAN 口通过网线连接 ADSL Modem 的 LAN 口，无线路由器的 LAN 口通过网线连接计算机的网卡接口，手机和笔记本电脑等设备通过无线网卡连接到无线路由器，从而组成家庭无线局域网。家庭无线局域网的基本结构如图 10-4 所示。

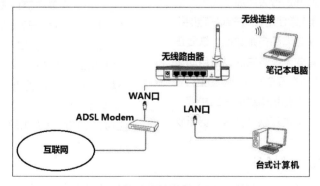

图10-4 家庭无线局域网的基本结构

2. 认识 ADSL Modem

ADSL Modem 就是调制解调器，是实现计算连网的主要设备。随着网络技术的飞速发展，现在的 ADSL Modem 主要以光调制解调器为主，也就是俗称的"光猫"。光猫也称为单端口光端机，是一种通过光纤进行信息传输的设备，如图 10-5 所示。

图10-5　光猫

3. 保养维护

家庭无线局域网的保养维护主要是针对光猫和无线路由器这两个设备开展的，主要有以下4点。

◎　定时清理灰尘：灰尘会影响计算机硬件的散热，光猫和无线路由器也一样，为了保证家庭无线局域网能长久使用，用户需要经常性、有规律地清理灰尘。

◎　位置通风：光猫和无线路由器通常会长时间使用，为了避免长时间运行发热严重，用户最好将其放置在通风良好的地方。

◎　定时重启：长时间运行会增加无线路由器的负荷，影响其正常使用，用户最好定期将其重新启动，使其清除多余数据，恢复正常状态。现在有些无线路由器具备自动重启功能，可以设置在某个时间段自动重启。

◎　更新软件：为了优化和修复无线路由器，用户需要经常对其进行软件升级，更新软件可提高路由器的工作效率。

4. 清洁维护

光猫和无线路由器的清洁维护应注意以下3点。

◎　清洁表面：清洁光猫和无线路由器表面的灰尘时，可以直接使用干抹布擦拭。

◎　清洁插口：光猫除了 LAN 口（通常有2～4个），还有 USB、Phone 等插口，很多插口都可能会长时间不用，里面会堆积污垢和灰尘，用户可以定期用棉签蘸点酒精进行清洁。

◎　密封插口：为了保护不用的插口，用户可以用透明胶将其密封起来。

5. 日常使用维护

家庭无线局域网的日常维护主要是针对安全和散热方面的维护，一般包括以下5点。

◎　密码：无线网络在一定范围内都可以被搜索到，为了防止被"蹭网"，用户最好设置比较复杂的 Wi-Fi 密码，还可以定期更换密码。

◎　散热：光猫和无线路由器表面及附近不要放置过多杂物，避免影响散热。

◎　登录安全：无线路由器的登录密码不要使用默认密码，避免被人从路由器入侵。

◎　信号强度：为了保证无线路由器的信号强度，最好将其放置在空旷处。

◎　LAN 口：目前主流的家用光猫都有4个 LAN 口，通常情况下，LAN1 是千兆接口，LAN2 是 IPTV 接口，LAN3 和 LAN4 是百兆接口，每个接口都可以连接无线路由器，但只有对应的连接才能保证无线网络速度，如千兆宽带网络使用网线连接 LAN1 口和无线路由器。

10.3.2　维护家庭 NAS

NAS（Network Attached Storage）的中文名称有网络附加储存、网络连接储存装置、网络储存服务器等。NAS 其实是一台计算机，更确切地说是一台进行数据服务的计算机，可以为多个用户以及多个装置提供数据服务，如图 10-6 所示。

图10-6　NAS

1. 了解 NAS 的基本结构

　　NAS 在本质上是一台固定在公司、家庭无线局域网中的用于数据备份的外置多硬盘集成计算机。用户只要把手机、平板电脑、计算机等设备连接到家庭无线局域网中，就可以在 NAS 中进行数据读写和备份，同步多个设备的资料，甚至可以为不同的使用者开设账号和设置权限，每个人都只可以存取自己的文件。NAS 的基本结构如图 10-7 所示。

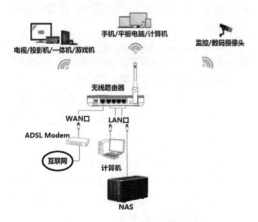

图10-7　NAS的基本结构

2. NAS 的应用场景

　　NAS 的主要功能是数据的备份、同步和应用，用户通过家庭无线局域网中的各种终端设备就能使用 NAS 中的数据，非常方便，如图 10-8 所示。家庭 NAS 的主要应用如下。

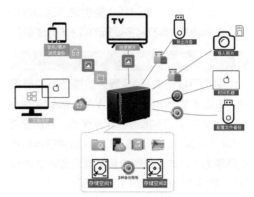

图10-8　NAS的应用场景

◎　相机照片备份：NAS 面板上有闪存卡插槽，用户可以将数码相机的存储卡插入其中，自动备份照片到指定位置，并通过手机或计算机连接 NAS 对照片进行整理。

◎　NAS 数据备份：NAS 中的硬盘较多，在长期使用过程中难免会产生损耗，为确保数据安全性，用户还需要定期进行备份。通常用户只需定期将移动硬盘连接到 NAS 前面板的 USB 接口，系统就会自动导出之前预设的文件 / 目录到移动硬盘。

◎　手机 / 平板电脑照片及文件备份：NAS 可以将所有连接到该局域网的手机 / 平板电脑中的照片和文件及时上传保存，也可以随时读取或编辑保存的照片和文件。

◎　系统备份：用户可以在 NAS 中设置自动备份操作系统，这样就不用占用计算机的硬盘空间。

◎　NAS 系统设置及套件数据备份：用户应定期备份 NAS 的设置项及套件数据，确保NAS 故障时可以将这些设置和数据无损迁移到新 NAS 中。

◎　文件同步（含版本控制）：NAS 可以统一管理所有终端中的文件状态，同时启用尽可能多的版本备份，确保文件的安全。

◎　照片浏览：NAS 提供多端口数据浏览功能，

用户可以通过电视机、手机、平板电脑和计算机观赏存储的照片。

◎ 音乐/视频播放：NAS 提供的多端口数据浏览功能同样支持多设备的音乐/视频播放。

3. NAS 的操作系统

目前可以提供 NAS 服务的操作系统有很多，主流的 Windows 10 或 Windows Server 都可以作为 NAS 的操作系统来使用。目前主流的 NAS 的操作系统以基于 Linux 开发的群晖和威联通为主，这也是国内普及程度最高的两种 NAS 的操作系统，如图 10-9 所示。

图10-9　NAS的操作系统

4. NAS 的硬件选择

一般家用 NAS 分为自己组装的机器和官方成品机两种类型，它们各有其优缺点。

◎ 自己组装的机器：自己组装的 NAS 类似于用户自己选购和组装的计算机，优点是性价比高、扩展性强，具备更多的接口和更大的硬盘空间；缺点是用户需要具备一定的专业知识、学习调试知识，且 NAS 无法升级最新版本的系统，无法享受官方成品机的 DDNS 和内网穿透等云服务。图 10-10 所示为自己组装的 NAS。

图10-10　自己组装的NAS

◎ 官方成品机：官方成品机类似于品牌计算机，优点包括具备完整版 NAS 系统，可以享受官方的云服务、DDNS 及内网穿透，系统稳定且升级及时，能够完美地实现硬盘休眠、远程唤醒等功能，功耗更低且节约能源，还能享受官方的技术支持；缺点是价格贵，扩展性不足，性能往往不及自己组装的 NAS，如图 10-11 所示。

图10-11　NAS的官方成品机

用户在选购 NAS 时主要考虑价格和组装的难易程度，资金不充裕的话直接选择自己组装。但自己组装的机器，安装系统时需要调试的项目非常多，用户需要学习相关的知识，因此，对于想省事、想一步到位的用户，推荐选择官方成品机。

5. 选购注意事项

选购 NAS 需要注意以下问题。

◎ 盘位：盘位是指最大硬盘插槽数量，这个问题主要针对官方成品机，目前主流 NAS 的机械硬盘最小为 4TB，因为盘位比硬盘要贵，所以用户应尽量配备大容量的硬盘。入门级用户可以选择 2 盘位的产品，可获得 8TB ~ 32TB 的储存空间；其他用户至少需要 4 盘位的产品。

◎ 硬盘：硬盘也是选购时需要关注的因素之一，虽然普通计算机硬盘也能使用于 NAS，但用户最好还是选择 NAS 专用硬盘，如西部数据的红盘专为家用 NAS 设计，可以减小烧盘的概率。

◎ 网络配件：主流 NAS 产品通常配备双千兆

网口，这就需要用户选购支持双千兆网卡的路由器；如果是万兆网卡，则同样需要支持万兆网卡的路由器。同样，终端设备也需要安装对应的网卡进行数据传输。

6. NAS 的日常维护

由于 NAS 中硬盘较多，发热量较大，为了让其长期稳定地工作，用户需要注意其工作环境，对温/湿度和灰尘量也要加以控制。另外，用户还需要注意以下 3 个方面的问题。

◎ 数据保护：NAS 中保存了大量非常重要的数据，因此数据的安全保护是其日常维护的重要内容。除了对重要数据资料进行定期自动备份存储外，用户最好每 3 个月左右用大容量的移动硬盘离机备份一次重要的数据和文件。

◎ 供电安全：硬盘的损坏和资料丢失往往是由突然断电造成的，因此，用户还需要为 NAS 安装一个 UPS，进行不间断供电，保证 NAS 在突然断电的情况下能在数据资料保存后正常关机。

◎ 散热问题：这一点主要针对自己组装的产品，通常盘位越多，对散热器的要求就越高。另外，用户需要定期去除硬盘间的灰尘，保证散热顺畅。

7. 产品配置示例

图 10-12 展示了一款家用 NAS 产品，外部设置 1 个 RJ-45 1GB 网络接口和 2 个 USB 3.0 接口，采用双硬盘盘位，最大内部净总储存容量为 24TB，最大单一储存空间容量为 16TB，采用 32 位、双核心、1.3GHz 的 CPU 和 512MB DDR3 内存，支持硬件加密。

图10-12　家用NAS示意

前沿知识与流行技巧

1. 日常维护内存

内存是比较"娇贵"的硬件，静电对其伤害最大，因此，用户在插拔内存条时一定要先释放自身的静电。在计算机的使用过程中，绝对不能对内存条进行插拔，否则会出现烧毁内存甚至烧毁主板的危险。另外，安装内存条时，应首选和 CPU 插槽接近的插槽，因为内存条被 CPU 风扇带出的灰尘污染后可以清洁，而插槽被污染后却极不易清洁。

2. 清理计算机中的灰尘

灰尘对计算机的损害很大，不仅影响散热，而且一旦遇上潮湿的天气还会导电，可能损毁计算机硬件。在计算机的日常维护中，清理灰尘是非常重要的环节。

清理前，用户需要准备一些必要的工具，如吹风机、小毛刷、十字螺丝刀、硬纸片、橡皮擦、干净布、风扇润滑油、清水和酒精等。另外，用户还可以准备吹气球或硬毛刷。在进行灰尘清理前，用户需要注意必须在完全断电的情况下工作，即将计算机所有的电源插头全部拔下后再工作。工作前，用户应先清洗双手，并触摸铁质水龙头释放静电。另外，保修期内的硬件建议不要拆卸。下面详细介绍清理计算机灰尘的方法，具体操作步骤如下。

❶ 先用螺丝刀将机箱盖拆开（有些部分可以直接用手拆开），然后拔掉所有插头。

❷ 将内存条拆下来，使用橡皮擦轻轻地擦拭金手指，注意不要碰到电子元件；至于电路板部分，使用小毛刷轻轻将灰尘扫掉即可。

❸ 将 CPU 散热器拆下，将散热片和风扇分离，用水冲洗散热片，然后用吹风机吹干。风扇可用小毛刷加布或纸清理干净。将风扇的不干胶撕下，向小孔中滴一滴润滑油（注意不要加多），接着转动风扇片以便孔口的润滑油渗入，最后擦干净孔口周围的润滑油，用新的不干胶封好。在清理机箱电源时，其风扇也要除尘、加油。

❹ 如果有独立显卡，也要清理金手指并加滴润滑油。

❺ 对于整块主板，可用小毛刷将灰尘刷掉（不宜用力过大），再用吹风机猛吹（如果天气潮湿，最好用热风），最后用吹气球做细微的清理。对于插槽部分，可将硬纸片插进去来回拖曳，达到除尘效果。

❻ 光驱和硬盘接口也可用硬纸片清理。

❼ 对于机箱表面、键盘和显示器的外壳，可用带酒精的布进行涂抹。对于键盘的键缝，需要慢慢地用布抹，也可用棉签清理。

❽ 显示器最好用专业的清洁剂进行清理，然后用布抹干净。计算机中的各种连线和插头，最好都用布抹干净。

3. 笔记本电脑的日常维护

笔记本电脑比普通计算机的寿命短，更加需要进行日常维护。笔记本电脑能否保持一个良好的状态，与工作环境以及用户的使用习惯有很大的关系，好的使用环境和习惯能够减少笔记本电脑维护的复杂程度，并且能最大限度发挥其性能。笔记本电脑的维护主要需注意以下 3 点。

◎ 注意环境湿度：潮湿的环境对笔记本电脑有很大的损伤，在潮湿的环境下放置和使用会导致笔记本电脑内部的电子元件遭受腐蚀、加速氧化，从而加快笔记本电脑的损坏。同时，用户应注意不能将水杯和饮料放在笔记本电脑旁，一旦液体流入，笔记本电脑可能瞬间报废。

◎ 保持清洁：笔记本电脑应尽可能在灰尘少的环境中使用，使用环境灰尘过多会堵塞笔记本电脑的散热系统，容易引起内部零件短路，从而使笔记本电脑使用性能下降甚至被损坏。

◎ 防止震动和跌落：笔记本电脑应避免跌落、冲击、拍打和放置在震动较大的平台上使用。系统在运行时，外界的震动会使硬盘受到伤害甚至被损坏，震动同样会导致外壳和屏幕被损坏。此外，不宜将笔记本电脑放置在床、沙发、桌椅等软性设备上使用，这样容易造成笔记本电脑断折和跌落。

第3部分

第11章

保护多核计算机的安全

/ 本章导读

随着网络的发展，计算机和互联网几乎时刻结合在一起，网络环境的复杂性使计算机面临的各种安全威胁也越来越严重。所以计算机的安全维护已经成为一项非常重要的工作，其重要性甚至超过了对软／硬件的日常维护。

11.1 查杀各种计算机病毒

计算机病毒已成为威胁计算机安全的主要因素之一，随着网络的不断普及，这种威胁变得越来越严重。因此，防范病毒是保障计算机安全的首要任务，计算机操作人员必须及时发现病毒，从而做好必要的防范措施。

11.1.1 计算机感染病毒的各种表现

计算机病毒本身也是一种程序，由一组程序代码构成。不同于普通程序，计算机病毒会对计算机的正常使用造成破坏。

1. 直接表现

虽然病毒入侵计算机通常通过后台进行，并在入侵后潜伏于计算机系统中等待机会，但这种入侵和潜伏的过程并不是毫无踪迹的。当计算机出现异常现象时，用户就应该使用杀毒软件扫描计算机，确认是否感染病毒。这些异常现象包括以下5方面。

◎ 系统资源消耗加剧：硬盘中的存储空间急剧减少，系统中基本内存发生变化，CPU的使用率保持在80%以上。

◎ 性能下降：计算机运行速度明显变慢，运行程序时经常提示内存不足或出现错误；计算机经常在没有任何征兆的情况下突然宕机；硬盘经常出现不明的读写操作，在未运行任何程序时，硬盘指示灯不断闪烁甚至长亮不熄。

◎ 文件丢失或被破坏：计算机中的文件莫名丢失、文件图标被更换、文件的大小和名称被修改以及文件内容变成乱码，原本可正常打开的文件无法打开。

◎ 启动速度变慢：计算机启动速度变得异常缓慢，启动后在一段时间内系统对用户的操作无响应或响应迟钝。

◎ 其他异常现象：系统时间和日期无故发生变化；IE浏览器自动打开链接到不明网站；计算机突然播放来历不明的声音或音乐，经常收到来历不明的邮件；部分文档自动加密；计算机的输入/输出端口不能正常使用等。

2. 间接表现

某些病毒会以"进程"的形式出现在系统内部，这时用户可以通过打开系统进程列表来查看正在运行的进程，通过进程名称及路径判断计算机是否存在病毒，如果有则记下其进程名，结束该进程，然后删除病毒程序。

计算机的进程一般包括基本系统进程和附加进程，了解这些进程所代表的含义，可以方便用户判断是否存在可疑进程，进而判断计算机是否感染病毒。需要注意的是，基本系统进程对计算机的正常运行起着至关重要的作用，因此，用户不能随意将其结束。常用进程主要包括如下9项。

◎ explorer.exe：用于显示系统桌面上的图标和任务栏图标。

◎ spoolsv.exe：用于管理缓冲区中的打印和传真作业。

◎ lsass.exe：用于管理IP安全策略，以及启动ISAKMP/Oakley（IKE）和IP安全驱动程序。

◎ servi.exe：系统服务的管理工具，包含很多系统服务。

◎ winlogon.exe：用于管理用户登录系统。

◎ smss.exe：会话管理系统，负责启动用户会话。

◎ csrss.exe：子系统进程，负责控制 Windows 创建或删除线程以及 16 位的虚拟 DOS 环境。

◎ svchost.exe：系统启动时，svchost.exe 将检查计算机来创建需要加载的服务列表，如果多个 svchost.exe 同时运行，则表明当前有多组服务处于活动状态，或者是多个 ".dll" 文件正在调用它。

◎ system Idle Process：该进程是作为单线程运行的，并在系统不处理其他线程时分派处理器的时间。

知识提示

附加进程

wuauclt.exe（自动更新程序）、systray.exe（系统托盘中的声音图标）、ctfmon.exe（输入法）及mstask.exe（计划任务）等属于附加进程，用户可以按需取舍，结束这些进程不会影响系统的正常运行。

11.1.2 计算机病毒的防治方法

病毒具有强大的破坏力，不仅会造成用户资源和财产的损失，随着波及范围的扩大，还有可能造成社会性的灾难。用户在日常使用计算机的过程中，应做好防治工作，将感染病毒的概率降到最低。

1. 预防病毒

计算机病毒固然猖獗，但只要用户加强病毒防范意识和防范措施，就可以降低计算机被病毒感染的概率。计算机病毒的预防主要包括以下 5 个方面。

◎ 安装杀毒软件：计算机中应安装杀毒软件，开启软件的实时监控功能，并定期升级杀毒软件的病毒库。

◎ 及时获取病毒信息：通过登录杀毒软件的官方网站、查看计算机报刊和相关新闻，获取最新的病毒预警信息，学习最新病毒的防治和处理方法。

◎ 备份重要数据：使用备份工具软件备份系统，以便在计算机感染病毒后及时恢复。同时，重要数据应利用移动存储设备或光盘进行备份，减少病毒造成的损失。

◎ 杜绝二次传播：在计算机感染病毒后，应及时使用杀毒软件进行清除和修复，注意不要将计算机中感染病毒的文件复制到其他计算机中。若局域网中的某台计算机感染了病毒，应及时断开网线，以免其他计算机被感染。

◎ 切断病毒传播渠道：使用正版软件，拒绝使用盗版和来历不明的软件；从网上下载的文件要先杀毒再打开；使用移动存储设备时也应先杀毒再使用；不要随便打开来历不明的电子邮件和 QQ 好友传送的文件等。

2. 检测和清除病毒

目前，计算机病毒的检测和消除办法主要有以下两种。

◎ 自动方法：该方法是使用专门的反病毒软件或防病毒卡针对某一种或多种病毒自动进行检测和清除处理。它不会破坏系统数据，操作简单、运行速度快，是一种较为理想、目前较为通用的检测和消除病毒的方法。

◎ 人工方法：该方法借助于一些DOS命令和修改注册表等方法来检测与清除病毒。这种方法要求操作者对系统与命令十分熟悉，且操作复杂、容易出错，有一定的危险性，一旦操作不慎就会导致严重的后果。这种方法常用于检测和消除自动方法无法清除的新病毒。

3. 病毒查杀的注意事项

普通用户一般使用反病毒软件查杀计算机

病毒，为了得到更好的杀毒效果，在使用反病毒软件时需注意以下3点。

◎ **不要频繁操作**：不可频繁地对计算机进行查杀病毒操作，否则不但不能取得很好的效果，有时还可能会导致硬盘被损坏。

◎ **在多种模式下杀毒**：用户发现病毒后，一般情况下是在操作系统的正常登录模式下杀毒，杀毒操作完成后，还需重新启动到安全模式下再次查杀，以便彻底清除病毒。

◎ **选择全面的杀毒软件**：杀毒软件不仅应包括常见的查杀病毒功能，还应该同时包括

实时防毒、实时监测和跟踪等功能，做到一旦发现病毒立即报警，只有这样才能最大限度地减小被病毒感染的概率。

知识提示

日常病毒预防手段

在安装新的操作系统时，用户要注意安装系统补丁。用户在上网和玩网络游戏时，要打开杀毒软件或防火墙实时监控，以防止病毒通过网络进入计算机，防止木马病毒盗窃资料。同时，用户应随时升级防病毒软件。

11.1.3 使用杀毒软件查杀计算机病毒

用户在使用杀毒软件查杀病毒前，最好先升级软件的病毒库，再进行病毒查杀。下面介绍使用360杀毒软件查杀病毒的方法，具体操作步骤如下。

微课：使用杀毒软件查杀
计算机病毒

STEP 1 检查更新

在桌面上单击360杀毒软件的图标，打开主界面窗口，单击最下面的"检查更新"超链接，如图11-1所示。

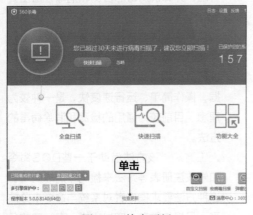

图11-1　检查更新

STEP 2 升级病毒库

打开"360杀毒 – 升级"对话框，连接到互联网检查病毒库是否为最新，如果非最新状态，下载并安装最新的病毒库，如图11-2所示。

图11-2　升级病毒库

STEP 3 完成升级

弹出对话框提示病毒库升级完成，单击"关闭"按钮，如图11-3所示，返回360杀毒主界面，单击"快速扫描"按钮。

STEP 4 病毒扫描

360杀毒开始对计算机中的文件进行病毒扫描，按照系统设置、常用软件、内存活跃程序、开机启动项和系统关键位置的顺序进行，如果在扫描过程中发现对计算机安全有威胁的项目，

第3部分

就会将其显示在界面中，如图 11-4 所示。

图11-3　完成升级

图11-4　病毒扫描

STEP 5　完成扫描

扫描完成后，360 杀毒将显示所有扫描到的威胁情况，单击"立即处理"按钮，如图 11-5 所示。

图11-5　完成扫描

STEP 6　完成查杀

360 杀毒对扫描到的威胁进行处理，并显示处理结果，单击"确认"按钮即可完成病毒的查杀操作，如图 11-6 所示。

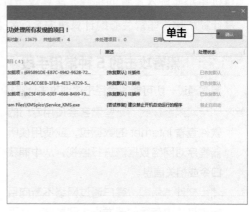

图11-6　完成查杀

知识提示

重新启动计算机

　　由于一些计算机病毒会严重威胁计算机系统的安全，所以从安全的角度出发，在使用 360 杀毒对计算机病毒进行查杀后，用户需针对一些威胁项进行处理，处理完成后需要重新启动计算机才能生效，同时软件会给出图11-7 所示的提示。

图11-7　提示重新启动计算机

第 11 章

11.2 防御黑客攻击

计算机需要防御的另外一种安全威胁是来自黑客（**Hacker**）的攻击。黑客是对计算机系统非法入侵者的称呼，黑客攻击计算机的手段各式各样，如何防止黑客的攻击是计算机用户非常关心的计算机安全问题之一。

11.2.1 黑客攻击的 5 种常用手段

黑客通过一切可能的途径来达到攻击计算机的目的，常用的手段主要有以下 5 种。

◎ 利用网络嗅探器：一些黑客会使用专门的软件查看 Internet 的数据包，或使用侦听器程序对网络数据流进行监视，从中捕获口令或相关信息。

◎ 使用文件型病毒：客户通过网络不断向目标主机的内存缓冲器发送大量数据，从而摧毁主机控制系统或获得控制权限，并致使目标主机运行缓慢甚至宕机。

◎ 使用电子邮件炸弹：电子邮件炸弹是匿名攻击最常用的方式，主要表现为不断地、大量地向同一地址发送电子邮件，从而耗尽目标主机网络的带宽。

◎ 网络入侵：真正的黑客拥有非常强的计算机技术，他们可以通过分析 DNS 直接获取 Web 服务器等主机的 IP 地址，在没有障碍的情况下完成入侵操作。

◎ 使用木马程序：木马程序是一类特殊的程序，一般以寻找后门、窃取密码为主要入侵方式。对普通计算机用户而言，防御黑客攻击主要是防御木马程序。

11.2.2 6 招预防黑客攻击

黑客攻击用的木马程序，一般是通过绑定在其他软件、电子邮件上或感染邮件客户端软件等方式进行传播的。因此，用户可从以下 6 个方面来进行预防。

◎ 不要启动来历不明的软件：木马程序会通过绑定在其他软件上的方式进行传播，一旦运行了被绑定的软件，计算机就会被感染。因此，如果要下载软件，用户应该去一些信誉比较好的站点下载。在软件安装之前，用户应该用反病毒软件进行检查，确定无毒后再使用。

◎ 不要随意打开邮件附件：有些木马程序通过邮件进行传递，而且会连环扩散，因此，用户在打开邮件附件时需要注意。

◎ 重新选择新的客户端软件：很多木马程序主要感染的是 Outlook 邮件客户端，因为这款软件全球使用量最大，黑客们对其漏洞已经了解得比较透彻。如果选用其他的邮件软件，计算机受到木马程序攻击的可能性就会减小。

◎ 少用共享文件夹：如因工作需要，必须将计算机设置为共享，则最好把共享文件放置在一个单独的共享文件夹中。

◎ 运行反木马实时监控程序：用户在上网时最好运行反木马实时监控程序，如 The Cleaner 等程序，这类程序一般能实时显示当前所有正在运行的程序，并有详细的描述信息。另外，用户还应安装专业的最新杀毒软件、个人防火墙等。

◎ 经常升级操作系统：许多木马程序都是通过系统漏洞来进行攻击的，微软公司发现这些漏洞之后都会在第一时间内发布补丁，用户可通过给系统打补丁来防止被攻击。

11.2.3 启动防火墙来防御黑客攻击

目前比较常用的防御黑客攻击的软件有杀毒软件、木马专杀软件、网络防火墙 3 种类型，对普通计算机用户而言，最简单、最常用的方法就是通过启动防火墙来防御黑客的攻击。

微课：启动防火墙来防御
黑客攻击

◎ 杀毒软件：常见的杀毒软件都可以对木马进行查杀，这些杀毒软件包括江民杀毒软件、360 杀毒和金山毒霸等，这些软件查杀一般病毒很有效，对木马的检查也比较有效，但很难将其彻底清除。

◎ 木马专杀软件：对木马不能只采用防范手段，还要将其彻底清除，这需要专用的木马专杀软件出马，如 The Cleaner、木马克星和木马终结者等。

◎ 网络防火墙：常见的网络防火墙软件有国外的 Lockdown、国内的天网和金山网镖等。一旦有可疑的网络连接或木马对计算机进行控制，防火墙就会报警，同时显示出对方的 IP 地址、接入端口等提示信息，通过手动设置可以使对方无法进行攻击。

下面利用 360 安全卫士设置安全防护并查杀木马，具体操作步骤如下。

STEP 1 进入安全防护中心

在 360 安全卫士主界面右侧单击"安全防护中心"按钮，进入安全防护中心主界面，单击"进入防护"按钮，如图 11-8 所示。

图11-8 进入安全防护中心

STEP 2 启动防火墙

在打开的"安全防护中心"界面设置需要的各种网络防火墙，如图 11-9 所示。

图11-9 启动防火墙

STEP 3 查杀木马

❶返回 360 安全卫士主界面，单击"木马查杀"选项卡；❷进入 360 安全卫士的查杀修复界面，单击"快速查杀"按钮，如图 11-10 所示。

图11-10 查杀木马

STEP 4 **完成查杀**

360 安全卫士开始进行木马扫描，并显示扫描进度和扫描结果。如果 360 安全卫士在计算机中没有发现木马，将显示计算机安全，如图 11-11 所示。

知识提示

扫描到木马程序

若360安全卫士扫描到木马程序或危险项，它将提供处理方法，用户单击"一键处理"按钮即可处理木马程序或危险项，完成后可能会弹出提示对话框，提示用户重启计算机，用户单击"好的，立即重启"按钮重启计算机，即可完成查杀操作。

图11-11　完成查杀

11.3 修复操作系统漏洞

所有操作系统都存在漏洞，这些漏洞容易让计算机遭受病毒或黑客入侵，修复系统漏洞的操作最好在安装系统后进行。要保护计算机的安全，仅靠杀毒软件是不够的，用户还可以通过安装补丁来修复操作系统的漏洞。

11.3.1 3 个原因导致系统漏洞产生

操作系统漏洞是指操作系统本身在设计上的缺陷或在编写时产生的错误，这些缺陷或错误可能被不法者或计算机黑客利用，进而通过植入木马或病毒等方式来攻击或控制整台计算机，窃取其中的重要资料和信息，甚至破坏用户的计算机。操作系统漏洞产生的主要原因如下。

◎ 原因①：受编程人员的能力、经验和当时安全技术所限，在程序中难免会有不足之处，轻则影响程序功能，重则导致非授权用户的权限提升。

◎ 原因②：硬件原因使编程人员无法弥补硬件的漏洞，从而导致硬件的问题通过软件表现了出来。

◎ 原因③：人为因素，程序开发人员在程序编写过程中，为实现某些目的，在程序代码的隐蔽处保留了后门。

11.3.2 使用 360 安全卫士修复系统漏洞

除了通过操作系统自身升级修复系统漏洞外，最常用的方法就是通过软件进行修复。下面使用 360 安全卫士修复操作系统漏洞，具体操作步骤如下。

微课：使用 360 安全卫士修复系统漏洞

STEP 1 **开始漏洞修复**

❶在 360 安全卫士主界面中单击"系统修复"选项卡；❷将鼠标指针移动到界面右侧"更多修复"选项组的"单项修复"图标上；❸在弹出的菜单

中选择"漏洞修复"命令，如图 11-12 所示。

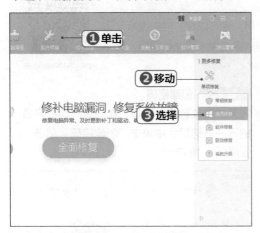

图11-12　开始漏洞修复

STEP 2　选择要修复的漏洞

程序将自动检测系统中存在的各种漏洞，并将漏洞按照不同的危险程度和功能进行分类。保持默认选择，单击"一键修复"按钮，如图 11-13 所示。

图11-13　选择要修复的漏洞

STEP 3　下载并安装漏洞补丁

360 安全卫士开始下载漏洞补丁程序，并显示下载进度。下载完一个漏洞的补丁程序后，360 安全卫士将继续下载下一个漏洞的补丁程序，并安装下载的补丁程序，如图 11-14 所示。如果安装补丁程序成功，该项的"状态"栏将更改为"已修复"字样。

图11-14　下载并安装漏洞补丁

STEP 4　完成漏洞修复

全部漏洞修复完成后，界面将显示修复结果，单击"返回"按钮返回主界面，如图 11-15 所示。

图11-15　完成漏洞修复

⑪·④ 为多核计算机进行安全加密

　　无论是用于办公还是生活，计算机中都存储了大量的重要数据，对这些数据进行安全加密，也是防止数据泄露、保证计算机安全的措施之一。

11.4.1 | 操作系统登录加密

微课：操作系统登录加密

用户除了可以在 BIOS 中设置操作系统登录密码，还可以在"控制面板"中设置操作系统登录密码。下面在 Windows 10 操作系统中设置登录密码，具体操作步骤如下。

STEP 1 打开"控制面板"窗口

单击"开始"按钮，选择"Windows 系统 / 控制面板"命令，打开"控制面板"窗口，单击"更改账户类型"超链接，如图 11-16 所示。

图11-16 打开"控制面板"窗口

STEP 2 选择账户

打开"管理账户"窗口，在"选择要更改的用户"列表中单击需要设置密码的账户，如图 11-17 所示。

图11-17 选择账户

STEP 3 创建密码

打开"更改账户"窗口，在"更改'账户名'的账户"选项组中单击"创建密码"超链接，如图 11-18 所示。

图11-18 创建密码

STEP 4 输入密码

❶打开"创建密码"窗口，在下面的 3 个文本框中分别输入密码和密码提示；❷单击"创建密码"按钮，如图 11-19 所示。

图11-19 输入密码

11.4.2 | 文件夹加密

文件夹加密方法很多，除了可使用 Windows 系统的隐藏功能，还可使用应用软件对文件夹进行加密。目前使用较多且操作简单的文件夹加密方法是使用压缩软件加密，下面使用 360 压缩软件为文件夹加密，具体操作步骤如下。

微课：文件夹加密

STEP 1　选择操作

❶在操作系统中找到需要加密的文件夹，在其图标上右击；❷在弹出的快捷菜单中选择"添加到压缩文件"命令，如图 11-20 所示。

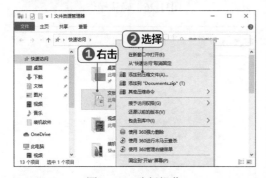

图11-20　选择操作

STEP 2　添加密码

在弹出的"360 压缩"对话框中单击"添加密码"超链接，如图 11-21 所示。

图11-21　添加密码

STEP 3　输入密码

❶在弹出的"添加密码"对话框中的两个文本框中输入密码；❷单击"确认"按钮，如图 11-22 所示；❸单击"立即压缩"按钮，即可将文件夹压缩并为其添加密码。

图11-22　输入密码

11.4.3　隐藏硬盘驱动器

有时为了保护硬盘中的数据和文件夹，可以对某个硬盘驱动器进行隐藏。下面将隐藏驱动器（D:），具体操作步骤如下。

微课：隐藏硬盘驱动器

STEP 1　选择菜单命令

❶单击"开始"按钮；❷在弹出的"Windows 系统"子菜单中的"此电脑"命令上右击；❸在弹出的快捷菜单中选择"更多"子菜单中的"管理"命令，如图 11-23 所示。

图11-23　选择菜单命令

STEP 2　选择操作

❶在"计算机管理"窗口左侧的任务窗格中选择"磁盘管理"选项；❷在中间的驱动器（D:）的选项上右击；❸在弹出的快捷菜单中选择"更改驱动器号和路径"命令，如图 11-24 所示。

图11-24　选择操作

STEP 3 删除驱动器号

在弹出的更改驱动器号的对话框中单击"删除"按钮，如图 11-25 所示。

图11-25　删除驱动器号

STEP 4 确认操作

在弹出的提示对话框中确认删除驱动器号的操作，单击"是"按钮，如图 11-26 所示。

STEP 5 完成操作

返回"此电脑"窗口，已经看不到驱动器(D:)了，如图 11-27 所示。

图11-26　确认操作

图11-27　完成操作

前沿知识与流行技巧

1. 恢复隐藏的驱动器

用户在更改驱动器号的对话框中单击"添加"按钮，打开添加驱动器号的对话框，选择"分配以下驱动器号"单选项，并在右侧的下拉列表中选择一个驱动器号，单击"确定"按钮，即可恢复隐藏的驱动器。

2. 计算机日常安全防御技巧

用户应该尽可能地提高计算机的安全防御水平，下面介绍一些常用的个人计算机安全防御知识。

◎ 杀（防）毒软件不可少：用户要为计算机安装一套正版的杀毒软件，或使用 Windows 10 自带的杀毒软件，实时监控操作系统，给操作系统安装修复补丁并定期升级引擎和病毒定义码。

◎ 分类设置密码并使密码尽可能复杂：在不同的场合使用不同的密码，以免因一个密码泄露导致所有资料外泄。对于重要的密码（如网上银行的密码）一定要单独设置，并且不要与其他密码相同。可能的话，定期修改自己的上网密码，至少一个月修改一次。

◎ 不下载来历不明的软件及程序：选择信誉较好的下载网站下载软件，将下载的软件及程序集中放在非引导分区的某个目录中，使用前最好用杀毒软件查杀病毒；不要打开来历不明的电子邮件及其附件，以免遭受病毒邮件的侵害。

◎ 防范间谍软件：通常有 3 种防范间谍软件的方法，方法 1 是把浏览器调到较高的安全等级；方法 2 是安装防范间谍软件的应用程序；方法 3 是对将要在计算机上安装的共享软件进行分类选择。

◎ 定期备份重要数据：对重要的数据进行日常备份操作。

第 4 部分

第 12 章

恢复硬盘中丢失的数据

/ 本章导读

对普通计算机用户来说，硬盘中存储的数据可算是计算机中最重要的东西，所以恢复硬盘中丢失的数据是一项非常重要的计算机维修技能。本章介绍硬盘数据恢复的一些基础知识，让普通计算机用户能够学会基本的数据恢复操作。

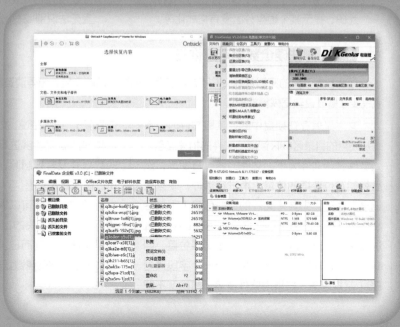

12.1 数据恢复的必备知识

硬盘数据恢复是一项非常重要的计算机维修操作。要想掌握这项操作，用户首先应该了解数据丢失的原因；然后了解丢失的数据是否能够恢复、哪些类型的数据能够恢复；接着还需要认识比较常用的数据恢复软件，并能够熟练操作这些软件；最后需要熟悉硬盘数据恢复的基本流程，严格按照流程进行数据恢复操作。

12.1.1 造成数据丢失的 4 个原因

造成硬盘数据丢失的原因主要有以下 4 种。

◎ 硬件原因：硬件原因是指由于计算机存储设备出现硬件故障，如硬盘老化或失效、硬盘划伤、磁头变形、芯片组或其他元器件损坏等，造成数据丢失或破坏。通常表现为无法识别硬盘、启动计算机时伴有"咔嚓、咔嚓"或"哐当、哐当"的杂音、电机不转、通电后硬盘无任何反应、读写错误等。

◎ 软件原因：软件原因是指由于受病毒感染、硬盘零磁道损坏、系统错误或瘫痪等造成数据丢失或被破坏。通常表现为操作系统错误、无法正常启动系统、硬盘读写错误、找不到所需要的文件、文件打不开或打开乱码、提示某个硬盘分区没有格式化等。

◎ 自然原因：自然原因是指由自然灾害造成的数据被破坏（如水灾、火灾、雷击等导致存储数据被破坏或完全丢失），或由断电、意外电磁干扰造成的数据丢失或被破坏。通常表现为硬盘损坏或无法识别、找不到文件、文件打不开或打开后乱码等。

◎ 人为原因：人为原因是指由人员的误操作造成的数据被破坏，如误格式化或误分区、误删除或误覆盖、不正常退出、人为地摔坏或磕碰硬盘等。通常表现为操作系统丢失、无法正常启动、找不到所需要的文件、文件打不开或打开后乱码、提示某个硬盘分区没有格式化、硬盘被强制格式化、硬盘无法识别或发出异响等。

12.1.2 哪些硬盘数据可以恢复

硬盘数据丢失的原因各异，并不是所有丢失的数据都能恢复。想弄清楚哪些硬盘数据可以恢复，就需要了解硬盘数据恢复的原理。

文件是保存在硬盘中的，读取文件时，系统从硬盘的目录区 DIR 读取了文件的相关信息，如文件名、文件大小、文件的修改日期等，然后就能定位数据的位置，再进行读取。硬盘在记录文件时，先要将文件的这些信息（不包括文件的位置）记录到 DIR 区，之后在 DATA 区选择空间进行放置，并在 DIR 区记录位置。删除文件时，则把 DIR 区文件的第一个字段改为 E5（常规删除，如果用软件覆盖，数据就不能

恢复了），也就是说，文件的数据并没有被删除，这样的数据就能够进行恢复。简单来说，删除的数据并没有被删除，只是标记为此处空闲，可以再次写入数据。

总之，通常可以恢复的数据是因误删或硬盘逻辑损坏而丢失的，数据可能还存在硬盘上，只是无法访问到而已。如果硬盘是物理损坏、安全擦除，那硬盘数据就找不回来了。

12.1.3　6 个常用数据恢复软件

对普通计算机用户而言，目前有 6 个常用的数据恢复软件可以用来进行数据恢复，使用这些软件也能提高数据恢复的成功率。

◎ EasyRecovery：EasyRecovery 是数据恢复公司 Ontrack 的杰作，是一款功能非常强大的硬盘数据恢复工具，能够恢复丢失的数据以及重建文件系统。无论是因为误删除，还是格式化，甚至是硬盘分区丢失导致的文件丢失，EasyRecovery 都可以很轻松地将其恢复，如图 12-1 所示。

图12-1　EasyRecovery

◎ FinalData：FinalData 数据恢复软件能够恢复被完全删除的文件和目录，也可以对数据盘中因主引导扇区和 FAT 表损坏而丢失的数据进行恢复，还可以对一些被病毒破坏的数据文件进行恢复，如图 12-2 所示。

图12-2　FinalData

◎ R-Studio：R-Studio 是一款强大的撤销删除与数据恢复软件，它有面向恢复文件的最为全面的数据恢复解决方案，适用于各种数据恢复，如图 12-3 所示。它可以对严重损毁或未知的文件系统进行数据恢复，也可以对已被格式化、损毁或删除的硬盘分区进行数据恢复。

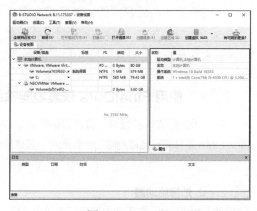

图12-3　R-Studio

◎ WinHex：WinHex 是一款专门用来解决各种日常紧急情况的工具软件，可以用来检查和修复各种文件、恢复删除文件、恢复因硬盘损坏丢失的数据等，还可以让用户看到其他程序隐藏起来的文件和数据，如图 12-4 所示。

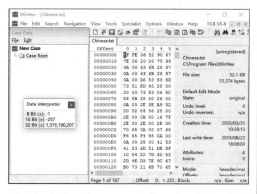

图12-4　WinHex

◎ DiskGenius：DiskGenius 是一款具备基本的分区建立、删除、格式化等硬盘管理功能的硬盘分区软件，它也是一款数据恢复软件，具有强大的已丢失分区搜索功能、误删除文件恢复功能、误格式化及分区被破坏后的文件恢复功能、分区镜像备份与还原功能、分区复制功能、硬盘复制功能、快速分区功能、整数分区功能、分区表错误检查与修复功能以及坏道检测与修复功能。

◎ Fixmbr：Fixmbr 主要用于解决硬盘无法引导的问题，具有重建主引导扇区的功能。Fixmbr 工具专门用于重新构造主引导扇区，它只修改主引导扇区，对其他扇区不进行写操作。

12.2 恢复丢失的硬盘数据

对于丢失的硬盘数据，普通用户需要进行恢复的对象主要包括各种文件和图片、硬盘的主引导扇区、格式化的硬盘分区等，下面就利用不同的数据恢复软件来恢复这些丢失的数据。

12.2.1 使用 FinalData 恢复被删除的文件

对于丢失的文件和图片，普通数据恢复软件都具有恢复功能，下面将利用 FinalData 来恢复已经被删除的一张图片，具体操作步骤如下。

微课：使用 FinalData 恢复被删除的文件

STEP 1 选择驱动器

❶启动 FinalData，在工作界面窗口中单击"打开"按钮；❷在弹出的"选择驱动器"对话框中的"逻辑驱动器"选项卡中选择需要恢复的文件对应的驱动器选项；❸单击"确定"按钮，如图 12-5 所示。

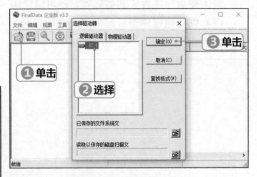

图12-5 选择驱动器

STEP 2 设置搜索范围

FinalData 开始查找已被删除的文件，然后弹出"选择要搜索的簇范围"对话框，单击"确定"

按钮，如图 12-6 所示，FinalData 开始扫描删除的文件。

图12-6 设置搜索范围

STEP 3 选择恢复的文件

❶等 FinalData 搜索完所有丢失的文件后，在左侧的任务窗格中选择"已删除文件"选项；❷在右侧的列表中选择需要恢复的文件，在其上右击；❸在弹出的快捷菜单中选择"恢复"命令，如图 12-7 所示。

图12-7　选择恢复的文件

图12-8　选择保存位置

STEP 4　选择保存位置

❶在弹出的"选择要保存的文件夹"对话框左侧的列表中选择保存位置；❷单击"保存"按钮，如图 12-8 所示。

多学一招

选择不同的保存位置

恢复文件时，通常需要将要恢复的文件保存在其他位置（最好是不同的逻辑驱动器），这样可以增大文件恢复成功的概率，防止因为选择相同的保存位置导致数据无法恢复或恢复失败的情况发生。

STEP 5　查看恢复的文件

完成恢复后，打开所保存的文件夹，即可看到恢复的文件，如图 12-9 所示。

图12-9　查看恢复的文件

12.2.2　使用 DiskGenius 修复硬盘的主引导扇区

MBR 是硬盘的主引导扇区，如果 MBR 出现错误，用户就无法进入系统，如开机后屏幕左上角光标一直闪动的情况，一般就是主引导扇区被损坏造成的，只有修复好后，用户才能重新进入系统。下面使用 DiskGenius 修复硬盘的主引导扇区，具体操作步骤如下。

微课：使用 DiskGenius 修复硬盘的主引导扇区

STEP 1　选择命令

❶使用 U 盘启动计算机，进入 Windows PE 操作系统，启动 DiskGenius，单击打开"硬盘"菜单；❷在打开的菜单中选择"重建主引导记录（MBR）"命令，如图 12-10 所示。

STEP 2　确认操作

系统弹出提示对话框，询问用户是否为当前硬盘重建主引导记录，单击"是"按钮即可，如图 12-11 所示。

图12-10　选择命令

第 12 章

图12-11 确认操作

STEP 3 完成修复操作

DiskGenius 开始修复主引导扇区，完成后系统弹出提示对话框，单击"确定"按钮即可，

如图 12-12 所示。

图12-12 完成修复操作

12.2.3 使用 EasyRecovery 恢复文本文件

硬盘中通常存储有很多重要的数据文件，一旦被误删除或无法打开，将给用户的工作和生活带来很大的不便。这时，用户可以利用数据恢复软件进行修复。下面就利用 EasyRecovery 恢复文本文件，具体操作步骤如下。

微课：使用 EasyRecovery
恢复文本文件

STEP 1 选择恢复的内容

❶ 启动 EasyRecovery，在工作界面的"全部"选项组中取消选中"所有数据"复选框；❷ 在右侧的列表中单击"办公文档"按钮，如图 12-13 所示。

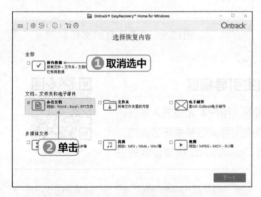

图12-13 选择恢复的内容

STEP 2 选择要恢复内容的位置

在"选择位置"界面的"共同位置"选项组中选中"选择位置"复选框，如图 12-14 所示。

STEP 3 选择文件夹

❶ 在弹出的"选择位置"对话框左侧的任务窗格中选择一个位置选项；❷ 在右侧的列表中双击选择需要恢复的内容所在的具体文件夹；

❸ 单击"选择"按钮，如图 12-15 所示。

图12-14 选择要恢复内容的位置

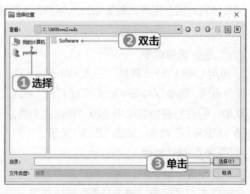

图12-15 选择文件夹

STEP 4 开始扫描

在"选择位置"界面，单击右下角的"扫描"
按钮，如图 12-16 所示。

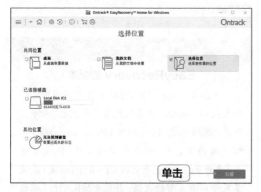

图12-16 开始扫描

STEP 5 显示扫描结果

❶ EasyRecovery 将迅速扫描指定文件夹
中的数据，并弹出提示框，显示扫描的结果，
这里没有找到可以恢复的文件，单击"关闭"
按钮；❷在工作界面正下方单击"深度扫描"
右侧的"点击此处"超链接，如图 12-17
所示。

图12-17 显示扫描结果

STEP 6 进入深度扫描

EasyRecovery 开始在整个硬盘中寻找可以恢
复的文件，并显示扫描进度和各种扫描的信息，
如图 12-18 所示。

图12-18 进入深度扫描

 知识提示

深度扫描

深度扫描是EasyRecovery的基础数据恢复
功能，能够通过读取硬盘扇区组的簇中的数据
来恢复被删除的文件。EasyRecovery有个人、
专业和企业3种版本，除个人版外，其他两种
版本的软件在扫描不到可以恢复的数据后，将
直接进行深度扫描。

STEP 7 展示可以恢复的数据

完成寻找后，EasyRecovery 将自动罗列出所
有可以恢复的数据，如图 12-19 所示。

图12-19 展示可以恢复的数据

STEP 8 恢复文件

❶在 EasyRecovery 工作界面左侧的任务窗格
中，选择需要恢复的文件所在的文件夹；❷在

右侧下方的文件列表中选中需要恢复的文件左侧的复选框，在工作界面右侧上面的列表中可以预览该文件的内容；❸单击"恢复"按钮，如图 12-20 所示。

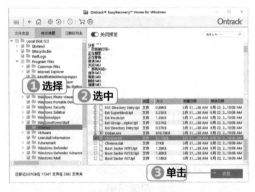

图12-20　恢复文件

STEP 9　完成操作

在 EasyRecovery 完成文件恢复操作后，返回硬盘中对应的文件夹位置，即可看到恢复的文件数据。

知识提示

EasyRecovery 的版本

EasyRecovery的不同版本具有不同功能：个人版（Home版）可常规恢复各种文档、音乐、照片、视频等数据；专业版（Professional版）除常规数据恢复外，还具有高级工具，能恢复更多、更专业的数据；企业版（Technician版）能恢复几乎所有类型的数据，并且支持RAID（磁盘阵列）数据恢复。

前沿知识与流行技巧

1. 数据恢复软件使用技巧

用户在使用数据恢复软件的时候需要谨慎，要选择适合自己使用的、适合当时情况的软件。另外，用户还需要注意以下事项。

- ◎ 不能一味盲目地使用多个软件进行多次重复操作。
- ◎ 尽量避免在数据丢失后进行硬盘的读写操作。
- ◎ 不要将数据恢复软件安装到被误删文件需要还原到的硬盘中。
- ◎ 使用数据恢复软件前，不要使用计算机进行上网、收邮件、播放音乐、播放电影、创建文档等操作。
- ◎ 使用数据恢复软件时，不要重启或者关闭操作系统。
- ◎ 不要安装文件到想要恢复误删除文件的操作系统中。
- ◎ 对操作系统的操作越多，数据恢复成功的可能性就越小。
- ◎ 如果需要恢复删除的数据，千万不要对该硬盘进行碎片整理或者运行任何硬盘检查工具。如果这样做的话，很有可能会清除掉想要恢复的文件在硬盘上的遗留信息。
- ◎ 当自己无法恢复数据时，尽快求助专业人员。

2. 数据备份的重要性

数据恢复并不能保证 100% 完全恢复，所以，对于一些重要的文件，用户还是要定期进行备份。网络上有很多云网盘，用户可以选择自己喜欢的网盘，对重要文件进行备份，以防万一。常做备份，用户就不用担心数据丢失。

第 4 部 分

第 13 章

多核计算机维修基础

/ 本章导读

　　学习计算机维修首先需要了解计算机维修的基础知识，如计算机故障产生的常见原因、确认和排除计算机故障的方法等，本章将具体介绍这些基础知识。

13.1 导致计算机故障产生的 5 个因素

要排除故障，应先找到产生故障的原因。计算机故障指计算机在使用过程中遇到的系统不能正常运行或运行不稳定，以及硬件损坏或出错等现象。计算机故障是由各种各样的因素引起的，主要包括计算机硬件质量问题、兼容性问题、工作环境的影响、使用和维护不当以及病毒破坏等。

13.1.1 硬件质量问题

生产厂商如果使用一些质量较差的电子元件（甚至使用假冒产品或伪劣部件），就很容易引发硬件故障。计算机硬件质量问题通常表现为以下 3 个方面。

◎ 电子元件质量较差：有些硬件厂商为了追求更高的利润，使用一些质量较差的电子元件，或减少其数量，导致硬件达不到设计要求，影响产品的质量，从而造成故障。如一些劣质主板，不但使用劣质电容，做工差，甚至没有散热风扇。

◎ 电路设计缺陷：硬件的电路设计也应该遵循一定的工业标准，如果电路设计有缺陷，在使用过程中就很容易出现故障。图 13-1 所示的圆圈部分的飞线，显然是由于无法重新对产品的 PCB 电路进行处理，而采取的掩盖问题的措施。

图13-1　电路缺陷设计

◎ 假冒产品：一些不法商家为了获取暴利，

用质量很差的元件仿制品牌产品。图 13-2 所示为真假 U 盘的内部对比，假冒产品不但使用了质量很差的元件，而且偷工减料，如果用户购买到这种产品，轻则引起计算机故障，重则直接损坏硬件。

图13-2　真（上）假（下）U盘内部对比

知识提示

注意假冒产品

计算机硬件产品的价格通常比较透明，通过网络很容易查询。假冒产品的一个显著特点就是价格比正规产品便宜很多，因此，用户在选购时一定不要贪图便宜，应该多进行对比。用户在选购产品时还应该注意产品的标码、防伪标记和制造工艺等。

13.1.2 | 兼容性问题

兼容性是指硬件与硬件、软件与软件以及硬件与软件之间能够相互支持并充分发挥性能的特性。无论是组装的兼容机，还是品牌机，其中的各种软件和硬件都不是由同一厂商生产的，这些厂商虽然都按照统一的标准进行生产，并尽量相互支持，但仍有不少厂商的产品存在兼容性问题。如果兼容性不好，虽然计算机有时也能正常工作，但是其性能却不能很好地发挥，还容易出现故障。兼容性问题主要有以下两种。

◎ 硬件兼容性：硬件都是由许多不同部件构成的，硬件之间出现兼容性问题，其结果往往是不可调和的。如果存在硬件兼容性问题，通常在计算机组装完成后第一次启动时就会出现故障提示（如系统蓝屏），唯一的解决方法就是更换硬件。

◎ 软件兼容性：软件的兼容性问题主要是由于操作系统因为自身的某些设置而拒绝运行某些软件中的某些程序而引起的。软件兼容性问题相对容易解决，下载并安装软件补丁程序即可。

13.1.3 | 工作环境的影响

计算机中各部件的集成度很高，因此对环境的要求也较高，当所处的环境不符合各部件正常运行的标准时就容易引发故障。工作环境的影响主要体现在以下 5 个方面。

◎ 灰尘：灰尘附着在计算机元件上，妨碍了元件在正常工作时的散热。如电路板上的芯片故障，很多都是由灰尘引起的。

◎ 温度：如果计算机的工作环境温度过高，就会影响其散热，甚至引起短路等故障。特别是夏天温度太高时，用户一定要注意计算机散热。另外，用户还要避免日光直射到计算机和显示器上。图 13-3 所示为因温度过高而耦合电容被烧毁的主板，其已彻底报废。

◎ 电源：交流电的电压范围为（220±22）V，频率范围为（50±2.5）Hz，并且应具有良好的接地系统。若电压过低，则不能供给足够的功率，数据可能被破坏；若电压过高，设备的元器件又容易被损坏。如果经常停电，用户应使用 UPS 电源保护计算机，使计算机在电源中断的情况下能从容关机。图 13-4 所示为电压过高导致的芯片被烧毁。

图13-4 电压过高导致故障

◎ 电磁波：计算机对电磁波的干扰较为敏感，较强的电磁波干扰可能会造成硬盘数据丢

图13-3 温度过高导致故障

失、显示屏抖动等故障。图 13-5 所示为电磁波干扰下颜色失真的显示器。

图13-5　电磁波导致故障

◎ 湿度：计算机正常工作对环境湿度有一定的要求，湿度太高会影响计算机配件的性能，甚至引起一些配件短路；湿度太低又易产生静电，损坏配件。图 13-6 所示为因湿度过低产生静电导致的电容爆浆。

图13-6　湿度过低导致故障

13.1.4 使用和维护不当

有些硬件故障是由于用户操作不当或维护失败造成的，不当操作主要有以下 6 种。

◎ 带电插拔：除使用 SATA 和 USB 接口的设备外，计算机的其他硬件都不能在未断电时插拔，带电插拔很容易造成短路，将硬件烧毁。另外，即使按照安全用电的标准，也不应该带电插拔硬件，否则可能会对人身造成伤害。图 13-7 所示为带电插拔导致的 I/O 芯片被损坏。

图13-7　带电插拔导致故障

◎ 带静电触摸硬件：静电有可能造成计算机中各种芯片的损坏，用户在维护硬件前应当将自己身上的静电释放掉。另外，用户在安装计算机时应该将机箱壳用导线接地，从而获得很好的防静电效果。图 13-8 所示为静电导致的主板电源插槽被烧毁。

图13-8　静电导致故障

◎ 安装不当：安装显卡和声卡等硬件时，需要将其用螺丝固定在适当位置，如果安装不当，则可能导致板卡变形，最后因为接触不良导致故障。

◎ 安装错误：计算机硬件在主板中都有其固定的接口或插槽，如果安装错误，则可能因为该接口或插槽的额定电压不对而造成硬件短路等故障。

◎ 板卡被划伤：计算机中的板卡一般是分层印刷的电路板，如果被划伤，可能致使其

中的电路或线路被切断，导致短路故障，甚至烧毁板卡。

◎ 安装时受力不均：用户在安装计算机时，如果将板卡或接口插入主板中的插槽时用力不均，则可能损坏插槽或板卡，导致接触不良，致使板卡不能正常工作。

13.1.5 病毒破坏

病毒是引起大多数软件故障的主要原因，病毒利用软件或硬件的缺陷控制或破坏计算机，使系统运行缓慢、不断重启，或使用户无法正常操作计算机，甚至可能造成硬件的损坏。病毒的危害主要体现在以下 6 个方面。

◎ 破坏内存：病毒破坏内存的方式主要包括占用大量内存、禁止分配内存、修改内存容量和消耗内存 4 种。病毒在运行时将占用和消耗大量的系统内存资源，导致系统资源匮乏，不能正常地处理数据，进而导致宕机。

◎ 破坏文件：病毒破坏文件的方式主要包括重命名、删除、替换内容、颠倒或复制内容、丢失部分程序代码、写入时间空白、分割或假冒文件、丢失文件簇和丢失数据文件等。如果不及时杀毒，受到病毒破坏的文件将不能再次使用。

◎ 影响计算机的运行速度：病毒一旦在计算机中被激活，就会不停地运行，占用计算机大量的系统资源，使计算机的运行速度明显减慢。

◎ 影响操作系统的正常运行：计算机病毒还会破坏操作系统的正常运行，主要表现方式包括自动重启、无故宕机、不执行命令、干扰内部命令的执行、打不开文件、虚假报警、占用特殊数据区、强制启动软件和扰乱各种输出 / 输入接口等。

◎ 破坏硬盘：计算机病毒攻击硬盘的主要表现包括破坏硬盘中存储的数据、不能读取 / 写入硬盘、数据不能交换和不完全写盘等。

◎ 破坏操作系统数据区：由于硬盘的数据区中保存了很多操作系统的重要数据，计算机病毒对其进行破坏通常会引起毁灭性的后果。病毒主要攻击的是硬盘主引导扇区、BOOT 扇区、FAT 表和文件目录等区域，这些位置被破坏后，用户只能通过专业的数据恢复软件来还原数据。

13.2 确认计算机故障的常用方法

在发现计算机出现故障后，用户首先应确认计算机的故障类型，然后再根据故障类型进行处理。确认计算机故障的常用方法主要有以下 8 种。

13.2.1 直接观察法

直接观察法是指通过用眼睛看、手指摸、耳朵听和鼻子闻等方法来判断产生故障的位置和原因。

◎ **看：** 看就是观察，目的是找出故障产生的原因。看主要包括 5 个方面，一是观察是否有杂物掉进电路板的元件之间，元件上是否有被氧化或被腐蚀的地方；二是观察各元件的电阻、电容引脚是否相碰、断裂或歪斜；三是观察板卡的电路板上是否有虚焊、元件短路、脱焊和断裂等现象；四是观察各板卡插头与插座的连接是否正常，是否歪斜；五是观察主板或其他板卡的表面是否有烧焦的痕迹、印刷电路板上的铜箔是否断裂、芯片表面是否开裂、电容是否爆开等。

◎ **摸：** 用手触摸元件表面来判断元件是否正常工作、板卡是否安装到位以及是否出现接触不良等现象。摸主要包括 3 个方面，一是在设备运行时触摸或靠近有关电子部件，如 CPU、主板等的外壳（显示器、电源除外），根据温度粗略判断设备运行是否正常；二是摸板卡，看是否有松动或接触不良的情况，若有，则应将其固定；三是触摸芯片表面，若温度很高甚至烫手，则说明该芯片可能已经损坏了。

◎ **听：** 当计算机出现故障时，很可能会出现异常的声音。通过听电源和 CPU 的风扇以及硬盘和显示器等设备工作时产生的声音，可以判断是否存在故障及产生故障的原因。另外，如果电路发生短路，也会发出异常的声音。

◎ **闻：** 有时计算机出现故障会伴有烧焦的气味，这种情况说明某个电子元件已被烧毁，应尽快寻找气味源确定故障区域，并排除故障。

13.2.2 POST 卡测试法

POST 卡测试法是指通过 POST 卡、诊断测试软件及其他一些诊断方法来分析和排除计算机故障，使用这种方法判断计算机故障具有快速而准确的优点。

◎ **诊断测试卡：** 诊断测试卡也叫 POST 卡（Power on Self Test，加电自检），如图 13-9 所示，其工作原理是将主板中 BIOS 内部程序的检测结果，通过主板诊断卡代码显示出来，用户结合诊断卡的代码含义速查表就能快速了解计算机故障所在。在计算机不能引导操作系统、黑屏、喇叭不响时，尤其适合使用诊断测试卡进行诊断。

图13-9　POST卡

◎ **诊断测试软件：** 诊断测试软件有很多，如常用的 Windows 优化大师和 PCMark 等。PCMagazine 的母公司 PC Labs 发布的 PCMark 是一款系统综合性测试软件。PCMagazine 是美国专业的 IT 杂志，每年都对笔记本电脑、台式电脑和一些计算机周边设备进行测试，具有很好的口碑。

多学一招

其他可以检测故障的软件

各种安全防御软件，如病毒查杀软件和木马查杀软件，也可以作为测试软件的一种，因为计算机安全受到威胁，同样也会出现各种故障，通过病毒查杀软件也能对计算机是否存在故障进行检查和判断。

13.2.3　清洁灰尘法

　　计算机在使用过程中，机箱内部容易积聚灰尘，这会影响主机部件的散热和正常运行。通过对机箱内部的灰尘进行清理，也可确认并清除一些故障。另外，显卡和内存条的金手指很容易发生氧化并导致故障，通过清洁可将该种原因诱发的故障轻松排除。

◎　清洁灰尘：灰尘可能引起计算机故障，所以保持计算机的清洁，特别是机箱内部各硬件的清洁很重要。清洁时可用软毛刷刷掉主板上的灰尘，也可使用吹气球清除机箱内各部件上的灰尘，或使用清洁剂清洁主板和芯片等精密部件上的灰尘。

◎　去除氧化：用专业的清洁剂擦去金手指表面的氧化层，如果没有清洁剂，用橡皮擦也可以。重新插接好后开机检查故障是否排除，如果故障依旧存在，则证明是硬件本身出现了问题。这种方法对解决元件老化、接触不良和短路等原因造成的故障相当有效。

13.2.4　插拔法

　　插拔法是一种比较常用的判断故障的方法，其主要是通过插拔板卡观察计算机的运行状态来判断故障产生的位置和原因的。如果拔出其他板卡，仅使用主板、CPU、内存和显卡的最小化系统仍然不能正常工作，那么故障很有可能是由主板、CPU、内存或显卡引起的。通过插拔法还能解决一些由于板卡与插槽接触不良所造成的故障。

13.2.5　对比法

　　对比法是指同时运行两台配置相同或类似的计算机，比较正常计算机与故障计算机在执行相同操作时的不同表现，或对比各自的设置，来判断故障产生的原因。这种方法在企业或单位计算机出现故障时比较常用，因为企业或单位的计算机通常配置相同，使用这种方法检测故障比较方便、快捷。

13.2.6　万用表测量法

　　在故障排除中，对电压和电阻进行测量也可以判断相应的部件是否存在故障。对电压和电阻的测量需要使用万用表，如果测量出某个元件的电压或电阻不正常，则说明该元件可能存在故障。用万用表测量电压和电阻的最大优点是不需要将元件取下或仅需要部分取下就可以判断元件是否正常，所以万用表测量法应用十分普遍。

13.2.7　替换法

　　替换法是一种通过使用相同或相近型号的板卡、电源、硬盘或显示器以及外部设备等部件替换原来的部件以分析和排除故障的方法，替换部件后如果故障消失，就表示被替换的部件存在问题。替换法主要有以下两种实际操作方式。

◎　将计算机硬件替换到另一台运行正常的计算机上试用，运行正常则说明该硬件没有问题；如果不正常，则说明该硬件可能存在故障。

◎　用正常的同型号的计算机部件替换计算机中可能出现故障的部件，如果计算机运行正常，则说明该部件有故障；如果故障依旧存在，则说明问题不在该部件上。

13.2.8 最小系统法

最小系统是指由最少的部件组成的能正常运行的计算机系统。最小系统法是指在计算机启动时只安装最基本的部件，包括 CPU、主板、显卡和内存，连接上显示器和键盘，如果计算机能够正常启动，则表明核心部件没有问题，然后逐步安装其他设备，这样可快速找出产生故障的部件。使用最小系统法如果不能启动计算机，则表示核心部件存在故障，可根据发出的报警声来分析和排除故障。

13.3 计算机维修基础

在确认计算机的故障之后，用户可根据排除故障的基本步骤来排除故障。在排除故障之前，用户还需要了解排除故障的基本原则和一些注意事项。

13.3.1 计算机维修的 8 个基本原则

在进行计算机维修时，应遵循正确的处理原则，切忌盲目动手，以免造成故障的扩大化。计算机维修的基本原则大致有以下 8 点。

◎ **仔细分析**：在动手处理故障之前，用户应先根据故障的现象分析该故障的类型，确定应用哪种方法进行处理。切忌盲目动手，扩大故障。

◎ **先软后硬**：计算机故障包括硬件故障和软件故障，而排除软件故障比硬件故障更容易，所以排除故障应遵循"先软后硬"的原则。首先分析操作系统和软件是否是故障产生的原因，通过检测软件或工具软件排除软件故障的可能后，再开始检查硬件的故障。

◎ **先外后内**：首先检查外部设备是否正常（如打印机、键盘、鼠标等是否存在故障），再查看电源、信号线的连接是否正确，然后排除其他故障，最后再拆卸机箱检查内部的硬件是否正常，尽可能不拆卸部件。

◎ **多观察**：充分了解计算机所用的操作系统和应用软件，以及产生故障部件的工作环境、要求和近期所发生的变化等情况。

◎ **先假后真**：有时候计算机并没有出现真正的故障，只是由于电源没开或数据线没有连接等原因造成故障"假象"，用户在排除故障时应先确认硬件是否确实存在故障，

检查各硬件之间的连线是否正确、安装是否正确，在排除假故障后才能将其作为真故障处理。

◎ **归类演绎**：在处理故障时，用户应善于运用已掌握的知识或经验将故障进行分类，然后寻找相应的方法进行处理。在故障处理之后还应认真记录故障现象和处理方法，以便日后查询，并借此不断提高自己的故障处理水平。

◎ **先电源后部件**：主机电源是计算机正常运行的前提，遇到供电等故障时，用户应先检查电源连接是否松动、电压是否稳定、电源工作是否正常等，再检查主机电源功率能否使各硬件稳定运行，然后检查各硬件的供电及数据线连接是否正常。

◎ **先简单后复杂**：先对简单易修的故障进行排除，再对困难的、较难解决的故障进行排除。有时将简单故障排除之后，较难解决的故障也会变得容易排除。但应注意，如果是电路虚焊和芯片故障，就需要找专业维修人员进行维修，贸然维修可能导致硬件报废。

13.3.2　判断计算机故障的一般步骤

在计算机出现故障时，用户首先需要判断问题是出在操作系统、内存、主板、显卡、电源还是其他方面，如果无法确定，则需要按照一定的顺序来确认故障。判断计算机故障的一般步骤如图 13-10 所示。

图13-10　判断计算机故障的一般步骤

13.3.3　计算机维修的注意事项

在进行计算机维修时，为保证计算机故障能顺利被排除，还有一些具体的操作需要注意。

1. 保证良好的工作环境

在进行故障排除时，用户一定要保证良好的工作环境，否则可能会因为环境因素的影响造成故障排除不成功，甚至扩大故障。一般在排除故障时应注意以下两个方面。

◎ 洁净明亮的环境：洁净的目的是避免将拆卸下来的电子元件弄脏，影响故障的判断；保持环境明亮的目的是便于对一些较小的电子元件的故障进行排除。

◎ 远离电磁环境：计算机对电磁环境的要求较高，在排除故障时，要注意远离电磁场较强的大功率电器，如电视和冰箱等，以免这些电磁场对故障排除产生影响。

2. 安全操作

安全性主要是指排除故障时，用户自身的安全和计算机的安全。计算机的电压足以对人体造成伤害，要做到安全排除计算机故障，用户应该做到以下两点。

◎ 不带电操作：在拆卸计算机进行检测和维修时，一定要先将主机电源断开，然后做好相应的安全保护措施。除使用 SATA 接口和 USB 接口的硬件外，不要对其他硬件进行热插拔，以保证设备和自身的安全。

◎ 小心静电：为了保护自身和计算机部件的安全，用户在进行检测和维修之前应将手上的静电释放，最好戴上防静电手套。

3. 小心"假"故障

计算机维修有一条"先假后真"的基本原则，指有时候计算机会出现一些由操作不当造成的"假"故障。造成这种现象的因素主要有以下4个方面。

◎ 电源开关未打开：有些初学者一旦显示器不亮就认为出现了故障，但其实可能是显示器的电源没有打开。计算机的许多部件都需要单独供电，如显示器，工作时应先打开其电源。如果启动计算机后这些设备无反应，首先应检查是否已打开电源。

◎ 操作和设置不当：对初学者来说，因操作和设置不当引起的假故障表现得最为明显。对基本操作和设置的细节问题的疏忽，很容易导致"假"故障现象出现，例如，用户不小心删除了拨号连接导致不能上网，却认为是网卡出现故障；用户设置了系统休眠，却认为是计算机黑屏等。

◎ 数据线接触不良：各种外设与计算机之间，以及主机中各硬件与主板之间，都是通过数据线连接的，数据线接触不良或脱落都会导致某个设备工作不正常。如系统提示"未发现鼠标"或"找不到键盘"，那么首先应检查鼠标或键盘与计算机的接口是否有松动的情况。

◎ 对正常提示和报警信息不了解：现在操作系统的智能化程度已较高，一旦某个硬件在使用过程中遇到异常情况，系统就会给出一些提示和报警信息，如果用户不了解这些正常的提示或报警信息，就会认为设备出了故障。如 U 盘虽然可以热插拔，但 Windows 7 操作系统中有热插拔的硬件提示，退出时应该先单击 按钮，在系统提示可以安全地移除硬件时，用户才能拔出 U 盘，如果直接拔出 U 盘，就可能因电流冲击损坏 U 盘。

前沿知识与流行技巧

1. 计算机维修前收集资料

在找到故障的根源后，用户就需要收集硬件的相关资料，主要包括计算机的配置信息、主板型号、CPU 型号、BIOS 版本、显卡的型号和操作系统版本等，该操作有利于判断是否是由兼容性问题或版本问题引起故障。另外，用户可以到网上搜索该类故障的排除方法，借鉴别人的经验，这样有可能找到更好、更快的故障排除方案。

2. 笔记本电脑的正确携带方式

不正确的携带和保存方式会使笔记本电脑受到损伤，所以，正确地携带、保存也是笔记本电脑日常维护的重要内容。笔记本电脑的正确携带方式介绍如下。

◎ 携带笔记本电脑时使用专用包。

◎ 不要将笔记本电脑与其他部件、衣服或杂物堆放一起，以免笔记本电脑受到挤压或被刮伤。

◎ 旅行时随身携带而非托运，以免笔记本电脑受到碰撞或跌落。

◎ 待笔记本电脑完全关机后再装入包中，防止过热损坏。在未完全关机时，直接合上液晶屏可能会造成系统关机不彻底。

◎ 在温差变化较大时（指室内、室外温差超过10℃时，如室外温度为0℃，用户突然携带笔记本电脑进入25℃的房间内），建议不要马上开机，温差较大容易引起笔记本电脑损坏甚至开不了机。

第 4 部分

第 14 章

多核计算机维修实操

/ 本章导读

　　本章介绍具体的计算机维修实例，帮助大家巩固计算机维修的相关知识和操作。

14.1 认识多核计算机 3 个常见故障

要学会排除故障，就需要认识一些常见的计算机故障。计算机常见的故障包括宕机、蓝屏和自动重启等，导致这些故障的原因有很多，下面进行具体讲解。

14.1.1 宕机故障

宕机是指由于无法启动操作系统而造成的画面"定格"无反应，鼠标、键盘无法输入，软件运行非正常中断等情况。造成宕机的原因一般分为硬件与软件两方面。

1. 硬件原因造成的宕机

硬件引起宕机的原因主要如下。

◎ 内存故障：主要是内存条松动、虚焊或内存芯片本身质量差所致。

◎ 内存容量不够：内存容量越大越好，通常不小于硬盘容量的 0.5% ~ 1%，过小的内存容量会使计算机不能正常处理数据，导致宕机。

◎ 软硬件不兼容：3D 图像设计软件和一些特殊软件可能在有的计算机中不能正常启动或安装，其中可能存在软硬件兼容方面的问题，这种情况可能会导致宕机。

◎ 硬件资源冲突：声卡或显卡的设置冲突会引起异常错误导致宕机。此外，硬件连接的中断、DMA 或端口出现冲突会导致驱动程序产生异常，从而导致宕机。

◎ 散热不良：显示器、电源和 CPU 在工作中发热量非常大，因此保持良好的通风状态非常重要。工作时间太长容易使电源或显示器散热不畅，从而造成计算机宕机，另外，CPU 散热不畅也容易导致计算机宕机。

◎ 移动不当：计算机在移动过程中受到很大震动，常常会使内部硬件松动，从而导致接触不良，引起计算机宕机。

◎ 硬盘故障：老化或使用不当可能造成硬盘产生坏道、坏扇区，计算机在运行时就容易宕机。

◎ 设备不匹配：如主板主频和 CPU 主频不匹配，就可能无法保证计算机运行的稳定

性，因而导致频繁宕机。

◎ 灰尘过多：机箱内灰尘过多也会引起宕机故障，如软驱磁头或光驱激光头沾染过多灰尘后，会导致读写错误，严重时会引起计算机宕机。

◎ 劣质硬件：少数不法商家在组装计算机时使用质量低劣的硬件，甚至出售假冒和返修过的硬件，这样的计算机在运行时很不稳定，发生宕机的次数也很频繁。

◎ CPU 超频：超频提高了 CPU 的工作频率，但同时也可能使其性能变得不稳定。其原因是 CPU 在内存中存取数据的速度快于内存与硬盘交换数据的速度，超频使这种矛盾更加突出，加剧了在内存或虚拟内存中找不到所需数据的情况，这样就会显示"异常错误"，最后导致宕机。

2. 软件原因造成的宕机

软件引起宕机的原因主要如下。

◎ 感染病毒：病毒可以使计算机工作效率急剧下降，造成频繁宕机现象。

◎ 使用盗版软件：很多盗版软件可能隐藏着病毒，一旦执行，病毒会自动修改操作系统，使操作系统在运行中出现宕机故障。

◎ 软件升级不当：在升级软件的过程中，系统通常会对一些共享组件也进行升级，但是其他程序可能不支持升级后的组件，从而导致宕机。

◎ 非法操作：用非法格式或参数非法打开或

释放有关程序，会导致计算机宕机。

◎　启动的程序过多：运行过多的程序会使系统资源消耗殆尽，个别程序需要的数据在内存或虚拟内存中找不到，会出现异常错误，进而导致计算机宕机。

◎　非正常关闭计算机：不要直接使用机箱上的电源按钮关机，因为这样可能造成系统文件被损坏或丢失，使计算机在自动启动或运行中宕机。

◎　滥用测试版软件：测试版软件容易与其他软件产生不兼容问题，如果是与操作系统发生冲突，则可安装软件所需的操作系统或从网上下载软件的补丁。

◎　误删系统文件：如果系统文件遭破坏或被误删除，即使在 BIOS 中各种硬件设置正确无误，也会造成宕机或无法启动。

◎　应用软件缺陷：这种情况非常常见，如一款在 32 位的 Windows XP 操作系统中运行良好的应用软件，运行在 64 位的 Windows 8 操作系统中时，尽管其兼容 64 位操作系统，但有许多地方无法与 64 位操作系统的应用程序协调，所以可能导致宕机。还有一些情况，如在 Windows XP 操作系统中正常使用的外设驱动程序，当操作系统升级到 64 位的 Windows 8 操作系统后，可能会出现问题，使计算机宕机或不能正常启动。

◎　非法卸载软件：用户在删除软件时，不要把软件的安装目录直接删除，因为这样就不能删除注册表和 Windows 目录中的相关文件，系统会因不稳定而出现宕机。

◎　BIOS 设置不当：该故障现象很普遍，硬盘参数设置、模式设置、内存参数设置不当会导致计算机无法启动。如将无 ECC（Error Checking and Correcting，错误检查和纠正）功能的内存设置为具有 ECC 功能，这样就会因内存错误而造成宕机。

◎　内存冲突：有时计算机会突然宕机，重新启动后运行这些应用程序又十分正常，这是一种"假宕机"现象，原因大多是内存资源冲突。通常应用软件是在内存中运行的，而关闭应用软件后即可释放内存空间。但是有些应用软件由于设计原因，关闭后也无法彻底释放内存，当下一软件需要使用这一块内存地址时，就会出现冲突。

3.　预防宕机故障的方法

对于宕机故障，用户可以采用以下方法进行处理。

◎　在同一个硬盘中不要安装多个操作系统。

◎　在更换计算机硬件时一定要插好，防止接触不良引起宕机。

◎　在运行大型应用软件时，不要在运行状态下退出之前运行的程序，否则可能会引起宕机。

◎　在应用软件未正常退出时，不要关闭电源，否则可能会造成系统文件被损坏或丢失，引起计算机自动启动或者宕机。

◎　设置硬件设备时，最好检查有无保留中断号（Interrupt Request，IRQ），不要让其他设备使用该中断号，否则可能会引起中断冲突，从而造成系统宕机。

◎　CPU 和显卡等硬件不要超频过高，要注意散热。

◎　最好配备稳压电源（UPS），以免电压不稳引起宕机。

◎　BIOS 设置要恰当，虽然建议将 BIOS 设置为最优，但所谓最优并不是最好的，有时最优的设置反倒会引起计算机自动启动或者宕机。

◎　来历不明的移动存储设备不要轻易使用；对电子邮件中所带的附件，要用杀毒软件检查后再使用，以免感染病毒导致宕机。

◎　在安装应用软件的过程中，若出现对话框询问"是否覆盖文件"，最好选择不覆盖。因为通常当前系统文件是最好的，不能根据时间的先后来决定覆盖文件。

◎ 在卸载软件时，不要删除共享文件，因为某些共享文件可能被系统或者其他程序使用，一旦删除这些文件，会使其他应用软件无法启动而宕机。

◎ 在加载某些软件时，要注意先后次序，由于有些软件编程不规范，因此要避免优先运行，而应放在最后运行，这样才不会引起系统管理的混乱。

14.1.2 蓝屏故障

计算机蓝屏又叫蓝屏宕机（Blue Screen of Death，BSOD），指的是 Windows 操作系统无法从一个系统错误中恢复过来而只显示屏幕图像的情况，是一种比较特殊的宕机故障。

1. 蓝屏故障的处理方法

蓝屏故障产生的原因往往为硬件和驱动程序不兼容、存在有问题的软件和计算机感染病毒等，下面提供了一些常规的解决方案，用户在遇到蓝屏故障时，应先对照这些方案进行排除。下列内容对安装 Windows Vista、Windows 7、Windows 8 和 Windows 10 操作系统的用户都有帮助。

◎ 重新启动计算机：蓝屏故障有时只是某个程序或驱动偶然出错引起的，重新启动计算机后即可自动恢复。

◎ 检测系统日志：打开"运行"对话框，运行"EventVwr.msc"命令，启动事件查看器，检查其中的"系统日志"和"应用程序日志"中标明"错误"的选项。

◎ 检查病毒：如"冲击波"和"振荡波"等病毒有时会导致 Windows 蓝屏宕机，因此查杀病毒必不可少。另外，一些木马也会引发蓝屏，用户可用相关工具软件进行扫描查杀。

◎ 检查硬件和驱动：如果最近安装了硬件，检查硬件是否插牢，如果确认没有问题，将其拔下，然后换个插槽试试；安装最新的驱动程序，同时还应对照 Microsoft 官方网站的硬件兼容类别检查硬件是否与操作系统兼容；如果该硬件不在兼容表中，那么应到硬件厂商网站进行查询，或者拨打电话咨询。

◎ 新硬件和新驱动：如果刚安装完某个硬件的新驱动，或安装了某个软件，而它又在系统服务中添加了相应项目（如杀毒软件、CPU降温软件和防火墙软件等），在重启或使用中出现了蓝屏故障，这种情况下，用户可在安全模式中卸载或禁用该驱动或服务。

◎ 运行"sfc/scannow"：打开"运行"对话框，运行"sfc/scannow"命令，检查系统文件是否被替换，然后用系统安装盘来恢复。

◎ 安装最新的系统补丁和 Service Pack：有些蓝屏是 Windows 操作系统本身存在缺陷造成的，用户可通过安装最新的系统补丁和 Service Pack 来解决。

◎ 查询停机码：把蓝屏中的内容记录下来，进入 Microsoft 帮助与支持网站输入停机码，用户有可能找到有用的解决案例。另外，用户也可在百度等搜索引擎中使用蓝屏的停机码搜索解决方案。

◎ 最后一次正确配置：一般情况下，蓝屏都是出现在更新硬件驱动或新加硬件并安装驱动后，这时 Windows 提供的"最后一次正确配置"功能就是解决蓝屏故障的快捷方法，重新启动操作系统，在出现启动菜单时按"F8"键调出高级启动选项菜单，选择"最后一次正确配置"选项进入系统即可。

◎ 检查 BIOS 和硬件兼容性：新组装的计算机容易出现蓝屏问题，此时应该检查并升级BIOS 到最新版本，同时关闭其中的内存相关项，如缓存和映射。另外，用户还应该对照 Microsoft 的硬件兼容列表检查硬件。如果主板 BIOS 无法支持大容量硬盘，也可能导致蓝屏，对其进行升级即可解决问题。

2. 预防蓝屏故障的方法

对于蓝屏故障，用户可以通过以下方法进行预防。

◎ 定期升级操作系统、软件和驱动。

◎ 定期对重要的注册表文件进行备份，避免系统出错后因未能及时替换成备份文件而产生不可挽回的损失。

◎ 定期用杀毒软件进行全盘扫描，清除病毒。

◎ 尽量避免非正常关机，减少重要文件的丢失，如".dll"文件等。

◎ 对普通用户而言，若系统能正常运行，可不必升级显卡、主板的 BIOS 和驱动程序，避免升级造成故障。

◎ 如果不是内存特别大、管理程序非常优秀，应尽量避免大程序同时运行。

◎ 定期检查优化系统文件，运行"系统文件检查器"进行文件丢失检查及版本校对。

◎ 减少无用软件的安装，尽量不手动卸载或删除程序，减少非法替换文件和指向错误故障的出现。

14.1.3 自动重启故障

自动重启是指用户在没有进行任何启动计算机的操作时，计算机自动重新启动。引起计算机自动重启的原因可分为以下 3 类。

1. 由软件原因引起的自动重启

由软件原因引起的自动重启比较少见。软件原因通常有以下两种。

◎ 病毒控制："冲击波"病毒运行时会提示系统将在 60s 后自动启动，这是因为木马程序从远程控制了计算机的一切活动，并设置计算机重新启动。排除方法为清除病毒、木马程序或重装系统。

◎ 系统文件被损坏：操作系统文件被破坏，如 Windows 操作系统下的"kernel32.dll"文件，系统会在启动时因无法完成初始化而强制重新启动。排除方法为覆盖安装或重装操作系统。

2. 由硬件原因引起的自动重启

硬件原因是引起计算机自动重启的主要因素，通常有以下 7 种。

◎ 电源因素：组装计算机时选购价格低廉的电源是可能引起系统自动重启的重大原因之一，这种电源可能会因输出功率不足、直流输出不纯、动态反应迟钝和超额输出等，导致计算机经常性宕机或重启。排除方法为更换大功率电源。

◎ 内存因素：因内存导致自动重启通常有两种情况，一种是热稳定性不强，开机后温度一旦升高就宕机或重启；另一种是芯片轻微损坏，当运行一些 I/O 吞吐量大的软件（如媒体播放、游戏、平面 /3D 绘图）时，计算机就会重启或宕机。排除方法为更换内存。

◎ CPU 因素：因 CPU 导致自动重启通常有两种情况，一种是机箱或 CPU 散热不良；另一种是 CPU 内部的一二级缓存被损坏。排除方法为在 BIOS 中屏蔽二级缓存（L2）或一级缓存（L1），或更换 CPU。

◎ 外接卡因素：因外接卡导致自动重启通常有两种情况，一种是外接卡做工不标准或品质低劣；另一种是接触不良。排除方法为重新插拔板卡，或更换产品。

◎ 外设因素：因外设导致自动重启通常有两种情况，一种是外部设备本身有故障或与计算机不兼容；另一种是热插拔外部设备时抖动过大，引起信号或电源瞬间短路。排除方法为更换设备，或找专业人员维修。

◎ 光驱因素：因光驱导致自动重启通常有两种情况，一种是内部电路或芯片被损坏导致主机在工作过程中突然重启；另一种是光驱本身设计不良，在读取光盘时引起重启。排除方法为更换设备，或找专业人员维修。

◎ **RESET 开关因素**：因 RESET 开关导致自动重启通常有 3 种情况，一种是内 RESET 键被损坏，开关始终处于闭合位置，系统无法加电自检；另一种是 RESET 开关弹性不足，按钮按下去不易弹起，开关稍有振动就闭合，导致系统复位重启；还有一种是机箱内的 RESET 开关引线短路，导致主机自动重启。排除方法为更换开关。

3. 由其他原因引起的自动重启

还有一些非计算机自身原因也会引起自动重启，通常有以下两种。

◎ **市电电压不稳**：市电电压不稳引起自动重启通常有两种情况，一种是由于计算机的内部开关电源工作电压范围一般为 170V~240V，当市电电压低于 170V 时，计算机就会自动重启或关机，排除方法为添加稳压器（不是 UPS）或 130V~260V 的宽幅开关电源；另一种是计算机和空调、冰箱等大功耗电器共用一个插线板，在这些电器启动时，供给计算机的电压就会受到很大的影响，从而导致计算机重启，排除方法为把供电线路分开。

◎ **强磁干扰**：强磁干扰既有来自机箱内部 CPU 风扇、机箱风扇、显卡风扇、显卡、主板和硬盘的干扰，也有来自外部的动力线、变频空调甚至汽车等大型设备的干扰，如果主机的抗干扰性能差或屏蔽不良，就会出现主机意外重启或频繁宕机的现象。排除方法为远离干扰源，或更换防磁机箱。

14.2 多核计算机故障维修实例

要真正了解计算机故障维修，最好的方法是在实际操作中学习，下面就以排除计算机故障的具体操作为例，讲解排除故障的相关知识。

14.2.1 CPU 故障维修实例

下面介绍如何排除常见的 CPU 故障。

1. 温度太高导致系统报警

故障表现：计算机新升级了主板，在开始格式化硬盘时，喇叭发出刺耳的报警声。

故障分析与排除：打开机箱，用手触摸 CPU 的散热片，发现温度不高，主板的主芯片也只是微温。仔细检查一遍，没有发现问题。再次启动计算机，在 BIOS 的硬件检测里显示 CPU 的温度为 95℃，但是用手触摸 CPU 的散热片却没有一点温度，说明 CPU 有问题。通常主板测量的是 CPU 的内核温度，而有些没有使用原装风扇的 CPU 的散热片和内核接触不好，造成内核的温度很高，而散热片却是正常的温度。拆下 CPU 的散热片，发现散热片和芯片之间贴着一片像塑料的东西，清除粘在芯片上的塑料，然后涂一层硅脂，再安装好散热片，重新插到主板上检查 CPU 温度，一切正常。

2. CPU 使用率高达 100%

故障表现：在使用 Windows 10 操作系统时，系统运行变慢，查看"任务管理器"发现 CPU 占用率达到 100%。

故障分析与排除：经常出现 CPU 占用率达 100% 的情况，可能是由以下原因引起。

◎ **杀毒软件造成故障**：很多杀毒软件都加入了对网页、插件和邮件的随机监控功能，这无疑加重了操作系统的负担，造成 CPU 占用率过高。用户应使用最少的实时监控服务，或升级硬件配置，如增加内存或使用更好的 CPU。

◎ **驱动没有经过认证造成故障**：现在网络中有大量测试版的驱动程序，安装后会引起难以发现的故障，尤其是显卡驱动要特别注意。排除这种故障，建议使用 Microsoft 认证的或由官方发布的相应驱动程序进行替换，并且严格核对型号和版本。

◎ **病毒或木马破坏造成故障**：如果大量的蠕虫病毒在系统内部迅速复制，就很容易造成 CPU 占用率居高不下的情况。解决办法是用可靠的杀毒软件彻底清理系统内存

和本地硬盘，并且打开系统设置软件，查看有无异常启动的程序。

◎ **"svchost"进程造成故障**："svchost.exe"是 Windows 操作系统的一个核心进程，在 Windows XP 操作系统中，"svchost.exe"进程的数目一般为 4 个或 4 个以上，Windows 7 操作系统中最多可达 17 个，Windows 10 操作系统中则可多达 70 多个。如果该进程过多，很容易使 CPU 的占用率提高。要解决这一问题，只需将多余的进程关闭即可。

14.2.2 | 主板故障维修实例

下面介绍如何排除常见的主板故障。

1. 主板变形导致无法工作

故障表现：在对一块主板进行维护清洗后，发现主板电源指示灯不亮，计算机无法启动。

故障分析与排除：由于进行了主板清洗，所以怀疑没有清除干净水，导致电源损坏。更换电源后，故障仍然存在，于是怀疑电源对主板供电不足，导致主板不能正常通电工作。换一个新的电源后，故障仍然没有排除，最后怀疑安装主板时螺丝拧得过紧引起主板变形。将主板拆下，仔细观察后发现主板已经发生了轻微变形，主板两端向上翘起，而中间相对下陷，这很可能就是引起故障的原因。将变形的主板矫正，再将其装入机箱，通电后故障排除。

2. 电容故障导致无法开机

故障表现：有一块主板，使用两年多后突然指示灯不亮，表现为打开电源开关后，电源风扇和 CPU 风扇都在工作，但是光驱、硬盘没有反应，等上几分钟后计算机才能加电启动，启动后一切正常。重新启动也没有问题，但是一关闭电源，重新启动后，又会重复以上情况。

故障分析与排除：开始认为是电源问题，替换后故障依旧，更换主板后一切正常，说明

是主板有问题。从故障现象分析，主板在加电后可以正常工作，说明主板芯片正常，问题可能出在主板的电源部分。但是电源风扇和 CPU 风扇运转正常，说明总供电正常。加电运行几分钟后断电，经闻无异味，手摸电源部分的电子元件（主要是电容、电感、电源稳压 IC），发现 CPU 旁的几个电容、电感温度极高。因为电解电容长期在高温下工作会造成电解质变质，从而使容量发生变化，所以判断是电容有问题导致故障。排除故障的方法是仔细地将损坏的电容焊下，将新的电容重新焊上去，焊好电容后，在不安装 CPU 的情况下加电测试，几分钟后温度正常。再装上 CPU 后加电，屏幕立刻就亮了。多试几次，并注意电容的温度，连续开机几小时也没出现问题，故障排除。

3. CMOS 电压不足导致 BIOS 设置无法保存

故障表现：一台某品牌计算机在添加了专业设备后，需要进入 BIOS 中对一些设置进行改动，修改参数后保存退出。重新启动计算机，发现新增加的设备无法使用。随即又进入 BIOS，发现刚才改动的设置又恢复为初始值。再次对这些参数进行设置，确认并保存操作后

才退出 BIOS，但 BIOS 设置还是无法保存。

故障分析与排除：怀疑是主板故障，仔细检查所有部件后也没发现问题。最后用万用表测量主板上的电池，发现电池电压不足，更换电池后重新启动计算机，进入 BIOS 进行一些改动后保存退出。进入 Windows 操作系统检查，新增的设备能够正常运行。

14.2.3 内存故障维修实例

下面介绍如何排除常见的内存故障。

1. 金手指氧化导致文件丢失

故障表现：一台计算机安装的是 Windows 10 操作系统，一次在启动计算机的过程中提示"pci.sys"文件损坏或丢失。

故障分析与排除：首先怀疑是操作系统损坏，准备利用 Windows 10 的系统故障恢复控制台来修复，可是用 Windows 10 操作系统的安装光盘启动进入系统故障恢复控制台后计算机宕机。由于曾用 Ghost 给系统做过镜像，所以用 U 盘启动进入 DOS 系统，运行 Ghost 将以前保存在 D 盘上的镜像恢复，重启后系统还是提示文件丢失。最后只能格式化硬盘重新安装操作系统，但是在安装过程中，频繁地出现文件不能正常复制的提示，安装不能继续。最后进入 BIOS，将其设置为默认值（此时内存测试方式为完全测试，即内存每兆容量都要进行测试）后重启准备再次安装，但是在进行内存测试时发出报警声，内存测试没有通过。将内存取下后发现内存条上的金手指已有氧化痕迹，用橡皮擦将其擦干净，重新插入主板的内存插槽中，启动计算机自检通过，再恢复原来的 Ghost 镜像文件，重新启动，故障排除。

2. 散热不良导致宕机

故障表现：为了更好地散热，将 CPU 风扇更换为超大号，结果使用一段时间后就宕机，格式化并重新安装操作系统后故障仍然存在。

故障分析与排除：由于重新安装过操作系统，确定不是软件方面的原因，打开机箱后发现 CPU 风扇离内存太近，其散出的热风直接吹向内存条，造成内存工作环境温度太高，导致内存工作不稳定，以致宕机。将内存重新插在离 CPU 风扇较远的插槽上，重启后宕机现象消失。

14.2.4 硬盘故障维修实例

下面介绍如何排除常见的硬盘故障。

1. 硬盘受潮不能使用

故障表现：计算机正常自检完成后，读取硬盘时声音大而沉闷，并显示"1701 Error.Press F1 key to continue"，按"F1"键后出现"Boot disk failure type key to retry"提示，当按任意键重试时死锁。用光盘启动时，也显示"1701 Error.Press F1 key to continue"，按"F1"键后光盘启动成功，却无法进入硬盘，并显示"Invalid drive specification"。

故障分析与排除：系统提示"1701"错误代码，表示在通电自检过程中已经检测到硬盘存在故障，用高级诊断盘测试硬盘，但系统不能识别硬盘。根据上述情况初步判断故障是由硬件引起的，拆开机箱，将连接硬盘驱动器的信号电缆插头和控制卡等插紧，重新启动计算机重试，故障仍然存在。考虑到长时间未启动计算机使用，硬盘及硬盘适配器等部件受潮损坏的可能性比较大，于是关掉电源开关，用电吹风对硬盘各部件进行加热吹干，加热后重新启动计算机，故障现象消失。

2. 硬盘容错提示

故障表现: 屏幕显示 "SMART Failure Predicted on Primary Master:ST310210A" 然后是警告 "Immediately back-up your date and replase your hard disk drive. A failure may be imminent."。

故障分析与排除: 这是 S.M.A.R.T 技术检测到硬盘可能出现了故障或不稳定情况, 警告需要立即备份数据并更换硬盘。出现这种提示后, 除了更换新硬盘外, 没其他解决方法。

3. 开机检测硬盘出错

故障表现: 开机时检测硬盘有时失败, 显示 "primary master hard disk fail", 有时能检测通过正常启动。

故障分析与排除: 检查硬盘数据线是否松动, 并换新的数据线试试。若未出问题, 把硬盘换到其他计算机中测试, 确认数据线和接口没问题。若未出问题, 换一个好的电源测试。若未出问题, 认真检查硬盘的电路板, 如果有烧坏的痕迹, 需要尽快送修。

14.2.5 显卡故障维修实例

下面介绍如何排除常见的显卡故障。

1. 显示花屏

故障表现: 计算机日常使用中由显卡造成的故障主要表现为显示花屏, 按任意键均无反应。

故障分析与排除: 产生花屏的原因包括 3 种, 一是显示器或者显卡不能够支持高分辨率, 显示器分辨率设置不当, 解决办法为切换启动模式到安全模式, 重新设置显示器的显示模式; 二是显卡的主控芯片散热效果不良, 解决办法为调节改善显卡风扇的散热效能; 三是显存损坏, 解决办法为更换显存, 或者直接更换显卡。

2. 宕机

故障表现: 计算机在启动或运行过程中突然宕机。

故障分析与排除: 导致计算机突然宕机的原因有很多, 就显卡而言, 常见的原因是和主板不兼容、接触不良或者和其他扩展卡不兼容, 甚至是驱动问题等。如果是在玩游戏、处理 3D 时出现宕机故障, 在排除散热问题后, 可以先尝试更换显卡驱动 (最好是通过 WHQL 认证的驱动)。如果一开机就宕机, 则需要先检查显卡的散热问题, 用手摸一下显存芯片的温度, 检查显卡的风扇是否停转, 再看看主板上的显卡插槽中是否有灰尘, 金手指是否被氧化, 然后根据具体情况清理灰尘, 用橡皮把金手指氧化部分擦亮。如果确定散热有问题, 就需要更换散热器或在显存上加装散热片。如果是长时间停顿或宕机, 一般是电源或主板插槽供电不足引起的, 建议更换电源排除故障。

3. 开机无显示

故障表现: 计算机开机后无任何显示, 显示器提示 "未检测到信号", 并发出一长两短的蜂鸣声。

故障分析与排除: 此类故障一般是因为显卡与主板接触不良或主板插槽有问题造成的, 将显卡重新插好即可。对于使用集成显卡的主板, 如果显存共用主内存, 则需注意内存条的位置, 一般在第一个内存条插槽上应插有内存条。解决办法是打开机箱, 把内存条重新插好。另外, 应检查显卡插槽内是否有异物, 以免显卡不能插接到位。如果采用以上办法处理后仍然报警, 就可能是显卡的芯片被损坏, 需更换或修理显卡。如果开机后听到 "嘀" 一声自检通过, 显示器正常但没有图像, 可把该显卡插在其他主板上, 如果使用正常, 那就是显卡与主板不兼容, 需更换显卡。

14.2.6 鼠标故障维修实例

下面介绍常见的鼠标故障的排除方法。

故障表现：鼠标的常见故障一般表现为在使用过程中出现鼠标指针"僵死"的情况。

故障分析与排除：鼠标故障可能是因为宕机、与主板接口接触不良、鼠标开关设置错误、在 Windows 操作系统中选择了错误的驱动程序、鼠标硬件故障、驱动程序不兼容或与另一串行设备发生中断冲突等引起的。在出现鼠标指针"僵死"现象时，用户一般可按以下步骤检查和处理。

❶检查计算机是否宕机，宕机则重新启动，如果没有则插拔鼠标。

❷检查设备管理器中鼠标的驱动程序是否与所安装的鼠标类型相符。

❸检查鼠标底部是否有模式设置开关，如果有，试着改变其位置，重新启动系统。如果还没有解决问题，仍把开关拨回原来的位置。

❹检查鼠标的接口是否有故障，如果没有，可拆开鼠标底盖，检查光电接收电路系统是否有问题，并采取相应的措施。

❺检查设备管理器中是否存在与鼠标设置及中断请求（IRQ）发生冲突的资源，如果存在冲突，则重新设置中断地址。

❻检查鼠标驱动程序与另一串行设备的驱动程序是否兼容，如不兼容，需断开另一串行设备的连接，并删除其驱动程序。

❼用替换法将另一只正常的相同型号的鼠标与主机相连，重新启动系统查看鼠标的使用情况。

❽如果采用以上方法仍不能解决，则有可能是主板接口电路有问题，可更换主板或找专业维修人员维修。

14.2.7 键盘故障维修实例

下面介绍常见的键盘故障的排除方法。

故障表现：键盘的常见故障就是系统不能识别键盘，开机自检后系统显示"键盘没有检测到"或"没有安装键盘"。

故障分析与排除：这种故障可能是由接触不良、键盘模式设置错误、键盘硬件故障、感染病毒或主板故障等引起的，用户可按照以下步骤逐一排除。

❶用杀毒软件对系统进行杀毒，重新启动后，检查键盘驱动程序是否完好。

❷用替换法将另一个正常的相同型号的键盘与主机连接，再开机启动查看。

❸检查键盘是否有模式设置开关，如果有，试着改变其位置，重新启动系统。若没解决问题，则把开关拨回原位。

❹拔下键盘的插头，检查其与主机上的接口是否接触良好，然后重新启动查看。

❺拔下键盘的插头，换一个接口插上去，并把 BIOS 中对接口的设置做相应的修改，重新开机启动查看。

❻如还不能使用键盘，说明是键盘的硬件故障引起的，检查键盘的接口和连线有无问题。

❼检查键盘内部的按键或无线接收电路系统有无问题。

❽重新检测或安装键盘及驱动程序后再试。

❾检查 BIOS 是否被修改，如被病毒修改应重新设置，然后再次开机启动。

❿若进行以上检查后故障仍存在，则可能是主板线路有问题，只能找专业人员维修。

14.2.8 操作系统故障维修实例

操作系统出现故障的概率比较大，下面介绍最常见的两种情况。

1. 关闭计算机时自动重启

在 Windows 10 操作系统中关闭计算机时，计算机出现重新启动的现象，产生此类故障一般是由于用户在不经意间或利用一些设置系统的软件时使用了 Windows 系统的快速关机功能。排除故障的具体操作步骤如下。

❶ 在 Windows 10 操作系统界面中单击"开始"按钮，选择"Windows 系统"子菜单中的"运行"命令，在打开的"运行"对话框的文本框中输入"gpedit.msc"，按"Enter"键，打开"本地组策略编辑器"窗口，选择"计算机配置 / 管理模板 / 系统 / 关机选项"选项，双击"关闭会阻止或取消关机的应用程序的自动终止功能"选项，如图 14-1 所示。

图14-1 选择组策略

❷ 打开"关闭会阻止或取消关机的应用程序的自动终止功能"窗口，选择"已启用"单选项，单击"确定"按钮，如图 14-2 所示。

图14-2 设置选项

2. 运行程序提示"非法操作"

故障表现：Windows 10 操作系统中启动应用程序时提示"非法操作"。

故障分析与排除：引发此类问题的原因较多，主要有以下 4 种。

◎ 系统文件被更改或损坏：倘若由此引发，则在单击一些系统自带的程序时，如打开控制面板，就会出现非法操作的提示。解决办法是利用系统安装程序修复操作系统，如果不行则需要重装操作系统。

◎ 驱动程序未正确安装：通常是显卡驱动程序或者声卡驱动程序未正确安装，可以使用驱动精灵重装驱动程序。

◎ 内存条质量不佳引起：需要重新插拔内存，或者更换新的内存。

◎ 软件之间不兼容：需要重新安装该应用程序的其他版本，或者不安装该程序。

多学一招

进入安全模式排除故障

Windows 10操作系统的很多系统故障可以通过进入安全模式来排除，包括删除一些顽固的文件、清除病毒、解除组策略的锁定、修复系统故障、恢复系统设置、找出恶意的自启动程序或服务、卸载不正确的驱动程序等，这些操作通常在正常模式下无法进行。Windows 10操作系统进入安全模式与其他版本的Windows操作系统不同，其具体操作步骤如下。

❶ 在 Windows 10 操作系统界面中单击"开始"按钮，选择"Windows 系统"子菜单中的"运行"命令，在打开的"运行"对话框的文本框中输入"msconfig"，按"Enter"键，在弹出的对话框中单击"引导"选项卡，在"引导选项"选项组中选中"安

全引导"复选框，并选择"最小"单选项，单击"应用"和"确定"按钮，如图14-3所示。

图14-3 设置操作

❷在弹出的提示框中单击"重新启动"按钮，重启计算机自动进入安全模式，如图14-4所示。

图14-4 Windows 10操作系统的安全模式

前沿知识与流行技巧

1. Windows 10 操作系统自带的故障处理功能

在计算机或者操作系统出现问题时，用户可以利用 Windows 10 操作系统自带的故障检测和处理功能来检测和排除故障，具体操作步骤如下。

❶ 单击"开始"按钮，在打开的菜单中选择"Windows 系统"子菜单中的"控制面板"命令。

❷ 在"控制面板"窗口"系统和安全"选项组中单击"查看你的计算机状态"超链接。

❸ 如果检测到有问题，在"查看最新消息并解决问题"界面中单击需要处理的故障对应的超链接，Windows 10 操作系统开始检测相关问题，并打开"解决方案"对话框，用户根据该对话框中的提示排除故障即可。

2. 检测计算机硬件设备

目前用于检测硬件故障的软件不多，检测硬盘的主要有 HDTune 软件，在 DOS 系统下使用 MHDD 软件也可以检测。检测内存的主要软件是 MenTest。检测硬件整体兼容性的软件则是 PCMark，检测显卡的有 3DMark。但这些软件多是收费软件，常用的免费软件有鲁大师、360 硬件大师、驱动精灵等。下面使用鲁大师检测计算机中各硬件的情况，然后对比设备管理器中各硬件的情况，具体操作步骤如下。

❶ 下载并安装鲁大师，启动软件，对计算机硬件进行检测，分别查看各个硬件的相关信息，包括型号、生产日期和生产厂商等。

❷ 单击"温度管理"选项卡，对硬件的温度进行检测，并进行温度压力测试。

❸ 单击"性能测试"选项卡，对计算机性能进行测试，并得出分数。

❹ 单击"开始"按钮，在打开的菜单中选择"Windows 管理工具"子菜单中的"计算机管理"命令。

❺ 在"计算机管理"窗口左侧的任务窗格中选择"设备管理器"选项，在右侧的列表中单击各硬件对应的选项，与前面检测的结果进行对比。